XIANQIN RUJIA LUNLI WENHUA YANJIU

先秦儒家伦理文化研究

刘忠孝　陈桂芝　马　倩◎主编

人民出版社

责任编辑:杨美艳
装帧设计:徐　晖
责任校对:张杰利

图书在版编目(CIP)数据

先秦儒家伦理文化研究/刘忠孝　陈桂芝　马　倩　主编.
　-北京:人民出版社,2012.8
ISBN 978-7-01-010882-7

Ⅰ.①先…　　Ⅱ.①刘…②陈…③马…　　Ⅲ.①儒家-伦理学-研究-先秦时代
　Ⅳ.①B82-092②B222.05

中国版本图书馆 CIP 数据核字(2012)第 084019 号

先秦儒家伦理文化研究
XIANQIN RUJIA LUNLI WENHUA YANJIU

刘忠孝　陈桂芝　马　倩　主编

人民出版社 出版发行
(100706　北京朝阳门内大街 166 号)

北京集惠印刷有限责任公司印刷　新华书店经销

2012 年 8 月第 1 版　2012 年 8 月北京第 1 次印刷
开本:710 毫米×1000 毫米 1/16　印张:20.5
字数:310 千字　印数:0,001-2,500 册

ISBN 978-7-01-010882-7　定价:49.00 元

邮购地址 100706　北京朝阳门内大街 166 号
人民东方图书销售中心　电话 (010)65250042　65289539

　　20世纪西方文化、科技的输入和中国落后挨打的局面使得中国传统文化受到了严峻的挑战。但这一挑战并未也不可能撼动中国传统文化的基石，正如诺贝尔奖获得者儒学研究专家余英时先生所言："中国文化的基本价值并没有完全离我们而去，不过是存在于一种模糊笼统的状态之中。"反思这句话，我们可以得到这样的启示：中国文化的基本价值到底是什么？如何体现？余英时所言的那种"模糊笼统的状态"，在经历了二十多年以后，又有了怎样的变化？这些问题对于生活在当代新经济体制下的我们来说，是必须要认真思考的。

　　当前，世界范围内的经济危机的本质是诚信危机，长幼之间的代际问题本质是如何尽"孝悌之义"的问题，今天被广泛提倡和讴歌的"和谐社会"的本质亦包含着儒家文化的深刻内涵。我们要解决不诚信等一系列不良社会现象，进而实现真正意义上的和谐，儒家伦理文化是不可回避的。孔子先知先觉般地给出了伟大的方略：贵和持中、为政以德、孝悌为本、尚仁重义、依礼而行和诚实守信。这些正是当今"和谐世界"、"和谐社会"构建的源头活水。

　　近来，学界对儒家传统文化的解读仿佛进入了难以突破的圜围，直到2008年刘忠孝教授主编的《中华传统儒家人文化研究》一书的问世，另辟蹊径地开展了儒家传统文化研究的新领地，使人们越来越多地关注"人文化"，讨论"人文化"的内涵和实质。和刘忠孝教授初识是我任黑龙江省高校思想品德教学研究会常务副会长期间，如今20年的时间过去了，他已成为该研究会的会长，这位历史专业的学者既长期从事思想政治教育实践工作和理论研究，又深受古代圣贤思想智慧和文化的陶冶，形成了谦虚和蔼、朴实厚重、好学深思而又干练的性格，他在纷繁复杂的行政事务之外，孜孜不倦地进行传统文化的研究和讨论。在和他交往的20年中，我们或徜徉于历史的遐想，或沉浸于文化的讨论，或流连于酣饮畅谈的快乐，彼此惺惺相惜，相得甚欢。

今天，刘忠孝教授的又一部儒家"人文化"的新作完成并邀我写序。正所谓开卷有益，赏读之后，深受启发，文稿中很多观点，我都有着共鸣。儒家"人文化"中极为重要的伦理文化，完成了关于家庭、社会和国家伦理的理论构建，是中国古代伦理文化的重要成果，几千年以来一直深深影响着我国和世界各国社会、政治、经济、文化等方面。书稿从先秦儒家伦理文化萌芽、发展的历程和伦理原理，到孝悌、忠恕、智勇、诚信、义利、五伦、富民、礼欲等内容的阐释；从对小人与君子、荣与辱、性与情、善与恶、勇与妄、修身与教化、和与同等伦理内涵与外延的解读，到当代人对儒家伦理的践行，向当今社会展示了一个从传统的泱泱大国到东南亚甚至大洋彼岸无处不在、永不过时的儒家伦理文化的体系。

台湾学者南怀谨在解读孔子的"德之不修，学之不讲，闻义不能徙，不善不能改，是吾忧也"时指出：上述四项内涵，足以体现出孔子当时忧天下、忧国家、忧民族衰颓变乱的心情。孔子是用他的学为向后人诠释了儒家伦理文化的精髓之所在。如今"忠孝两全，仁义双至"、"温良恭俭让"、"利而不害，为而不争"这些孔孟之道已经深深地被刘忠孝教授践行和推广开来，这也是我情不自禁地乐于和读者分享的原因。

不涉及实践的单纯理论研究对现实的指导意义是有限的，历史上不断发展延伸的理论无一例外地与实际生活紧密相关，其对实践的指导性作用正是这些理论发扬光大的原因所在。对儒家伦理文化的研究也不例外：小到个人生活，大到国家发展，乃至世界交流，儒家伦理文化用其不朽的光辉指引着越来越多的人走出迷茫，实现进取。现如今，中国传统文化的价值日益凸显，我们再次解读中国传统文化，特别是儒家伦理文化的时候，不禁为其博大精深的思想和深不可测的智慧而叹服。这似曾相识的文化，这些中国已经存在了几千年的思想资源，必将为中华民族的伟大复兴作出巨大的贡献。随着社会环境的日新月异，社会个体无论是修身、治国，还是平天下，都存在儒家传统伦理文化的价值在现代社会生活中如何转化的问题，或许，刘忠孝教授的这部著作就是给我们的最贴切、最系统、最实在的解决问题的密匙。

季羡林先生曾说过，21世纪是中国的世纪。蕴涵中国传统文化核心思想的儒家伦理文化，涵盖了世界先进文化的核心内容和思想精髓，符合世界文化发展的自然规律，必将成为世界文化的主流。我也衷心地希望中国传统儒家伦理文化作为世界先进文化，能为中国经济社会以至整个人类社会的发展发挥重要的作用。

上述简言，既有个人心得，又有他山之玉，以应我友忠孝之嘱，是为序。

刘翰德

2012年5月于哈尔滨

目录 MULU

序 ／ 001

导 论 ／ 001

一、伦理与儒家伦理文化 ／ 001

二、先秦儒家伦理文化的历史发展 ／ 003

三、先秦儒家伦理文化的逻辑推衍 ／ 006

四、先秦儒家伦理文化的当代价值 ／ 008

五、本书的编写理念和理论设计 ／ 011

第一章 先秦儒家伦理文化产生的条件 ／ 013

一、先秦儒家伦理文化产生的时代背景 ／ 013

二、先秦儒家伦理文化产生的经济背景 ／ 014

三、先秦儒家伦理文化产生的自然背景 ／ 016

四、先秦儒家伦理文化产生的学术背景 ／ 019

第二章 先秦儒家伦理文化源流考 ／ 024

一、先秦儒家伦理文化的历史流变及代表人物 ／ 024

二、先秦儒家伦理文化的代表著作 ／ 041

三、先秦儒家伦理文化的基本精神特质 ／ 043

第三章　先秦儒家伦理文化的基本原则 / 048

一、孔子"仁礼"说 / 048

二、孟子"仁义"说 / 060

三、荀子"隆礼贵义"说 / 069

第四章　先秦儒家伦理文化的伦理规范 / 080

一、孝悌 / 080

二、忠恕 / 088

三、智勇 / 094

四、诚信 / 102

五、义利 / 112

六、五伦 / 119

第五章　先秦儒家伦理文化的道德范畴 / 124

一、君子与小人 / 124

二、荣与辱 / 131

三、性与情 / 136

四、善与恶 / 143

五、勇与妄 / 148

六、修身与教化 / 152

七、和与同 / 162

第六章　先秦儒家伦理文化的道德修养方法 / 167

一、孔子的道德修养方法 / 168

二、孟子的道德修养方法 / 182

三、荀子的道德修养方法 / 189

四、孟子、荀子对孔子道德修养方法的继承和发展 / 198

第七章　先秦儒家伦理文化的重要观点 / 207

一、人性善恶说 / 207

二、天人合一说 / 212

三、刚健有为说 / 215

四、浩然之气说 / 220

五、厚德载物说 / 225

六、三人有师说 / 230

七、环境影响说 / 234

八、家国天下说 / 239

九、群体至上说 / 243

十、知行合一说 / 248

第八章　先秦儒家伦理文化与当代社会 / 252

一、先秦儒家伦理文化与和谐社会 / 252

二、先秦儒家伦理文化与网络世界 / 265

三、先秦儒家伦理文化与生态环境 / 279

附录：中华传统儒家伦理文化在海外 / 293

一、孔子学院在国外的广泛建立 / 293

二、中华传统儒家伦理文化在亚洲 / 295

三、中华传统儒家伦理文化在欧洲 / 304

四、中华传统儒家伦理文化在美洲 / 307

参考文献 / 311

后　记 / 316

导　论

　　中华传统文化，是中华民族几千年来孕育、发展、传承的物质载体、思想观念和精神风貌，是中华民族自立于世界民族之林的最为显著的外部形象和内在气质，是中华民族在经历了百年沉沦之后力争复兴的最为重要的历史积淀和文明基因。中华传统文化，是已经逝去的历史存在，又是具有现实意义的文化资源，是中华民族赖以安身立命并不断追求奋进的重要理论武器。中华传统文化，是中国历史上众多民族在不同时空或独立或交融而形成的文化传统，其中，儒家文化无疑是最有影响力也最有代表性的一支，是传统文化的核心和主流。儒家文化，渊源于周代的礼乐文化，形成于孔子的言传身教，至子思、孟子，拓展其边界，至荀子，深化其内涵。在先秦时期，就以一批思想巨匠的精神创造，而成为诸子百家中的一家，并且在汉代"罢黜百家，独尊儒术"之后，成为后世王朝政治和思想上的指南，成为历代文人研讨和遵循的准则。

一、伦理与儒家伦理文化

　　伦理是处理人们相互关系所应遵循的道理和准则，对于伦理的内涵与伦理关系的形成，梁漱溟先生有极细致的推衍："伦者，伦偶；正指人们彼此之相与。相与之间，关系遂生。家人父子，是其天然基本关系；故伦理首重家庭。父母总是最先有的，再则有兄弟姊妹。既长，则有夫妇，有子女，而亲族戚党亦即由此而生。出来到社会上，于教学则有师徒；于经济则有东伙；于政治则有君臣官民；平素多往返，遇事相扶持，则有乡邻朋友。岁一个人年龄和生活之开张，而渐有其四面八方若近若远数不尽的关系。是关系，皆是伦理；伦理始于家庭，而不止于家庭。"① 梁漱溟先生认为，传统的中国社会，是"伦理本位"的社会，即在"社会与个人的相互关系上，把重点放在社会上，是谓个人本位；同在此关系上而把重点放在社会者，是谓社会本位；皆从对待而言，显示了期间存在的关系。此时必须用'伦理本位'这话，乃显示出中国社会间的关系而解答了重点问题"②。

与此"伦理本位"社会相适应，儒家文化，最重视研究和确立家庭和社会牢固稳定的伦理关系。它以家庭为基础，在建构和谐的夫妇、父子、兄弟关系的基础上，力图建立稳定而富有秩序的社会关系和政治秩序。因此，儒家文化就以其对个人、家庭和社会的各种关系的妥善处理，而成为一种标准的伦理文化。

对于儒家文化的伦理特质，以及伦理学在中国文化中的地位，蔡元培先生有极深刻极概括的论述："我国以儒家为伦理学之大宗。而儒家，则一切精神界科学，悉以论伦理为范围。哲学、心理学，本与伦理有密切之关系。我国学者仅以是为伦理学之前提。其他曰为政以德，曰孝治天下，是政治学范围于伦理也；曰国民修其孝悌忠信，可使制梃以挞坚甲利兵，是军事学范围于伦理也；攻击异教，恒以无父无君为辞，是宗教学范围于伦理也；评定诗古文辞，恒以载道述德眷怀君父为优点，是美学亦范围于伦理也。我国伦理学之范围，其广如此，则伦理学宜若为我国唯一发达之学术矣。"③ 梁漱溟先生亦云："融国家于社会人伦之中，纳政治于礼俗教化之中，而以道德统括文化，或至少是在全部文化中道德气氛特重，确为中国的事实。'伦理学

---

① 梁漱溟：《中国文化要义》，转引自《梁漱溟学术论著自选集》，北京师范大学出版社1992年版，第264—265页。

② 梁漱溟：《中国文化要义》，转引自《梁漱溟学术论著自选集》，北京师范大学出版社1992年版，第264页。

③ 蔡元培：《中国伦理学史》，东方出版社1996年版，第2页。

与政治学之为同一的学问'，于儒家观念一语道着。"① 因此，准确把握儒家伦理文化的内涵和外延，是认识儒家文化的理论基石，而认识先秦儒家伦理文化，则是解开中华传统文化的一把钥匙，是认识后代历史和文化进程的关键所在，其重要性不言自明。

二、先秦儒家伦理文化的历史发展

儒家伦理文化，以周代的礼乐文化为其文化母体。在孔子看来，"夏道遵命"，"殷人尊神"，而"周人尊礼尚施，事鬼敬神而远之"②，从而将对鬼神和天道的无限信仰，转化为对现实的社会秩序的有效构建上。相传周公"制礼作乐，颁度量，而天下大服"③，此后周成王"封周公于曲阜"，"命鲁公祀周公以天子之礼乐"，从而使鲁国成为周文化的最好的继承者，成为东周以后礼崩乐坏的文化孤岛。孔子就生活在这个富有周代礼乐文化传统的鲁国，成为"集历代礼乐文章之大成"④ 的文化精英。

孔子仰慕周公的政治贡献和道德人格，以不复梦见周公为遗憾，以遵从周代礼乐文化为自己的思想追求，其不仅继承和宣扬礼乐文化，而且针对当时的历史形势对礼乐文化做出了深化和拓展。除了强调在遵守礼的前提下形成稳定的社会秩序，还挖掘了礼的情感和道德内涵，揭示了仁在礼的建构中的主导作用。孔子说："人而不仁，如礼何？人而不仁，如乐何？"⑤ 将仁视为礼乐的先期条件和内在的主导因素。李泽厚先生指出孔子对仁的揭示和推崇，其历史意义在于"孔子用'仁'释'礼'，本来是为了'复礼'，然而其结果却使手段高于目的，被孔子所发掘所强调的'仁'——人性心理原则，反而成了更本质的东西"。"孔子以'仁'释'礼'，将社会外在规范化

---

① 梁漱溟：《中国文化要义》，转引自《梁漱溟学术论著自选集》，北京师范大学出版社 1992 年版，第 220 页。
② 《礼记·表记》。
③ 《礼记·明堂位》。
④ 蔡元培：《中国伦理学史》，东方出版社 1996 年版，第 10 页。
⑤ 《论语·八佾》。

为个体的内在自觉，是中国哲学史上的创举，为汉民族的文化——心理结构奠下了始基。"① 而何谓仁，如何来实现仁，孔子对学生有进一步的解说，孔子的弟子樊迟曾经两次询问孔子何谓仁，孔子一则曰"爱人"②，再则曰"居处恭，执事敬，与人忠。虽之夷狄，不可弃也"③。前者是用仁爱的精神来解释仁，而后者则是用恭敬忠诚的态度来表现仁，由此可知，仁是善良的人性和美好的情感的外化，是对个体行为在任何环境都加以必要的约束，是发自肺腑的爱自内而外的合乎自然合乎情理的体现。孔子在教导弟子的时候，还指出："弟子入则孝，出则弟，谨而信，泛爱众，而亲仁。"④ 这就将"仁"由内而外的推广过程展现出来，表明仁是以"孝"为起点，以"泛爱众"为终点的一个感情的拓展过程，是实现社会团结和谐的基本因素。孔子弟子有子则进一步指出，仁是基于对亲人的血缘之爱而生发的对于稳定的社会秩序的维护："其为人也孝悌，而好犯上者，鲜矣；不好犯上，而好作乱者，未之有也。君子务本，本立而道生。孝悌也者，其为仁之本与!"⑤ 徐复观先生指出："孔子最大贡献之一，在于把周初以宗法为骨干的封建统治中的孝悌观念，扩大于一般平民，使孝悌得以成为中国人伦的基本原理，以形成中国社会的基础，历史的支柱。"⑥

孟子是孔子之后的又一个儒学大师。他对于儒家思想的发展从孔子的"仁"出发，向内找到了"性善"这个人性本能，向外确认了"义"这个道德要求，并且将仁的对象从对个体的一般性要求，转向政治领域，使其成为对君王的道德人格的要求，使之成为仁政的理论基础。孟子说："人性之善也，犹水之就下也。人无有不善，水无有不下。"⑦ 孟子对于人性本善的这种毋庸置疑的信任，是对于人的情感和道德本性的信任，这种信任，虽然使孟

① 李泽厚：《中国思想史论》上册，安徽文艺出版社1999年版，第5页。
② 《论语·颜渊》。
③ 《论语·子路》。
④ 《论语·学而》。
⑤ 《论语·学而》。
⑥ 徐复观：《中国人性论史》，华东师范大学出版社2005年版，第383页。
⑦ 《孟子·告子上》。

子丧失了作为哲学家的思辨的深度，却使他具有了道德理想主义的光辉，使他能够在动荡的社会和复杂的人际关系中，找到一个安身立命的支点。孟子在仁之外，又发现了"义"，孟子指出："仁，人之安宅也；义，人之正路也。"① 如果说"仁"体现人的本能情感，而"义"则强调的是人的"道德理性的自觉"②。因此，孟子才有了"舍生取义"③ 的决绝，也才有了对于仁义的笃信："未有仁而遗其亲者也，未有义而后其君者也。"④ 非常可贵的是，孟子一方面指出圣人对人民"教以人伦：父子有亲，君臣有义，夫妇有别，长幼有序，朋友有信"⑤，另一方面更要求君王要率先做到仁义，"人皆有不忍人之心。先王有不忍人之心，斯有不忍人之政矣。以不忍人之心，行不忍人之政，治天下可运之掌上"。⑥ 并且指出，这种仁义是以君王对下为先导的："君行仁政，斯民亲其上，死其长矣。"⑦ 孟子曾正告齐宣王说："君之视臣如手足，则臣视君如腹心；君之视臣如犬马，则臣视君如国人；君之视臣如土芥，则臣视君如寇雠。"⑧ 这种对于君王治国理政，以爱护百姓为先的观念，指出仁义的精神，是互动的，是君王与臣民良性互动的结果，在孟子看来，这种互动，不是出于施恩与回报、受惠与索取的关系，而是出于君王的"不忍人之心"，是义不容辞理所当然的，它以君王为主动的一方。不仅体现了孟子的民本思想，而且展现了孟子对于家庭伦理、社会伦理和政治伦理关系的认识，具有非常进步的意义。

孟子之后，荀子成为战国后期儒家集大成的人物，他完成了周代礼乐文化向孔孟的仁义思想再向礼乐文化的转型，这不单纯是理论术语上的重复，而是逻辑起点和历史内涵上的转变。荀子对于人性善恶的态度，跟孟子截然

---

① 《孟子·离娄上》。
② 葛兆光：《中国经典十种》，中华书局2008年版，第50页。
③ 《孟子·告子上》。
④ 《孟子·梁惠王上》。
⑤ 《孟子·滕文公上》。
⑥ 《孟子·公孙丑上》。
⑦ 《孟子·梁惠王下》。
⑧ 《孟子·离娄下》。

相反，荀子说："人之性恶，其善者伪也。"① 这个"伪"，不是虚伪，是人为的意思，是"心虑而能为之动"②。荀子对于人性恶的判断，是基于对社会和人性的深刻认识，体现了作为思想家的思辨深度。荀子以性恶为理论支点，因此特别强调后天的学习和礼法对于人性的改造作用。《荀子》开宗明义就是《劝学》，提出"学不可以已"的核心观点，并且在后面具体阐明了学习的进程和目的："学恶乎始？恶乎终？曰：其数则始乎诵经，终乎读礼；其义则始乎为士，终乎为圣人。真积力久则入，学至乎没而后止也。"③ 这种对于学习的目的、途径、手段的说明，是此前学者没有明确表述的。学习是主动的，是来自于人超凡入圣的理想追求，荀子也提出人还需要外在的强制力的约束："古者圣王以人之性恶，以为偏险而不正，悖乱而不治，是以为之起礼义，制法度，以矫饰人之情性而正之，以扰化人之情性而导之也。始皆出于治、合于道者也。"④ 由此可见，荀子的"礼"中包含了"法"。葛兆光先生对于礼与法的关系有清晰的说明："君君、臣臣、父父、子子的等级制度和仪式规范本身近乎不成文的'软法规'，它如果没有奖励惩罚（刑）伴随，那只能靠舆论监督，则只是礼，一旦与奖励惩罚配合，那么它就成了强制性的法。"⑤ 从孔子到孟子再到荀子，儒家思想呈现出日渐明晰深入的倾向，其从对等级森严上下协调社会秩序的规划和设计，转为对个人修养和道德品格的强调，再转向强调外在的礼法的约束和制约，这条线索，一脉相承，各具特色，但都体现了对于人际交往的群体关系和君臣相处的政治关系的重视，是伦理思想的突出表现。

三、先秦儒家伦理文化的逻辑推衍

儒家对从个体道德到家族伦理，再到政治伦理的关系，有很多精辟的意

---

① 《荀子·性恶》。
② 《荀子·正名》。
③ 《荀子·劝学》。
④ 《荀子·性恶》。
⑤ 葛兆光：《中国经典十种》，中华书局 2008 年版，第 51 页。

见，孔子先曰："修己以安人"，继则曰"修己以安百姓"①。孟子亦云："人有恒言，皆曰'天下国家'，天下之本在国，国之本在家，家之本在身。"②"君子之守修其身而天下平。"③ 两人都将个体的修身作为家国太平安定的起点。相传是孔子学生曾子所作的《礼记·大学》篇中，将儒家伦理思想和政治理想以及实践方法归纳为三个要点与八个步骤，后代学者称之为"三纲领"和"八条目"。所谓"三纲领"，就是《大学》开篇所说的"大学之道，在明明德，在亲民，在止于至善"；所谓"八条目"，就是"格物"、"致知"、"诚意"、"正心"、"修身"、"齐家"、"治国"、"平天下"。儒家认为"格物"是本，即认识世界的现象和本质是基础，然后依次为获得智慧，笃诚心意，端正态度、提高个人修养，进而希望以此来友爱家人，和谐社会，最终达到平治天下的目的。《礼记·大学》对于"八条目"的关系，曾进行过反复论证："古之欲明明德于天下者，先治其国。欲治其国者，先齐其家，欲齐其家者，先修其身。欲修其身者，先正其心。欲正其心者，先诚其意。欲诚其意者，先致其知。致知在格物。"④ 这是从平天下回溯到修身，再溯源到致知格物；"物格而后知至，知至而后意诚，意诚而后心正，心正而后身修，身修而后家齐，家齐而后国治，国治而后天下平"。⑤ 这是从致知格物再推广到家的和谐和国的太平。在这"八条目"中，修身最为重要，它是"格物"、"致知"、"诚意"、"正心"的结果，也是"齐家"、"治国"、"平天下"的起点和终点，即"平天下"以个体的道德修养的提高为前提，亦以全体人民的道德修养的实现为终极目标，因此，《礼记·大学》才总结道："自天子以至于庶人，一是皆以修身为本。"

从国家的统治秩序到个人的品格修为，古人将这种互相作用互为因果的关系，由大到小，再由小到大，进行反复梳理，阐述得非常透彻。《大学·中庸》也指出，天下之"达道"有五，为"君臣"、"父子"、"夫妇"、"昆

---

① 《论语·宪问》。
② 《孟子·离娄上》。
③ 《孟子·尽心下》。
④ 《礼记·大学》。
⑤ 《礼记·大学》。

弟"、"朋友之交"，此五者所反映的都是社会和家庭的伦理关系；而天下国家有"九经"，为"修身"、"尊贤"、"亲亲"、"敬大臣"、"体群臣"、"子庶民"、"来百工"、"柔远人"、"怀诸侯"，这九者则体现的是达到理想的伦理关系的实现方法。这是由小及大，由近及远，由个体到群体，由家庭到天下的拓展过程。而在下文的论述中，暗示我们从修身到怀诸侯的发出者并非是普通人，而是天子，"修身则道立，尊贤则不惑，亲亲则诸父昆弟不怨，敬大臣则不眩，体群臣则士之报礼重，子庶民则百姓劝，来百工则财用足，柔远人则四方归之，怀诸侯则天下畏之"。① 这种对于政治伦理的认识，承传了周代的礼乐文化，并加以缜密的分析。

四、先秦儒家伦理文化的当代价值

先秦儒家伦理文化，确定了历代政治和家庭的基本伦理，成为古人念兹在兹、身体力行的思想观念，不仅成为后世儒家思想的主流，而且在当代也具有不可替代的价值。儒家伦理文化，是中国传统文化的核心，是维系中华文化千年不堕的基础和支柱，也是现代中国赖以树立民族尊严和民族传统的基因和密码。

五四一代的知识分子，从科学民主的观念出发，力图实现共和立宪的政治制度，因此将儒家伦理视为社会进步的阻碍，陈独秀就提出："吾人果欲于政治上采用共和立宪制，复欲于伦理上保守纲常阶级制，以收新旧调和之效，自家冲撞，此绝对不可能之事。"② 这种决绝的态度，自有其历史的进步意义。但是，五四之后不久，很多学者就开始了反思当时"打倒孔家店"的极端做法，或者如胡适那样"整理国故"，力图从文献整理入手，科学客观地清理传统文化的历史遗存；或者如梁漱溟、熊十力、马一浮、钱穆、冯友兰、贺麟那样，在中西文化碰撞的视野下，用现代的思维和逻辑发展儒家思

① 《礼记·中庸》。
② 陈独秀：《吾人最后之觉悟》，原载《青年》第 1 卷第 6 号（1916 年 2 月），转引自袁伟时编：《告别中世纪——五四文献选粹与解读》，广东人民出版社 2004 年版，第 83 页。

想，试图建立起新的儒学体系，被称为"现代新儒家"。"现代新儒家"将先秦的孔子、孟子、荀子至汉代的董仲舒界定为儒学发展的第一期，将宋明理学界定为儒学发展的第二期，而祈望现代新儒学能作为儒学发展的第三期，试图通过重新确立"内圣外王"的内涵，使儒家思想既能完善人格修养，又能适应社会历史发展，并能在新时代为中国文化争一席之地，为世界文明作出贡献。

进入新世纪，中国经济总量迅速发展，国际地位不断提升，全球影响力日益扩大，我们顺理成章地提出了中华民族伟大复兴的口号，这不仅是对光辉文明传统的呼应，也是对现代文明跃进的展望，很明显，这种民族复兴，必然是以文化的复兴为基础，这就要求我们从传统文化中找到赖以支撑民族自尊、自信的文化底蕴，建设具有世界视野和民族特色的文化景观。胡锦涛总书记在党的十七大报告中专门指出："弘扬中华文化，建设中华民族共有精神家园。中华文化是中华民族生生不息、团结奋进的不竭动力。要全面认识祖国传统文化，取其精华，去其糟粕，使之与当代社会相适应、与现代文明相协调，保持民族性，体现时代性。"温家宝总理在2011年两会期间的记者招待会上也表示："我们还要善于把文化传统与时代精神结合起来，把发扬我们国家的文化传统与吸收借鉴外国的先进文明结合起来，使祖国的文化再展辉煌。"由此可见，吸收传统文化的精华，并将其与现代文明相结合，从而在立足传统的基础上创造具有中华民族特色的并具有崭新生命力的文化成果，是以党和国家领导人为代表的全民的共识，也是历史和时代的要求，更是拥有5000年文明史的中国获得新生的必然走向。

中华传统文化中的儒家思想，是中华民族的主流文化，是历代王朝的立国之本，其中具有鲜明道德力量的伦理文化，成为建构和谐家庭和礼治社会的重要的理论武器，在当下依然具有重要意义。楼宇烈先生指出："相对于当代新儒家的注重与开出'新外王'的取向，我认为，开出儒学的'新内圣'之学似乎更为社会所需要，并且具有广阔而深远的发展前景。这里所谓的'内圣'之学，主要指儒学中那些有关指导人生修养、提高精神生活、发扬道德价值、协调群己权界、整合天（自然）人关系等学说。我们如果能密切结合时代的问题和精神，把儒家这些学说中所蕴含的现代意义充分阐发出来，则必将大有益于当今社会的精神文明建设，并获得其相应种种事功（这也可称之为'外王'）。而古老的儒学，也将由此萌生出新的意义和新的生命。"[1] 先秦儒家重视道德修养，重视人际关系，是典型的伦理文化，而这正契合中国传统的"伦理社会"的特点。因此把握住儒家的伦理文化的核心和宗旨，就抓住了儒家思想的根本；而在汗漫无边的传统文化中确定真正有助于当前精神文明发展的儒家伦理文化传统，是我们回顾文化传统、建构和谐社会的当务之急和不可推卸的责任。

儒家伦理文化传统从根本上说是一种构建个人、家庭、社会和世界和谐的哲学观，追求和谐是其最高目标。儒家思想所宣传的和谐思想，如今已经融合到社会生活的各个方面，成为现今社会普遍的价值观和理想追求。"礼之用，和为贵"[2]，这是孔子学生有子在阐述孔子思想时所说的话，"和为贵"所提倡社会秩序和人际关系的和平、和气、和谐为贵、和谐为先、和谐为重，在中国社会发展中影响是广泛的、长期的，当今的日常生活中依然可见的如和气生财、和衷共济、政通人和、家和万事兴等均源于此。《中庸》亦云"喜怒哀乐之未发，谓之中；发而皆中节，谓之和。中也者，天下之大本也；和也者，天下之达道也。致中和，天地位焉，万物育焉"。世界万物只有达到"中和"的境界天地才能生生不息，万物才能成长发育。"致中和"思想是"中庸之道"避免过激和片面，维持社会和谐稳定与有序，是中华民族追求和谐的价值取向，是达到和谐的基本手段。同时儒家伦理文化中维护社会和谐的另一手段是"均富"思想，《论语·季氏》记载"不患寡而患不均，不患贫而患不安。盖均无贫，和无寡，安无倾"，经济上主张"均富"，政治上反对分配不均，主张通过等级化的"礼"来实现社会的公平正义，进而实现社会的和谐，这在市场经济发展过程中，对避免贫富悬殊而导致社会矛盾激化具有非常重要的现实指导意义与借鉴价值。另外，《论

---

[1] 楼宇烈：《中国儒学的历史演变与未来展望》、《温故知新——中国哲学研究论文集》，商务印书馆 2004 年版，第 380—381 页。

[2] 《论语·学而》。

语·颜渊》中载子夏言："四海之内皆兄弟也。君子何患乎无兄弟?"《礼记·礼运》言："大道之行也，天下为公，选贤与能，讲信修睦。故人不独亲其亲，不独子其子。"这种宣扬"四海之内皆兄弟"的大同思想必将成为当前战胜小农意识和极端利己主义两种不良思想、以及宣传共产主义思想的重要精神源泉，成为构建社会主义和谐社会的重要思想基础。这些思想最终指向"天人合一"、"万物一体"，对于当前我们正确认识人与人、人与社会、人与自然的和谐相处之道，帮助我们树立有利于人类永续性发展的发展观与生态观具有客观指导意义，对于和谐社会构建、乃至建立和谐世界新秩序具有积极的、无可替代的作用。

五、本书的编写理念和理论设计

在儒家文化得到历史性高扬的当下社会，对于儒家伦理文化的学习和探讨是十分有意义的，特别有益于现代化建设和世界文明的发展。同时一轮又一轮的"文化热"为我们这本书的编写和出版提供了便利的条件，很多和我们一样为发扬中华民族文化精神而努力的同仁，共同将儒家伦理文化的研究推向了新的高度。如果这本《先秦儒家伦理文化研究》能有幸得到广大读者认可的话，我们是站在巨人的肩上。

儒家文化的研究越来越得到人们的关注，据目前我们所收集到的材料，还没有哪部著作鲜明地提出了"人文化"和"伦理文化"的内涵，并建立相关的理论体系，直到刘忠孝教授主编的《中华传统儒家人文化研究》一书，在初涉时就锐意创新，将这一内容以全新的理论高度推上学术讲坛。今天我们这本《先秦儒家伦理文化研究》，是沿着前者的理论设计，继续钻研，将学习和探讨的心得汇成了文字，以抛砖引玉。

全书共分 8 章。前两章先秦儒家伦理文化产生的条件和源流考，梳理了儒家伦理文化萌芽和发展的历程。第三章先秦儒家伦理文化的伦理原理是这一理论的基础部分，着重对孔、孟、荀思想的继承和发展进行了阐述。第四章先秦儒家伦理文化的伦理规范部分是对前一章内容的展开，孝悌、忠恕、智勇、诚信、义利、五伦、富民、礼欲等内容的阐释引领读者走进阅读儒家伦理文化的长廊。第五章先秦儒家伦理文化的伦理范畴是前面内容的进一步补充，在这里小人与君子、荣与辱、性与情、善与恶、勇与妄、修身与教化、和与同等伦理范畴的内涵与外延跃然纸上。后三章的内容是在理论基础上的实践部分，从孔孟荀的亲历到当代人的践行，从有着千年儒家传统的泱泱大国到东南亚甚至大洋彼岸，无处不在的儒家伦理文化向当今社会展示了一个永不过时的儒家伦理文化的体系。

本书的写作，意在从自然到历史，从经济到学术等诸多方面，挖掘先秦儒家伦理文化的产生条件，继而梳理从孔子到荀子的先秦儒家伦理文化的演变线索和内在理路，再则从基本原则、伦理规范、道德范畴、修养方法、理论要点等方面探讨先秦儒家伦理文化的基本特质，最后探讨先秦儒家伦理文化的当代意义。在具体章节的内部，既注意把握儒家伦理文化的纵向发展，又注意分析儒家伦理文化主要特点的理论辨析，从而试图揭示先秦儒家伦理文化的历史演变和理论内涵，有效地清理儒家伦理文化的传统，又使之参与到当前文化建构的时代要求上来，是用现代的眼光回顾儒家伦理文化、用科学的思维分析儒家伦理文化的一次有益的尝试。

先秦儒家伦理文化，完成了对于家庭、社会和国家伦理的理论构建，是中国古代伦理文化的重要成果，是中华民族注重伦理关系的理论总结和行为指南。研究先秦伦理文化的发展脉络，提炼先秦儒家伦理文化的核心命题，是我们的学术追求。而挖掘伦理文化的历史意义和当代价值，则是我们的现实考量。因此，我们希望，关于先秦伦理文化的学术研究，既具有学理的思辨性，又具有道德的实践性；既是学术的文化还原，又是现实的伦理重树；既是对先秦儒家先贤的一次发自肺腑的致敬，又是对先秦儒家伦理文化的一次体验；既能够展现先秦伦理文化的文化成因和理论架构，也能够体现先秦伦理文化的理论意义和社会价值，从而使先秦儒家伦理文化成为具有鲜明现实意义的文化传统和文化资源。

第一章　先秦儒家伦理文化产生的条件

先秦儒家伦理文化是儒家伦理文化的主干和活的灵魂，是中华伦理文化的源头活水，是中华文明智慧的集中体现和人类文明的瑰宝之一。儒家伦理文化思想体系产生于先秦时期，这是由当时社会、政治、经济、文化等不同领域的深刻变革所决定的。先秦时期特殊的时代特征、经济发展水平、自然地理环境以及学术文化状况为儒家伦理文化的产生提供了有益的条件，并为其以后的发展奠定了坚实的物质基础和文化基础。

一、先秦儒家伦理文化产生的时代背景

公元前 722 年，周平王从关中盆地丰镐东迁到伊洛盆地的洛邑，从而揭开了春秋战国的帷幕。西周把宗族和功臣分封为各地诸侯，各诸侯又在领地范围内分封自己的宗族，既巩固对四方的控制，又传播了周的文化制度。

在层层分封之中，周王—诸侯—大夫等级严格，有明确的权利和义务规定。西周时期人口稀少，诸侯带领宗族开发各地，相当于建立了许多殖民据点，各个诸侯国之间领土并不相接，中间有大片的森林荒地，出没着许多原始部落。因此各诸侯国之间利害冲突不明显，面对周围敌对部族的侵袭，反而要时相救助。春秋时期封建制的衰败——礼崩乐坏：从西周到春秋经过几百年的发展，周王和诸侯之间，诸侯和诸侯之间，诸侯和大夫之间，原有力

量平衡已经不复存在，因此原来分封时期形成的等级制度也就无法保持。于是出现了"礼崩乐坏"的动荡局面，诸侯不尊周王，大夫凌越诸侯，"弑君三十六，亡国五十二，诸侯奔走不得保其社稷者不可胜数"。战国250余年间，发生大小战争220余次，"争地以战，杀人盈野；争城以战，杀人盈城"①。同时，大国争霸的现象比较严重，各诸侯国已经渐渐统一领地内的异族部落，彼此的控制区域扩展相接，发生矛盾冲突的机会大大增加，晋、楚、齐、秦、吴、越等处于边地的诸侯由于向外兼并发展的空间很大，实力增长更为明显，日益成为争霸的主角。但春秋时期传统还没有完全废弃，所以争霸表面上常以尊周为号召。

春秋战国是一个礼崩乐坏、群雄争霸的时代，周天子权威失坠，诸侯们云合雾集，竞相问鼎。

二、先秦儒家伦理文化产生的经济背景

黄河中下游地区气候温和，雨量充沛，适宜作物的生长和人类的生活。黄土高原和由黄土冲积的平原土壤疏松，在生产工具简单、铁器还未运用的情况下，易于清除天然植被和开垦耕种。黄土冲积平原的肥力虽不如其他冲积平原，但在黄土高原的原始植被保存较好的条件下，冲积土中的养分比水土流失严重时的含量要高得多。黄河中游和黄土高原虽然不像南方那样有大片的原始森林，但小片森林还不在少数，基本为草原等植被所覆盖，水土流失相对并不严重。而黄河下游平原由于黄河及其他河流还没有人工堤防的约束，免不了常常泛滥改道。当时华北平原北部还有众多单独入海的河流，所以有不少地方会受到这种泛滥改道的影响。近海地带由于地下水位高，海水倒灌和宣泄不畅等原因，土地盐碱化程度严重。因此，黄河中下游一带便成为先民生存和繁衍的最适宜的地区。根据文献记载和考古发掘，夏、商、周的中心地区是今天河南省的中部和北部、山西省南部、陕西省的关中盆地、

---

① 《孟子·离娄上》。

河北省的西南部和山东省的西部，正是当时自然环境条件最优越的地区。

主要由于地理环境的原因，黄河中下游最早形成了大片的农业区，农业在中国的发展有极其悠久的历史和相当辽阔的地域。春秋战国时当地还有不少残余的牧业民族或半农半牧民族，但到秦汉以后，除了少数民族大规模内迁或战争动乱时期之外，牧业在中原王朝的经济中已毫无地位。从秦朝开始直到清朝初年，历代最稳定的、设置行政区域的疆域范围，基本都是阴山山脉和辽河中游以南，青藏高原、横断山脉以东的中国内地。这一范围四周并不都有什么难以逾越的地理障碍，尽管王朝的军队一次次外出远征并获得胜利，但却很少将自己的正式政区扩展出去，根本的原因就是要考虑这些地区是否适宜农业生产，能不能养活当地的居民。人们在所能得到的十分有限的狭小地块上辛勤耕耘，精耕细作，对土地实行最大限度的利用，藉以维持生存。久而久之，不但促进了我国农业的发展，而且也促成了中国人安土重居、乐天知命、安分守己、勤劳善良的民族性格。

在中国占主导地位的传统文化，无论是物质的，还是精神的，都是建立在农业产生的基础上的。它们形成于农业区，也随着农业区的扩大而传播。大量汉族（华夏）人口不断从黄河流域迁往南方、西北、东北各地，文化上的优势和数量上的多数使这些移民最终成为迁入地区的主体人口，他们所传带的文化自然也成为迁入地的主体文化。在这一过程中，尽管传统文化也吸取了牧业民族和其他民族文化的精华，但由于农业生产的基础始终没有改变，这种吸收便都以能否适应农业文明的需要为前提。前面已经提到，尽管中国的自然条件在以往数千年间有一定的变化，但总的说来幅度有限。由于中国疆域辽阔、跨纬度大，所以气候的波动一般只影响农业区的南北界、而不会减少它的面积，这就为中国文化的延续提供了稳定的物质基础。

中国内地的这片农业区的面积和产量在东亚大陆一直遥遥领先，供养着数量最多的人口，因而很自然成为东亚地区的中心所在，也是文明程度最高、文化最发达的地区。在西方文明传入之前，周围的朝鲜半岛、日本列岛、印度支那半岛和东南亚各地的农业文明在总体上落后于中国，当然不可能对它形成冲击和挑战。北方的游牧民族虽然具有相当大的军事实力，并多

次以武力入主中原，但在文化上却是弱者，最根本的原因是其文化不适应于农业地区，因此军事上的征服者毫无例外地成为文化上的被征服者，他们最终自觉或不自觉地接受了华夏文化。

中华民族在这样一个辽阔地域里，有足够广阔的空间创造自己的文化，演绎自己的历史。中国内部不但具有天然的向心性，而且在物质生产与供应上具有高度的内部互补，加之中国历来的经济基础就是自给自足的自然经济，从而形成高度的自给性和独立性。在相对优越的地理环境之上发展形成的农耕经济，加上中华先民的勤劳和智慧，使古代的中国在西方近代文明兴起之前，长期成为世界东方乃至整个世界最富足、最强大的国度。这就更加深了"中华帝国，无求于人"的自我陶醉、自我封闭的观念，使中国古代长期以来一直缺少对外开放、了解世界的动力。

在经济上对土地的过分依赖，一方面虽然限制了中国古人的视野，影响了对外的扩展与开放。但另一方面也培养了中华民族对乡土的无限眷恋和对故国的深切情怀。中国地名多因依山傍水而得，体现出中华民族依托山水的内在精神；"山河"、"河山"、"江山"成为领土与政权的代称，蕴含着中华民族"天人合一"的特殊感情；特别是历代兴盛、经久不衰的"山水诗"和"山水画"更揭示了活跃于山水环境里不灭的民族灵魂。这一切无不起到培养民族精神、增强中华民族内部巨大的凝聚力的作用。

三、先秦儒家伦理文化产生的自然背景

任何一个民族，其文化的发生和发展都依托于它的自然环境，自然条件是人类生存和活动的舞台，也是文化形成和发展的场所。中华大地优越而独特的自然条件，是中国形成优秀而独特的文化传统的内在物质基础。考察中国传统儒家人文化的发生，应该对其赖以生存的自然环境有一个总体性的了解和把握。

中华先民自古生活在亚洲东部辽阔疆域内。西面背靠号称世界屋脊的青藏高原，东部濒临大海，北边是广漠无垠的草原、沙漠，南边有交通隔阻的

横断山脉，地域上形成了半封闭状态。

从新生代以来，中国原始地貌的构成和现在相仿佛。中国东临太平洋，境内高山、丘陵、高原、盆地、平原、江河、湖泊、岛屿交错纵横。在广袤的幅员中，南北冷热、东西干湿差异很大。复杂的地形、土壤、气候和水文环境，构成了千姿百态的区域特色，并在各区域社会结构和历史条件的作用下，形成了大同小异的文化风貌，互补地表现出不同条件下的生存境况和心理状态，汇合成一体与多元相统一的汹涌澎湃的中华文化洪流。

中国古代文明发源于黄河中下游，黄河流域被誉为中华民族的摇篮，这是一种生生不息的民族信念。在过去的两千余年中，黄河曾先后决口泛滥达1500余次。历史上黄河以"善淤"、"善决"、"善徙"著称。就黄河流域的地理条件看，除了有泛滥作害的一面之外，黄河又有便利文明发展之处。黄河流域地区土质疏松，土性肥沃，适宜于农耕的发展，先民采集野生谷物，经种植驯化而逐渐成为发达的农业文明。仅《诗经》记载的野生植物就有100多种。黄土高原又有特殊的柱状节理，容易挖穴构屋、冬暖夏凉，所以"古之民，未知为宫室时，就陵阜而居，穴而处"①。

黄河长期以来哺育了一个伟大的中华民族，孕育了灿烂的中华文明。黄河流域是远古先民最早栖息繁衍的地带。中华民族在这块土地上创建了以农耕文化为主流的多层次、多成分的有机经济复合体，创造了流传至今并影响深远的东方文明。

地理环境对人类和人类社会的影响不能简单地归结为决定或不决定，而应该作全面的认识。地理环境，是指"生物特别是人类赖以生存和发展的地球表层"，"地理环境可分为自然环境（或自然地理环境）、经济环境（或经济地理环境）和社会文化环境。上述三种环境各以某种特定的实体为中心，由具有一定地域关系的各种事物的条件和状态所构成。这三种地理环境之间在地域上和结构上又是互相重叠、相互联系的，从而构成统一的整体地理环境"。在人类产生之前，地理环境就已经存在，不过那时只有自然环境。在

---

① 《墨子·辞过》。

人类产生之后，完全单纯的自然环境就不再存在，因为人类的活动总会或多或少地改变自然环境。但在人类漫长的早期，人们对自然的影响毕竟是极其有限的，所以我们还是可以把地理环境主要当做自然环境。随着人类生产的发展，经济环境和社会文化环境逐渐形成，并且越来越起作用。到了近代，就更难以将这三者严格区分开来了。

地理环境是人类赖以生存和发展的物质基础，当然也是人类意识或精神的基础。因此，地理环境对人类和人类社会所起的作用是具有一定的决定意义的。但是在具体的时间和空间范围内，地理环境在起决定作用的同时，也给人类的发展保留着相对广泛的自由。因为：第一，它并没有规定人类从产生到消亡的具体过程、方式和时间；第二，它并没有确定物质和能量的转化和传递的具体过程、方式和时间；第三，人类只要不违背它的内在规律，完全可以根据自己的需要利用这一环境，实现对自身有利的物质转化和能量传递。

人类对地理环境的利用从来没有达到极限，今天离极限也还相当遥远。而且不同地区、不同时间的人们对地理环境的利用程度存在着相当悬殊的差异，利用的方式也迥然不同。这就是为什么人类的历史和文化在发展过程中千差万别的原因，也是为什么在大致相同的地理环境中，在不同地区和不同时期，人类的活动会出现如此不同结果的缘由所在。

同样的地理环境在不同的生产方式或生产力条件下，所起的作用是不同的。所以在人类的早期，即人类基本上还只能被动地适应现成的环境时，地理环境对人类各方面的活动几乎都起着决定性的作用。但随着生产力的提高和生产方式的多样化，人们开始能动地利用地理环境，地理环境对人类具体活动的决定作用就逐渐减弱。生产力越发达，人类对地理环境的利用能力和程度就越大。但这一切都是以地理环境所提供的条件为前提的，是以不违背它的内在规律为限度的。

在生产力很低的情况下，地理障碍对人类活动，特别是交通运输的影响要比现在大得多，有时往往起了完全隔绝的作用，例如海洋、大江、高山、沙漠、沼泽、丛林都曾是先民难以逾越的地理障碍。

正如黑格尔所说的这是"历史真正的舞台"。在这个"东渐于海，西被于流沙，朔南暨，声教讫于四海"①的舞台上，相对隔阂的地理环境是中国文化的封闭性和独立性的资本和物质保障，使中国人自古以来就习惯于以"天下"和"四海"概念构想自己生活的世界格局。中国古人认为自己生活在四海之内，天下之中，由中而外的顺序是京师、诸夏、四夷。在"华夏——四夷"的天下模式中，所有的外族都被包容在四夷之内。而四夷又可以通过用华变夷、由夷变夏的过程，被纳入中原文化的母体之中。这种思维方式有利于中华文化稳定而连续地向前发展，它是中国2000多年来能够基本维持大一统局面的思想基础，是中华民族得以发展壮大的心理支柱，是造成中国文化亘古独立、绵延不灭的重要原因。地域相对封闭还使中国各个领域的文化都有很大的独立性和内部统一性，根植于这片沃土的哲学、医学、书法、绘画、园林、戏曲等都自成体系，体现着不同于西方文化的特征。

四、先秦儒家伦理文化产生的学术背景

（一）学术源流

从人猿揖别、文化开始发端，到传说中的禹"即天子位，南面朝天下"②，中国文化在自身的生命运动中，迈出了巨大的一步。然而，其社会组织结构方式，婚姻演进方式，经济生活方式，以及包括图腾崇拜、灵魂崇拜、生殖崇拜、祖先崇拜以及巫术在内的精神生活，和其他民族的原始文化大体一致。这是因为，"这个时代的人们，不管在我们看来多么值得赞叹，他们彼此并没有什么差别。用马克思的话来说，他们还没有脱掉自然发生的共同体脐带"。至殷商西周，中国文化的特殊面貌才开始形成。

殷商人发祥于山东半岛渤海湾。在初始阶段，殷商人主要从事游耕农业。与此相适应，商人的都城一再迁徙，史称"不常厥邑"。

---

① 《禹贡》。
② 《史记·夏本纪》。

大约在公元前 14 世纪，长期流动不定的商族在第十代君王盘庚率领下，从奄（今山东曲阜）迁徙并定都于殷（今河南安阳小屯村），在此传位八代十二王，历时 273 年。在长期定都的条件下，商人的文明水平有了显著提高。兼具"象形"、"会意"、"形声"等制字规则的甲骨文的出现，标志着中国文字进入了成熟阶段。文字的发明和使用，使迁殷以后的商人率先"有册有典"。这些由掌理卜筮和记事的"贞人"书写与保管的典册，便是中国最早的一批文献。这些文献虽然"佶屈聱牙"，散漫无序，但其间已包含有丰富的文化思想。文字、典籍、青铜器，以及"殷"这座目前所确认的中国最早的古都，标志着古代中国已跨入文明社会的门槛。

以殷为中心展开活动的商人，脱离原始社会未久，在以神秘性与笼统性为特征的原始思维的支配下，商人尊神重巫，体现出强烈的神本文化的特色。《礼记·表记》便称："殷人尊神，率民以事神。"殷商人有祖先崇拜，但祖宗神的地位居于第二位，而其之所以被祭祀，也在于他们生前担任最高祭司的职务，死后"宾于帝所"，侍于帝左右，成为上帝与人世的交通桥梁。

以尊神重鬼为特色的殷商文化，是人类思维水平尚处于蒙昧阶段的产物。随着人们实践经验日益丰富，智力、体力水平不断增进，对神的力量的崇拜渐次淡薄，对于自身能力的信心与日俱增。于是以神为本的文化逐渐开始向以人为本的文化过渡，其契机便是商周之际的社会大变动。

对于中国文化的发展来说，周人入主中原，具有决定文化模式转换的重要意义。

"周"是一个历史几乎与"商"同样悠久的部族。作为偏处西方的"小邦"，它曾长期附属于"商"。经过数百年的惨淡经营，周族逐渐强大，并利用商纣的腐败和商人主力部队转战东南淮夷之机，起兵伐纣。公元前 11 世纪，"小邦周"终于战胜并取代"大邑商"，建立起周朝。

周朝建立后，一方面因袭商代的种族血缘统治办法，另一方面实行文化主旨上的转换，正如《诗经》所云："周虽旧邦，其命维新。"

周人确立的兼备政治权力统治和血亲道德制约双重功能的宗法制，其影响深入中国社会机体。虽然汉以后的宗法制度不再直接表现为国家政治制度，但其强调伦常秩序、注重血缘身份的基本原则与基本精神却依然维系下来，并深切渗透于民族意识、民族性格、民族习惯之中。如果说中国传统文化具有宗法文化特征的话，那么，这种文化特征正是肇始于西周。

除了建立完备的宗法制和分封制，将上层建筑诸领域制度化外，周人的另一文化创新，乃是确立把上下尊卑等级关系固定下来的礼制和与之相配合的情感艺术系统（乐），这便是所谓"制礼作乐"。

周代的礼制是周代制度文化、行为文化和观念文化的集中体现，它既是典章制度的总汇，又是政治生活、经济生活、社会生活、家庭生活各种行为规范的准则。"道德仁义，非礼不成；教训正俗，非礼不备；分争辩讼，非礼不决；君臣上下，父子兄弟，非礼威严不行；祷祠祭礼，供给鬼神，非礼不诚不庄。"[①] 王国维说，礼是"周人为政之精髓"，是"文武周公所以治天下之精义大法"。这一论断深刻地指明了礼在周代社会政治生活中的重要地位。

周人所确立的"礼"，为后世儒家所继承、发展，以强劲的力量规范着中国人的生活行为、心理情操与是非善恶观念。中国传统的"礼文化"或"礼制文化"，即创制于西周。其要旨在于"纳上下于道德，而后天子、诸侯、卿大夫、士、庶民以成一道德之团体"，实质上渗透着一种强烈的伦理道德精神。周初统治者在总结夏亡殷灭的历史教训的基础上，提出了"天命靡常，唯德是辅"、"以德配天"、"敬德保民"等重要思想。中国传统文化中的德治主义、民本主义、忧患意识乃至"天人合一"的致思趋向，皆肇始于此。

上述人文传统为儒家人文化的产生提供了丰富的历史文化积淀，使儒家人文化从肇基之始便具有强烈的道德色彩。

《汉书·艺文志》在谈到诸子起源时曾说过，儒家者流，盖出于司徒之官；道家者流，盖出于史官；阴阳家者流，盖出于羲和之官；法家者流，盖出于理官；名家者流，盖出于礼官；墨家者流，盖出于清庙之守；纵横家者

---

① 《礼记·曲礼上》。

流，盖出于行人之官；杂家者流，盖出于议官；农家者流，盖出于农稷之官；小说家者流，盖出于稗官。全部诸子的起源是否都如此，我们无意讨论。而我们于此看到的一个显著特点是，这些学说几乎清一色的起源于官。而这个官，既是西周的官学，也是周初儒者在建构和规范权力模式时而期望的各司其职。在规范之初，这些官的职责各不相同，各有侧重。但从时代需要的背景看，由于周初社会所面对的问题是如何建立以周天子为核心的道德本位的社会模式，故而这些官虽然各司其职，分工负责，但其目的与功能似乎都不外乎道德问题。在当时的社会背景下，道德问题说到底是个礼制问题、名分问题，故而诸子学说的落脚点最终都将归入此类。

（二）学术状况

儒家人文化诞生于人类文明的轴心时代，这是中国历史上思想最为解放、政治相对开明的时代。史称"百家争鸣"。所谓"百家"，当然只是诸子蜂起、学派林立的文化现象的一种概说。对于其间主要流派，古代史家屡有论述。

西汉司马谈将诸子概括为阴阳、儒、墨、名、法、道德六家，并区别"所从言之异路"，予以评论。西汉刘歆又将诸子归为儒、墨、道、名、法、阴阳、农、纵横、杂、小说十家，从学术源流、基本思想等方面详为论述。由于诸子百家多肇衍于战国间，故又有"战国诸子"之称。

诸子的兴起，具有鲜明的文化目的性，这就是"救时之弊"。梁启超在谈到《淮南子》"尚论诸家学说发生之所由来"时说："自庄、荀以下评骘诸子，皆比较其同异得失，独淮南则尚论诸家学说发生之所由来，大指谓皆起于时势之需求而救其偏敝，其言盖含有相当之真理。"胡适在分析战国诸子成因时，也发表意见说："吾意以为诸子自老聃、孔丘并于韩非，皆忧世之乱而思有以拯救之，故其学皆应时而生。"这些说法都甚有见地。

春秋战国时期的文化辉煌，最根本的是由于社会大变革时代为各个阶级、集团的思想家们发表自己的主张，进行"百家争鸣"提供了历史舞台，同时，它也有赖于多种因素的契合。

1. 礼崩乐坏的社会大裂变，将原本属于贵族最底层的士阶层从沉重的宗法制羁绊中解放出来，在社会身份上取得了独立的地位，而急于争霸事业的诸侯对人才的渴求，更大为助长了士阶层的声势。士的崛起，意味着一个以"劳心"为务，从事精神性创造的专业文化阶层形成，中华民族的物质生活与精神生活注定要受到他们的深刻影响。

2. 激烈的兼并战争打破了孤立、静态的生活格局，文化传播的规模日盛，多因素的冲突、交织与渗透，提供了文化重组的机会。

3. 竞相争霸的诸侯列国，尚未建立一统的观念形态。学术环境宽松活泼，使文化人有可能进行独立的、富于创造性的精神劳动，从而为道术"天下裂"提供了前提条件。

4. 随着周天子"共主"地位的丧失，世守专职的宫廷文化官员纷纷走向下层或转移到列国，直接推动私家学者集团兴起。

正是如上种种条件的聚合，为中华民族的精神发展创造了一个千载难逢的契机。气象恢弘盛大的诸子"百家争鸣"，正是在这样的文化背景下应运而生的。在这充满血污与战乱动荡的时代，中国文化却奏起了辉煌的乐章。雅斯贝尔斯称这个时代为人类文明的轴心时期。

由于社会地位、思考方式和学统承继上的差异，先秦诸子在学派风格上各具有鲜明的个性特征。儒家伦理文化就是在这个壮阔的历史背景下产生，并被称为"显学"，进而影响了中华民族 2000 多年的历史进程。

第二章　先秦儒家伦理文化源流考

中国伦理文化思想开端久远，大德广播。根据历史文献记载，中国古代伦理文化思想的起源，可以追溯到夏以前。传说中的伏羲、神农、黄帝、尧、舜等，都十分重视人格精神的培养和人生责任的教育。据《尚书·舜典》记载，虞时即设有学官，管理教育事务，如命契为司徒"敬敷五教"，即负责对人民进行父义、母慈、兄友、弟恭、子孝五种伦理道德的教育；命夔"典乐"，即负责对人民进行音乐和诗歌教育。

中国伦理文化思想体系主要形成于先秦时期的百家争鸣。百家争鸣的内容，涉及天人、名实、常变、古今、义利、心性、善恶和礼法制度等各个方面，最终造就了中国伦理文化思想发展的第一次高峰。儒家传统伦理文化思想就是其中最为杰出的代表，并延展成为中国伦理文化的基本精神内涵。

一、先秦儒家伦理文化的历史流变及代表人物

儒家传统伦理文化是中国春秋战国至清末数千年人生经验的概括和总结。儒家伦理文化的一个鲜明的特点，就是把个人成长做人与家庭治理、国家和社会的兴旺发达不可分割地连成一体。体现了个人成长与国家兴旺、社会发展进步的统一。儒家文化的活的灵魂是集体主义。儒家讲的集体不是小团体，而是家与国的一体、国与天下的一体，儒家追求的大目标是构建大同

社会，实现全人类的和谐与美好。正是这伟大的胸怀使儒家文化滋生出了无穷无尽的生命力。

儒家伦理思想内容极其丰富，涉及人和人生的方方面面。儒家强调做人应有自觉的责任觉悟，要坚持以德为本，要有实实在在的本领和才能，要懂礼守法，待人以诚，敬人有道，与人和谐相处，善于正己化人。儒家给善人君子和小人画了像，阐明了哪些人的人生前途必然是美好光明的，哪些人的人生前途必然是凶险而可悲的。

儒家伦理文化是以孔丘为代表的儒家学派创建的以教化人为核心的知识体系。儒家明确指出，人的教化人人有责，提倡全社会抓人的教化。儒家不但阐明了人们自己应当如何认识自己、管理自己、开发自己，而且阐明了家庭、学校、国家社会管理者及一切志士贤达都应当自觉担负起教化人的责任。

（一）孔子的伦理文化观

儒家之所以称"儒"，因其早期成员以"儒"为业。"儒"古代指读书人，泛指有学识的人。近代有的学者认为，"儒"的前身是古代专为贵族服务的巫、史、祝、卜。在春秋社会大动荡时期，"儒"失去原来的地位，由于他们熟悉贵族的礼仪，便以"相礼"为谋生职业。按这种说法，春秋末期，"儒"指以"相礼"为业的知识分子。孔子早年曾以"儒"为业，他除通晓养生送死的礼仪外，还具有丰富的文化知识，精通礼、乐、射、御、书、数六艺。34 岁时，孟懿子、南宫敬叔来学礼，此后学生逐年增多。《史记·孔子世家》记载："孔子以诗书礼乐教，弟子盖三千焉，身通六艺者七十有二人。"孔子的弟子们"祖述尧舜，宪章文武，宗师仲尼，以重其言"。由此，逐步形成了一个以孔子为核心的学派。因孔子青年时曾从事过"儒"这种职业，人们便把由孔子所创立的"以六艺为法"的学派称为儒家。

儒家是战国时期诸子百家之中的一家，《庄子·齐物论》篇有"儒墨之是非"的说法。《史记·魏其武安侯列传》载有"太后好黄老之言，而魏其、武安、赵绾、王臧等务隆推儒术，贬道家言"。

（二）孟子和荀子的伦理文化观

由于孔子的思想有多面性，孔门弟子对孔子的理解也各执一端。所以，孔子去世后，由于弟子们各按其所闻所见及其理解传播孔子的学说，儒家学派遂趋于分化。先秦时便有"儒分为八"之说，形成了子张之儒、子思之儒、颜氏之儒、孟氏之儒、漆雕氏之儒、仲良氏之儒、孙氏之儒以及乐正氏之儒，相互间争论也很激烈。但就其主流而论，先秦儒学主要分为由曾子（曾参）、子思到孟子的一系和由子夏、子弓到荀子的一系这两大系统。

战国时的儒家以孟子和荀子最为重要。

孟子（孟轲）生活于"天下之言不归杨（朱），则归墨（翟）"的战国中期，其时儒家遭遇到了墨家、道家等学派的严重挑战，没有孟子的"辟杨墨"，很可能没有后来成气候的儒家，儒家学派和儒家思想经过孟子而发扬光大。也正因为如此，后来中国的儒家文化便被集中概括为孔孟之道，长期影响着中国社会及其思想文化的生存发展。孟子将孔子的仁学发展成为"仁政"为代表的一整套社会政治主张。仁政的基础是"制民之产"，其具体措施则包括"正经界"、"省刑罚、薄税敛"等国家经济政策和"不违农时"、"深耕易耨"等遵循生产规律的主张。但仁政的核心是重民。人民是统治者的"三宝"之一，"民为贵，社稷次之，君为轻"①。孟子在当时激烈的社会政治经济斗争中，看到了民心向背对于国家政权的安稳的决定性意义，所以他特别强调"得民心者得天下"这一对统治者来说至关重要的经验教训。孟子的民本主义在整个中国古代社会影响深远。

仁政是以善心扩充弘扬的形式来实现的国家组织行为，其基础是性善论。孟子主张人先天性善，"人皆可以为尧舜"，要求努力培养人的精神境界和道德情操，即养"浩然之气"。孟子承袭孔子的天命观又加进了"天视自我民视，天听自我民听"的内容。人可以通过"求其故"的途径而知天命，"祸福无不自己求之者"②，对人的力量充满了信心。在哲学上孟子提出了"万物皆备于我"的著名观点和尽心知性知天的天人合一模式，开创了中国人文化史上心性哲学的源流，影响了宋明以后整个儒家人文化的发展。

---

① 《孟子·尽心下》。
② 《孟子·公孙丑上》。

孟子"辟杨墨"的首要活动是以儒家的仁爱反对墨家的"兼爱"。"兼爱"的实质是爱无差等，主张"兼以易（代换）别"、不分彼此差别而平等相爱，从而根本否定了父子兄弟的上下尊卑和传统的宗法等级关系，与儒家信守的"爱有差等"主张形成了尖锐的对立。孟子对儒家仁爱观的"爱有差等"性质的规定，成为后来儒家伦理观的一个基本原则。

荀子（荀况）是战国后期儒家学派的最大代表和整个先秦哲学的总结者。荀子是与孟子有别的儒家学派的另一位大师。他以法治补充孔孟的德治，"隆礼"与"重法"相结合，要求王霸双方的统一。不赞成笼统的天人合一而主张"明于天人之分"，在肯定"天行有常"的基础上，强调"制天命而用之"①。

荀子在中国哲学史上第一次对形神关系做出了正确的回答。从"形具而神生"出发，他对认识活动和认识过程进行了专门的分析，要求"解蔽"以获得全面的认识，主张名之与实必须相符，并将"行"的概念正式引入认识论，强调"学至于行而后止"。

在人性论上荀子反对孟子的性善而主张性恶，在坚持"性伪之分"的前提下，倡导"化性起伪"，促使先天本性与后天人为走向统一。与性恶论相应，荀子还研究了人和社会的起源问题，认为人同时具有气、生、知、义，位于自然演化序列的最高等级；但人之高于物主还在于其社会属性，"人能群，彼不能群也"②。"明分使群"，即在明确上下职分的基础上按照"义"的原则来组织社会，是人类最为可贵的品性。荀子则继承了孔子思想中重人事、不重鬼神的一面，强调天人之分，提出"制天命而用之"的观点。

在孟子、荀子之外，战国还有一些儒家学者，解释《周易》，作成《易传》。《易传》认为，宇宙万物处于永恒的生灭变易之中，变易的根据在于宇宙中阴阳、刚柔相摩相荡。儒家思想由于孟子、荀子、《易传》作者和其他派别代表人物的发展，成为先秦显学之一。

---

① 《荀子·天论》。
② 《荀子·王制》。

总之，春秋战国时期，面对礼乐崩坏、诸侯并起的时代大潮，儒家学派的人文化思想更多地体现在对于国家前途的忧虑、对于百姓疾苦的关注、对于人性本身的思考和对于生命尊严的拷问，体现了一代知识分子真正的良心与责任。

（三）秦汉时期——定力与尊严

秦代及汉初儒家不为统治者所用，受到压制，一度消沉。汉武帝采纳董仲舒的主张，罢黜百家，独尊儒术，这标志着儒家思想在经历了300多年的发展之后，在汉初思想家和统治者的共同推动下，终于取得了支配的地位。此后，中国思想领域发生了巨大变化，道家、法家、阴阳家的思想逐渐与儒术融合。儒术成为以孔孟思想为主，融会其他学说的思想综合体。儒，成为一般知识分子的通称。

董仲舒是我国西汉时期著名的今文经学家、哲学家、教育家，是中国儒学发展史和中国思想史上继孔子之后又一个里程碑式人物。董仲舒继承并发展了以孔子为代表的先秦儒家学说，融合先秦法学、道家、阴阳家、墨家等各家学派的思想，承上启下，建立了儒学的新体系，适应历史发展的客观要求，开创了汉代儒学的新局面。为了新兴的中央集权制国家政权的长治久安，他认真地总结了秦专任法家而亡的教训和汉初黄老无为政治流行所带来的流弊。他从"春秋公羊学"的"微言大义"入手，推重阴阳五行学说以复兴儒学，认为天是主宰自然和人世的人格神，而阴阳五行之变则是天的德刑赏罚，并为此构造出了一整套以"天人感应"为特色的哲学理论，成为当时的"儒者宗"，继承发展了孔子和儒家的思想。

在政治伦理思想上，董仲舒从维护社会等级秩序的目标出发，吸收包括法家在内的各家主张，概括出了处理君臣、父子、夫妇关系所必须遵循的"王道之三纲"。三纲之义是源于天的，而"天不变，道亦不变"①，三纲是永恒的绝对原则。三纲的实质，是以等差的形式来实现"一统"，其核心则是君权说。

---

① 《汉书·董仲舒传》。

董仲舒对先秦儒家学说进行了多方面的改造，"性三品"说便是其典型的代表。在义利关系上，他提出了著名的"正其谊（义）不谋其利，明其道不计其功"①的主张，这在宋以后成为理学家们崇奉的教条，但同时也受到了要求义利统一的思想家们的尖锐批评。

汉代儒家把儒家伦理思想系统化为三纲五常，长期地为封建统治阶级服务。

在经学研究中，由于治学方法和思路的不同，学者们逐渐分成为两派：一派偏重于经书字义和名物的训诂，属于"我注六经"的古文（经）学；一派注重在经书中发掘"微言大义"，为自己的观点寻找佐证，属于"六经注我"的今文（经）学。今文经学是汉代经学的主流。哲学经学化是汉代儒学的一个基本特点。

以今文经学为代表的汉代经学，在其发展中越来越趋向于烦琐和神秘。其烦琐表现在注解经文的文字，有的要超过原文上万倍，乃至"幼童而守一艺，白首而后能言；安其所习，毁所不见，终以自弊"②。而神秘化则表现在逐渐与谶纬相结合，荒诞迷信的成分日益增多。谶纬中虽然也保留了一部分科技史的资料和有关儒家经典的某些合理的解释，但总体上它们是为适应统治者的需要而被编造出来，以愚弄百姓和为争权夺利服务的。特别是由于两汉之际的社会动荡，王莽"新"朝和东汉光武帝刘秀为了各自的需要，都极力利用并大肆宣扬谶语，从而形成为一种普遍的社会风气。这最终导致了儒学的衰落和随之而来的玄学与佛、道哲学的兴起。

两汉时期另外一些儒家学者如扬雄、桓谭、王充、仲长统等，对董仲舒等人的"天人感应"说和谶纬迷信进行了批判。

（四）魏晋南北朝——沉潜与浪漫

魏晋南北朝是中国历史上政权更迭最频繁的时期。由于长期的封建割据和连绵不断的战争，使这一时期中国文化的发展受到特别的影响。其突出表

---

① 《汉书·董仲舒传》。
② 《汉书·艺文志》。

现则是玄学的兴起、佛教的输入、道教的勃兴及波斯、希腊文化的羼入。在从魏至隋的360余年间，以及在30余个大小王朝交替兴灭过程中，上述诸多新的文化因素互相影响，交相渗透，使这一时期儒学的发展及孔子的形象和历史地位等问题也趋于复杂化。

两汉经学流弊很多，形式烦琐，内容驳杂，及至魏晋，便趋衰落，代之而起的是玄学。南朝宋文帝时，在京师设立四学：儒学、史学、玄学、文学，称为"四学制"，打破了儒家一统教育的状况。到梁时，学校教育渐渐有了合儒、佛、道于一堂的做法。对于玄学，一般看作是道家思想的复兴，但并不排除儒家思想在玄学中的重要地位。玄学的发展借助于两汉经学，王弼注《周易》，释《论语》，何晏作《论语集解》等，都是玄学家们为经学玄学化所做的努力。儒家的主要经典《周易》与《老子》、《庄子》被并称为三玄。玄学讨论的有无、本末问题，虽然来自老庄，但与《易传》思想关系密切。儒家思想在魏晋玄学时期有重要发展，它一扫两汉经学的烦琐芜杂，剔除了经学的"天人感应"说等神秘成分，使抽象思维水平大大提高了一步。

王弼高扬人在宇宙中的地位，提出"天地之性人为贵"，秉承老庄学说，以无知为真、无为为善，对儒家的伦理道德做了彻底的否定，要求以自然适性为人生行为准则；同时又改造了老庄的人性论，认为喜怒哀乐是人人都具有的人之常情，针对何晏脱胎于"性三品"提出的"圣人无情"论，明确提出圣人"同于人者五情也"，"茂于人者神明也"，"圣人之情，应物而无累于物者也"。这是对董仲舒以来流行的"性三品"论的有力拨正。阮籍、嵇康是中期玄学的代表。一方面，他们像王弼一样，秉承老庄的道德论和养生论，批判名教道德，主张顺应自然（"越名教而任自然"），反对嗜欲纵欲，告诫人们"欲胜则身枯"；另一方面，他们又改造了老庄的人性论，指出人性并不是无欲的，"夫民之性，好安而恶危，好逸而恶劳"，"从欲则得自然"，按照"自然"的原则行事，就应当顺从人的天赋欲望，既不放纵（"引"）它，也不压制（"抑"）它。在自然适性、无视世俗道德是非的行为践履中，他们提出了"大人"、"至人"的人生理想。向秀、郭象是后期玄学的代表。他们吸收嵇康适性顺欲的观点，认为"且夫嗜欲，好荣恶辱，好逸恶老，皆生于自然"，要求人们"率性而动"；同时，一反王弼、阮籍、嵇康对儒家道德的批判，公然指出"仁义自是人之情性"，"名教"并不违背"自然"，要求人们用儒家道德约束自然人性，"动不过分"，不要"以欲恶荡真"，"以无涯（纵欲）伤性"。要之，适性、顺情而不纵欲，是玄学人论的一以贯之的追求。这当中有许多合理的价值成分。

尽管魏晋南北朝时期中国文化的发展趋于复杂化，但儒学不但没有中断，相反，却有较大发展。孔子的地位及其学说经过玄、佛、道的猛烈冲击，脱去了由于两汉造神运动所添加的神秘成分和神学外衣，开始表现出更加旺盛的生命力。就魏晋南北朝的学术思潮和玄学思潮来说，都在一定程度上反映了当时一部分知识分子改革、发展和补充儒学的愿望。他们不满意把儒学凝固化、教条化和神学化，故提出有无、体用、本末等哲学概念来论证儒家名教的合理性。他们虽然倡导玄学，实际上却在玄谈中不断渗透儒家精神，推崇孔子高于老庄，名教符合自然。此时期虽然出现儒佛之争，但由于儒学与政权结合，使儒不始终处于正统地位，佛道二教不得不向儒家的宗法伦理作认同，逐渐形成以儒学为核心的三教合流的趋势。

（五）隋唐时期——多元与焦虑

隋唐伦理文化的气象恢弘，与地主阶级结构的深刻变化息息相关。魏晋南北朝，活跃于中国政治舞台上的是门阀世族地主阶级，他们凭借门第、族望而世代盘踞高位，享有各种政治、经济特权，"高门大姓"以外的庶族或寒门则进身不易。然而，门阀世族势力在隋唐时期趋于急剧没落。给予门阀地主致命打击的首先是摧枯拉朽的隋末农民大起义，继之而来的则是杨隋和李唐政权所推行的包括均田制、"崇重今朝冠冕"及科举制在内的一系列全面压抑门阀世族的改革措施。在门阀世族衰落的同时，大批中下层士子，由科举入仕途，参与和掌握各级政权，从而在现实秩序中突破了门阀世胄的垄断。

在隋唐之际巨大社会结构变动中登上中国文化舞台的庶族寒士是正在上升的世俗地主阶级的精英分子，有为的时代，使他们对自己的前途与未来充满自信和一泻千里的热情，唐代伦理文化因而具有一种明朗、高亢、奔放、热烈的时代气质。

东汉时佛教传入中国，由于统治者的提倡，佛教在隋唐时期达到鼎盛。一些知识分子以信奉和研讨佛理为时尚，儒家在思想界的地位受到冲击。唐中叶韩愈站在儒家立场上提出了一个由尧、舜、禹、汤、文武、周公至、孟的儒家"道统"，以同佛教法统抗衡。儒家道统说的核心在韩愈是仁义，所谓"仁与义为定名，道与德为虚位"①。由于尧舜在时间上早于释迦牟尼和老子，因而也就比佛老更具有权威。他认为"释老之害过于扬墨"，并以继承儒家道统为己任。柳宗元虽"自幼好佛"，认为浮国之言"不与孔子异道"，但他也"以兴尧舜孔子之道"为务。韩愈的性情三品说、李翱的性善情恶论。

自南北朝以后，迄于隋唐，佛教盛炽，儒学统治地位受到严重挑战。

北宋前期的范仲淹、欧阳修、胡瑗、孙复、石介等人继续提倡儒家思想，终于使儒学得到复兴。

（六）宋元时期——宽容与大气

儒释道三教合一是中国唐宋时期思想文化领域出现的最为瞩目的现象。由于儒道两家自先秦产生以来已经是在相互辩驳和互补之中，魏晋玄学即是儒道兼综的结果，而儒家思想又是国家的指导思想，所以儒释道三教合一的重心落在了儒家与佛教的关系之中。

三教合一的思想早在佛教初传时的中国文献《（车子）理惑论》中就有表现，后来三教学者从各自的目的出发对此进行了多方面的思考。到南北朝时，三教的调和折中已逐渐成为社会普遍接受的共识，道安、颜之推便是当时有名的代表。隋代王通明确阐发了"三教合一"的思想，因为三教既不可废又各有其弊，所以应当折中融合，各取所长。唐代糅合三教之风进一步发展。梁肃作《止观统例》，一身兼儒、佛学者之二任，韩愈和李翱则引佛入儒，提出"道统"和"性情"之说，柳宗元、刘禹锡等则更为深刻地阐释

---

① 《原道》。

了儒佛调和的可能性问题。而佛教与道家、道教的关系，在佛学与玄学的附会中表现得特别明显。佛、道两家虽然有时斗得你死我活，但又都从对方吸取思想资料和方法。道教大量搬用佛教的教义和宗教仪轨，佛教则由"空"掉自性到肯定自性，讲"自性具足"，显然受到老庄玄学的影响。后期禅宗向自然主义方向转化，强调佛性无处不在，这一情形表现得尤为明显。

宋以后，三教合一由于统治者的提倡和思想发展的必然要求，得到了更为普遍地流行。儒释道三家都讲"道"，而"天下固无二道"，故三教没有不调和的理由。苏辙以儒者身份注《老子》，又自命为是"佛说"，故苏轼跋此书说："使汉初有此书，则孔、老为一；晋宋间有此书，则佛、老不为二。"当然，自唐代韩愈以来，也有不少儒家学者激烈地反对其他二教的合法地位。譬如作为宋初"三先生"之一的石介就讲："天下一君也，中国一教也，无他道也。"① 对此，佛学家契嵩提出了一个十分重要的观点，即"为善之方"或"善道"是多种多样的，没有任何理由说只有儒家一"教"之道才是天下唯一的正道，并从而贬斥佛、老为异端。其实，《周易·系辞上》通过孔子之口道出的"天下同归而殊途，一致而百虑"的观点，已经为如何判定儒释道三教"殊途"、"百虑"的问题提供了经典的合理依据。后来的统治者和思想大家，事实上可以说都是沿着这条道路走下去的。

三教合一的理论归属是新儒学的产生。三教合一虽然在儒释道各家都讲，但从主流学术来说，还是围绕儒家来展开的。新儒家们对三教的理论都进行过深入的研究，在消化吸收佛道两家的思想资料和思维成果的基础上，改造和补充传统儒家理论的不足，最终超胜于佛道而使传统儒学变形为新儒学。

新儒学的理论来源，儒家方面是汉学以前的原始儒家经典，主要是《五经》和《四书》，《四书》的地位南宋以后反在《五经》之上；佛教方面则以华严宗和禅宗的理事、心性思想为主；道教方面则主要是无极太极和阴阳气化的学说。新儒家们累年出入于佛老又返之于儒，继承了传统儒家入世和

---

① 《上刘工部书》。

有为的基本精神，引入了佛道两家在宇宙生成论、本体论、认识论和人性修养说等方面的思想资料和思维成果，最后形成了儒释道三教合一的新的思想体系。

当然，新儒学的产生并没有中断三教各自的理论发展，佛、道二教在这之后仍然有着自己的独立存在地位并发挥着儒学所不能及的特定的影响。明太祖朱元璋曾概括说：儒为阳教主实，其"立纲陈纪，辅君以仁，功莫大焉"；释、道为阴教主虚，其"化凶顽为善，默佑世邦，其功浩瀚"①。故"三教之立，虽持身荣检之不同，其所济给之理一。然于斯世之愚人，于斯三教，有不可缺者"。② 三教之"理一"，就"一"在对于维护国家统治来说，阳治与阴助两方面的手段缺一不可，故历代统治者在以儒学作为国家的统治思想的同时，也是三教合一、并重论的直接倡导者。但也正因为如此，佛、道为统治者所肯定和推崇也就主要是他们教化顽民的社会作用而非理论价值。随着新儒学的兴起，佛教理论在宋以后逐渐停止了发展，而道教哲学的发展亦主要表现在与儒学相附会，佛、道二教在中国主流社会及其思想领域的作用和影响，从此退居到次要和从属的地位。

儒学的道统思想到北宋中期发展成为新儒学，也即理学。宋代文化最重要的标志乃是理学的建构。

理学是儒家发展的新阶段，源于北宋的周敦颐、张载，经程颢、程颐的发展，完成于南宋的朱熹。理学以儒家思想为主干，批评佛老，把中国古代人文化研究推进到一个新的高峰。"新儒学"虽是一个比较晚起的概念，但相对于先秦和汉唐的儒学，宋明时期的儒学确实具有"新"意。儒家学者们在政治伦理方面要求重振被佛道二教搞乱了的儒家纲常，在学术风格上不拘泥于经义训诂，而是凭己意说经。他们根据孔孟等原始儒家的经典，探讨宇宙万物生成发展的根源和人伦道德构成的原理，努力发掘"不可得而闻"的性与天道，并编织起以理气、心性等为本体的哲学体系，因而与"旧"儒

---

① 《拔儒僧文》。
② 《三教论》。

学——汉唐经学的章句训诂大不相同。

新儒学对汉唐儒学采取了全盘否定的态度。在他们看来，儒家的道统在汉唐中断了，没有得到发扬。社会上流行的，或者是两汉经笔或者是魏晋玄学，或者是隋唐佛学，汉唐的历史，是"尧、舜、三王、孔子所传之道，未尝一日得行于天地之间"的"人欲横行"① 的历史，所以必须彻底否定。韩愈的道统说在宋以后为新儒家们所继承，但新儒家却完全撇开了韩愈，理论上"专以心性为宗主"，并将他们自己放在了孔孟道统的当然继承人的位置上。而在此之后重新接续起孔孟道统的儒学，便是所谓"新"的儒学。

两宋理学，不仅将纲常伦理确立为万事万物之所当然和所以然，亦即"天理"，而且高度强调人们对"天理"的自觉意识。为指明自觉认识天理的途径，朱熹精心改造了汉儒编纂的《大学》，突出了"正心、诚意"的"修身"公式："古之欲明明德于天下者，先治其国；欲治其国者，先齐其家；欲齐其家者，先修其身；欲修其身者，先正其心；欲正其心者，先诚其意；欲诚其意者，先致其知；致知在格物。"从"格物"到"致知"，实质上将外在规范转化为内在的主动欲求，亦即伦理学上的"自律"，有了这一自律，方有诚意、正心、修身乃至齐家、治国、明德于天下的功业。

理学是中国后期封建社会最为精致、最为完备的理论体系，其影响至深至巨。由于理学家将"天理"、"人欲"对立起来，进而以天理遏制人欲，带有自我色彩、个人色彩的情感欲求受到强大的约束。理学专求"内圣"的经世路线以及"尚礼义不尚权谋"的致思趋向，则将传统儒学的先义后利发展成为片面的重义轻利观念。但与此同时，理学强调通过道德自觉达到理想人格的建树，也强化了中华民族注重气节和德操，注重社会责任与历史使命的文化性格。张载庄严宣告："为天地立心，为生民立命，为往圣继绝学，为万世开太平"；顾炎武在明清易代之际发出"天下兴亡、匹夫有责"的慷慨呼号；文天祥、东林党人在异族强权或腐朽政治势力面前，正气浩然，风骨铮铮，无不浸润了理学的精神价值与道德理想。

---

① 《朱文公文集·答陈同甫书》。

新儒学的概念有宽泛、适中和严格之不同。宽泛的新儒学，泛指宋以后的整个儒学，王安石新学、浙东事功学等均可包括在内。严格的新儒学，则仅指由二程（程颢、程颐）兄弟到朱熹一系的道学。而在通常的情况下，新儒学的概念是在适中的意义上运用，即概指整个理学，包括程朱道学、陆王心学、张王气学以及湖湘学、婺学等理学各派，而与新学、蜀学、事功学等区别开来，后者的总称便是非理学。

理学是宋元明清时期哲学发展的主流。但也有例外的情况，如新学一派就曾在北宋的相当长时期内占据主导地位。

自南宋初胡宏开始，北宋中期的周敦颐、邵雍、程颢、程颐兄弟和张载"五子"被作为一个学术整体，集中表述为理学的创立者。"五子"之中，邵雍的先天学因属于象数学的理路，而理学的理论系统乃是以义理为主，故作为理学义理派的代表的周敦颐、二程和张载四子，在理学史上的地位更显得重要。他们所创立的学派，因各自的居住和讲学之地，分别被称作濂学（周敦颐）、洛学（二程）和关学（张载）。在这之后，由于二程学术经弟子杨时等传往闽，到朱熹则集其大成，故"闽学"的概念后来遂成为朱学的代称。"濂洛关闽"在南宋后期地位逐步上升，明清时期曾长期作为国家的指导思想。

宋明理学自宋至清，历经七八百年，"濂洛关闽"后来作为统治思想固然为其主流，但理学主流派作为学术思潮的概念外延要更大。在不同时期代表着理学发展的主流思潮的，按兴起和流行的时间顺序，如果不算"濂洛关闽"的系统，可以大致概括为北宋五子、程朱道学及东南三贤（朱熹、张栻、吕祖谦）鼎立、朱陆之辨、王守仁（阳明）心学等。在这之中，张载的关学（气学）在理学史上又属于程朱道学的一部分；程朱道学的系统在朱熹之后传延不衰，但到明代中叶，王守仁心学兴起并逐渐流行，王学到晚明在整个社会思潮中取得支配的地位。

清初以后，理学走向衰落并逐步让位于新汉学等其他学派。

（七）明清——沉思与变革

明代后期，中国出现了资本主义生产关系的萌芽。作为封建秩序维护者的儒家思想变成了束缚人们思想的桎梏，因此受到明清之际一些思想家的批判。对儒家思想的批判，最初是在儒家内部展开的。明末清初的思想家陈确、黄宗羲、顾炎武、王夫之等人都从不同角度对脱离实际、空谈性命的腐儒进行了严厉批判。

1. "实学"的兴起

"实学"的概念最早为北宋理学家所提出。理学家倡导实学的目的，在于以实理、实气、实性、实心去反对和批判佛老的性空、假有和虚无，即以实辟虚。但实与虚并非处于绝对的对立状态，张载理论的基础就在强调和论证虚实的统一，虚实双方是相互发明的关系。但理学在后来的发展却逐渐偏重于形而上的虚体一方，对于实用的方面因其为形而下而有意无意地受到忽视，特别是随着陆王心学在明中叶以后的流行，理学在整体上越来越流于空疏，导致学问研讨与社会现实的实际需求严重脱节，致使有识之士深有空谈误国之感，于是纷纷起来倡导实学。自明末到清初，"实学"之风一时蔚然。

2. 明清实学的概念与价值

明清实学的概念，泛指明清之际治学重在务实的倾向、学风和思潮。实学在本体论上强调实体达用，但实学的特色更重要的是在社会现实的层面，即关注利用厚生、经世致用，主张实事求是、实学实用。实学对理学空疏不实之弊的批判，表明二者之间存在对立的一面。但实学与理学的界限往往是相对的，不少实学家同时也就是理学家。譬如作为实学的重要代表的黄宗羲、李颙、唐甄等人，在本体论上所信守的，实际上都是心学的思想路数。而理学家所注重的人伦道德之"实"，在实学同样是一个中心的课题。

实学的价值，突出地表现在对长期被忽视的形而下的实用学术的关注和开发，以及由此而来的清初以后中国学风的逐渐转向和理学从历史主角的引退。理学在繁荣了几百年以后走向消沉，其原因是多方面的，但实学的流行和对理学空疏之弊的深刻批判，不能不说是一个重要的原因。从实学流行、理学沉沦到乾嘉汉学的兴起，是明末到清中叶中国学术领域发生的最重大的变化。但到鸦片战争前后，汉学也走入末路，此时接续清初实学、批判理学和汉学的新的经世致用学风，则为中国人容忍和接受近代以实验科学为基础

的西学，准备了必要的心理基础。

3. 颜元的人学思想

颜元是明清之际实学的一位突出代表。他的基本观点是理气一致，形性不二，反对理学的分理气为二、天命气质为二的观点。他力求从"实"学出发，以"实"反对宋儒和释氏之"虚"，倡导实做、实行的格物论和习行观。颜元揭露了自汉以来、特别是后来理学家解释格物致知的通病，就是只言"知"而不言"做"、不讲实际动手，所以他要求"犯手实做其事"而力求"向习行上做工夫"。

作为习行的对立面，程朱的"主敬著读"与陆王的"致良知"虽有差异，但总体上都是"画饼望梅"："画饼倍肖，望梅倍真，无补于身也，况将饮食一世哉！"① 如此的学术空疏所带来的，决不仅仅是对个人的危害，它实际上造成了使人陷入故纸堆中，"耗尽身心气力，作弱人、病人、无用人"的深刻的社会时弊，所以颜元对此进行了尖锐的揭露和批判。与此相联系，汉代董仲舒以来儒家奉为圭臬的正谊不谋利、明道不计功的主张，则更是"空寂"、"腐儒"之学而必须被抛弃。

4. 戴震的人学思想

戴震哲学的特点，是从考据的角度出发对理学进行全面系统批判，而其重点则集中在理学"存天理，灭人欲"的理欲观上。戴震在哲学史上，第一次从理的社会作用和天理对人性的压迫的高度来认识问题，最为深刻地揭露了理学走向"以理杀人"的社会本质。在他看来"理"不过就是情欲的适当，如果绝灭了人的情欲，所谓天理就只剩下了一个空名。戴震的"实"学力图解决的，正是理学家不顾人之"饥寒号吼男女哀怨，以至垂死冀生"的基本物质生存需求，而空指绝灭情欲酌天理本然存之于心，结果只能是小之一人受其祸，大则天下国蒙受其灾。

更为严重的是，"理"在后来成为了社会评价人和人的行为的唯一标准，成为了社会批判的基本武器，故与酷吏"以法杀人"相呼应的。理学泛滥造

---

① 《习斋记余》卷六。

成的"以理杀人"。"论理"而杀人,人无可怜之。戴震对统治阶级强加给人的心灵桎梏的揭露和批判,标志着理学走完了它最后的历史进程。

5. 王夫之的人学思想

在哲学方面,认为气是宇宙本原,气有聚散,但无生灭,是永恒无限的实种方法即格物和致知是互相补充的,不能互相偏废。在知行关系问题上,他强调行的主导作用,认为"行可兼知,而知不可兼行"。他还提出"知之尽,则实践之"的命题,认为"知行相资以为用"。在社会历史方面,他批判"泥古薄今"的观点,认为人类历史是不断进化的。他反对天命观,认为历史发展具有规律性,是"理势相成",他还提出民心向背在历史发展中的重要性。在伦理思想方面,他认为人性是变化的,"日生而日成"。他根据"性者生理也"的观点,强调理欲统一。要"以理节欲"、"以义制利"。他还提出人既要"珍生",又要"贵义",要有"志节","以身任天下"。在美学方面,他认为美不是一成不变的,美是经过艺术创造的产物。他对文学创作中许多传统美学范畴都有发挥。王夫之的思想在中国思想史上具有重要地位。

6. 黄宗羲的人学思想

黄宗羲为学领域极广,成就宏富,史学造诣尤深。他身历明清更迭之际,认为"国可灭,史不可灭"。他论史注重史法,强调征实可信。所著《明儒学案》,搜罗极广,用力极勤,是中国第一部系统的学术思想史专著。在哲学上,认为气为本,无气则无理,理为气之理,但又认为"心即气","盈天地皆心也"。在政治上,他深刻批判封建君主专制,提出君为天下之大害,不如无君,主张废除君主"一家之法",建立万民的"天下之法"。他还提出以学校为议政机构的设想。他精于历法、地理、数学以及版本目录之学,并将其所得运用于治史实践、辨析史事真伪、订正史籍得失,多有卓见,影响及于整个清代。他一生著述大致依史学、经学、地理、律历、数学、诗文杂著为类,多至50余种,近千卷。

7. 顾炎武

顾炎武学术的最大特色,是一反宋明理学的唯心主义的玄学,而强调客

观的调查研究，开一代之新风，提出"君子为学，以明道也，以救世也。徒以诗文而已，所谓雕虫篆刻，亦何益哉"？

顾亭林强调做学问必须先立人格："礼义廉耻，是谓四维"，提倡"国家兴亡，匹夫有责"。《日知录》卷十三："保天下者，匹夫之贱，与有责焉。"

1840 年鸦片战争后，太平天国农民革命的领袖们以原始基督教的平等思想为武器，反对儒家思想。士大夫中的一些先进人物，如严复、康有为等人，引进了西方的进化论和资产阶级民主思想，即所谓新学。在同新学的斗争中，儒学思想显得更加无力。接着在民主革命的高潮中，章炳麟等资产阶级民主革命派对儒家思想的批判又推进了一步。1919 年的五四运动，对儒家学说进行了比较彻底的批判，儒学作为独尊的统治地位终于结束。

总之，从儒家人文化思想的历史流变以及社会影响中不难看出，自春秋以来，神的地位下降，人的地位上升；民众在社会变革中显示了巨大力量，诸侯争霸、攻城掠地、王权式微、礼崩乐坏导致了社会无序和混乱。值此社会大变革时期，对于人的本性与价值的思考，对于人格理想和社会理想的畅想，激动着思想家的心灵。孔子作为儒家人学思想的奠基者，不言乱力怪神，敬鬼神而远之，对于人的内在本性、道德修养和行为规范做了悉心探究，提出了以"仁"与"礼"互为表里、相得益彰的人学思想体系。孔子没有明言人之性善性恶，只言性近习远，并为人的向善提供了内在的修养途径和外在的礼仪约束。孔子之后的孟子和荀子则从两个维度深化了孔子的人学思想。孟子明言性善，认为人人具有恻隐、羞恶、辞让、是非之心，这是仁、义、礼、智四种道德品质的善端，他强调反身内求，尽心知性，并要求统治者以不忍人之心行不忍人之政。孟子所倡行的是一条重视德性伦理、由内省而外发的人生路数。荀子则言人性恶，否定先天道德观念，确认道德意识来自后天的教育、修养和环境的影响，主张隆礼重法，化性起伪，通过学习、践行和审美重塑人性，通过明分使群解决纷争；荀子还标举重人类、重群体、重道德的价值取向，认为人的价值高于物的价值，群体的价值高于个体的价值，道德价值高于功利的价值。荀子所倡导的是一条注重制度伦理、将外在约束化为内在品性的人生路数。而成书于战国末期的《中庸》、《大学》与《易传》则作为先秦儒学发展的逻辑总结，整合了在此之前的儒家人学精华，构筑起了儒家人学的理论框架。《中庸》以"诚"为人的本质以及人生修养和为人处世的原则，并勾画了"尊德性"、"道学问"和"慎其独"的操存涵养途径。《大学》发展了"诚"的思想，构想了以"三纲领"（明明德、亲民、止于至善）和"八条目"（格物、致知、正心、诚意、修身、齐家、治国、平天下）为基本内容的内圣与外王、内在的操存涵养与外向的践履事功相统一的人格升华与价值实现之路。儒家学说自汉代以降成为封建社会的正统思想，作为其发展历程中的阶段性形态的汉代儒学采取了神学目的论的形式，宋明儒学采取了理学与心学的形式，明清之际的儒学采取了实学的形式。

儒家文化自孔子创立以来，经过 2000 多年的不同文化的冲突、争议和选择，无可争辩地成为传统理论文化中的主流。其所蕴含的社会价值观念、审美情趣、思维方式、经世理念等，已经积淀成为中华文化的深层底蕴，贯通成为中华民族的精神、性格和气质，是维系中华民族生存、发展和辉煌的文明支撑。

二、先秦儒家伦理文化的代表著作

儒家学说产生年代久远，有关著作较多，至于哪些著作是儒家文化的代表作品，历来说法不一，其中比较一致的说法有以下几种。

（一）四书五经

1. 四书指《论语》、《孟子》、《大学》、《中庸》。四书的提法，是从南宋朱熹开始的。朱熹作为南宋时期儒家集大成者，写了《四书章句集注》一书，即把《论语》、《孟子》、《大学》、《中庸》章句注释汇集成一本书。从此便开始了儒家四书的提法。

2. 五经指儒家五部经典著作，即《诗经》、《尚书》、《礼记》、《易经》、《春秋》。《大学》、《中庸》被收入《礼记》中。五经提法始自汉武帝时期。这五部经典长期作为我国封建社会官方的教科书。

（二）儒学十三经

儒学十三经是在唐代和宋代逐步提出来的。唐朝时期，在《诗经》、《易经》、《尚书》、《礼记》、《春秋》五经后面加上了《周礼》、《仪礼》、《公孙羊传》、《谷梁传》，合称为九经；开诚年间，在国子学刻石经，又加《孝经》、《论语》、《尔雅》为十二经；宋代又增加《孟子》，合称为十三经。

《易经》或称《周易》是讲卜筮的书，传说为周文王被商纣王拘囚时所作。初时主要用作占卜，历代帝王用它卜知江山长短；居官者用它预测仕途的吉凶，百姓用它来卦卜旦夕祸福。《易经》蕴藏的深厚哲理逐渐为人们所认识。孔子晚年读《易》"韦编三绝"后，《易经》所蕴藏的精妙哲理，日益吸引了越来越多的人。

《尚书》是我国最早的一部历史文献汇编，也是我国现存的最古老的且完整的史书。《尚书》记载着上起传说中尧舜时代，下至东周《春秋》中期约1500多年的历史，保存了我国上古时代极为珍贵的史料。古代称赞人"饱读诗书"，就是指读《诗经》和《尚书》。

《礼记》则是战国到秦汉年间儒家学者解释经书《礼仪》的文章选集，是一部儒家思想的资料汇编，是论述古代礼仪制度的书。

《左传》是古代编年体历史巨著，它把春秋时代的政治活动与社会面貌活生生地记录了下来，生动地反映了这一历史时期社会巨大而深刻的变迁。

《春秋》指《左氏春秋》，又称《春秋左传》、《公孙羊传》、《谷梁传》，是记述春秋时期鲁国历史的书，又旁及春秋时期其他各国史实，对了解春秋时期历史有重要价值。

《诗经》是中国第一部诗歌总集。它汇集了我国从西周初年到春秋中期500多年的诗歌，从社会上流传的上千首诗歌中选择了305篇。

十三经是了解中华民族及中国历史不可缺少的经典资料，更是了解中国古代社会不可不读的书，是研究中华文化的宝库。

（三）《荀子》

《荀子》成书较早，《大戴礼记》、《小戴礼记》、《韩诗外传》都有所录，司马迁《史记·孟子荀卿列传》有所论述，2000多年来卓然立于诸子之林，经久不朽。郭沫若称《孟子》、《庄子》、《荀子》、《韩非子》为先秦散文"四大台柱",他说:"孟文的犀利,庄文的恣肆,荀子的浑厚,韩文的峻峭,单拿文章来讲,实在是各有千秋。"① 司马迁说《荀子》书乃为"嫉浊世之政"之作。② 《荀子·尧问》篇说:"荀卿被迫处在乱世,身受严刑钳制;上没有兴德君主,下碰上暴虐之秦;礼制道义不能推行,教育感化不能办成;仁人遭到罢免束缚,天下黑暗昏昏沉沉;德行完美反受讥讽,诸侯大肆倾轧兼并。有智慧的人不能谋划政事,有能力的人不能参与治理,有德才的人不能得到任用。所以君主受到蒙蔽而看不见什么,贤能的人遭到拒绝而不被接纳。"也正是这样的社会现实,推动荀子对社会和人生进行了深层次的思考,他对治理国家社会,认识驾驭人生,立身处世和人的成长进步等诸多问题,提出了许多真理性的认识。正如《荀子·尧问》篇所说:"现在的学者,只要能得到荀子遗留下来的言论与残剩下来的教导,也完全可以用作为天下的法度准则。他所在的地方就得到全面的治理,他经过的地方社会就发生变化。看看他那善良的行为,孔子也不能超过。"③

《荀子》一书闪烁着哲学家睿智的光辉,给人深刻的启迪,李斯、韩非、浮丘伯等作为荀子的学生受益匪浅。2000 多年来,凡是读过《荀子》的人都会智慧大增,这也正是荀子卓荦大家,巍巍然少与论比之处。《荀子译注》作者张觉说:"荀子之学,出于孔氏而深广于孔,其中心虽以礼义为治,然其思想之博大,乃集各家思想之大成,绝非儒家所可包容;其足以取资者,亦非上述所详尽,读者自可得之。"④

三、先秦儒家伦理文化的基本精神特质

(一)以人为本,重人伦,重道德,尊君重民

人文主义或人本主义,向来被当做中国传统文化的一大特色。所谓以人

---

① 参见郭沫若:《十批判书·荀子的批判》。
② 参见《史记·孟子荀卿列传》。
③ 《荀子·尧问》。
④ 张觉:《荀子译注》,见《中华古籍译注丛书》,上海古籍出版社 1995 年版。

为本，就是将人作为考虑一切问题的出发点和归宿。肯定天地之间人为贵，人为万物之灵，在人与物之间，人与鬼神之间，以人为中心，这是中国传统文化的基调。也就是说，神本主义在中国不占统治地位，而人本主义则是中国传统文化的核心。孔子曾教导他的弟子说："敬鬼神而远之，可谓知矣。"又说："未知生，焉知死"，"未能事人，焉能事鬼"。在处理人事与天道的关系时，不少政治家与思想家，都主张要先尽人事，然后再考虑天道。因此，有的学者认为，在中国文化中，人是宇宙万物的中心。中国传统文化还强调人伦道德，强调要正确处理人与人之间的各种关系，要求君要仁、臣要忠、父要慈、子要孝，兄友弟悌，朋友之间要讲义讲信，为人臣、人妻要守节，与一般人交往也要讲忠恕之道，要努力做到"己所不欲，勿施于人"等。只有这样才能保证家庭和睦、社会安定、君臣合力、朋友同心。在处理君与民的关系时，中国传统文化一方面强调君主专制，强调臣民要忠君，但同时也有不少政治思想家强调民为邦本，本固邦宁；强调民贵君轻，提出了"君者，舟也；庶人者，水也。水则载舟，水则覆舟"的著名论断。因此尊君重民成为中国传统文化的主流。《大学》中说："古人欲明明德于天下者，先治其国；欲治其国者，先齐其家；欲齐其家者，先修其身；欲修其身者，先正其心；欲正其心者，先诚其意；欲诚其意者，先致其志；致志在格物。"这里所说的"格物、致志、诚意、正心、修身"，是追求人内心的修养完善；"齐家、治国、平天下"则是为政治民，追求理想的社会。两者合起来就是庄子所说的"内圣外王"。同时，厚德与宽容是相互作用、相辅相成的。《论语》中说"君子尊贤而容众"，中国的不少成语、俗话也反映了这一点，如"虚怀若谷"、"宰相肚里能行船"等。中国儒家传统人文化产生于春秋战国的百家争鸣时代，就是与那时的宽松的社会文化学术环境有关的。而这种宽容精神，也促成了中国本土文化与外来文化如印度的佛教的融合。唐代以这种宽容精神，鼓励佛教、道教、儒教"三教"自由辩论，促进了"三教合一"的文化氛围，将"厚德载物"的传统精神推向了新的高峰。

（二）自强不息，勤劳刻苦，刚健有为，鞠躬尽瘁

《易经》曾说："天行健，君子以自强不息。"天体的运行是刚健有力、生生不息的，人的活动也应该效法天，应该刚健有为，自强不息。也就是说，应该充分发挥人的主观能动性，要有一种奋斗拼搏精神、积极向上的精神。孔子对他自己和对他的弟子都是这样要求的，他认为一个人不仅应该"学而不厌"，而且应该"为而不厌"，他自己则是"其为人也，发愤忘食，乐以忘忧，不知老之将至"。他还认为，每一个人都应该有远大的志向，并努力为实现自己的志向而奋斗。他说："三军可夺帅也，匹夫不可夺志也。"一个人的志向应该是坚定不移的。他的弟子曾参也说："士不可以不弘毅，任重而道远。仁以为己任，不亦重乎？死而后已，不亦远乎？"他们希望人们应该为实现自己的远大目标而奋斗终生，死而后已。中华民族的自强不息精神首先表现在勤勉上，如《尚书》中强调"克勤于邦、勤思劳体"；汉乐府《长歌行》中的"少壮不努力，老大徒伤悲"；唐代韩愈的"业精于勤而荒于嬉，行成于思而毁于随"。其次，表现在人定胜天思想上，如荀子的"制天命而用之"；《史记》中的"人众胜天"，古代神话中的"女娲补天"、"大禹治水"等。再次，表现在革故鼎新上，如《礼记》中的"苟日新，日日新，又日新"，《周易》中的"穷则变，变则通，通则久"，中国的四大发明等。最后，表现在遭受挫折时的抗争精神上，如司马迁所说："盖文王拘而演《周易》；仲尼厄而作《春秋》；屈原放逐乃赋《离骚》；左丘失明，厥有《国语》；孙子膑脚，兵法修列；不韦迁蜀，世传《吕览》；韩非囚秦，《说难》、《孤愤》；《诗》三百篇，大抵圣贤发愤之所为作也。"面对外来侵略，更是奋起反抗，不屈不挠。总之，这种自强不息的精神已成为中华民族的人格理想，这就是孔子所说的"三军可夺帅也，匹夫不可夺志也"；孟子所提倡的"富贵不能淫，贫贱不能移，威武不能屈"的精神。

（三）强调人格，提倡节烈，杀身以成仁，舍生以取义

主张为国尽忠，将此视为人生最高的精神境界，看作是实现自我需求中的最高精神需求。孔子认为，人生在世一定要有独立的人格。为了维护自己人格的尊严，为了实现自己的志向，宁可牺牲生命，也不能苟且偷生。他说："志士仁人，无求生以害仁，有杀身以成仁。"又说："天下有道则现，无道则隐。"政治清明，符合自己为之奋斗的理想，可以出来做官；天下无

道，政治黑暗，就应该退隐，而不应贪图富贵荣华。孟子认为，生命与道义都是可贵的，假如二者不能兼得，就应该舍生以取义。他认为，作为一个大丈夫，应该具备一种"富贵不能淫，贫贱不能移，威武不能屈"的精神。历史上的哲人都十分讲求人格的自我完善和道德的自我实现，主张"见贤思齐，见不贤而内自省焉"、"吾日三省吾身"；追求"天下有道，以道殉身；天下无道，以身殉道"；立志"为天地立心，为生民立命，为往圣继绝学，为万世开太平"，"富天下，强天下，安天下"。正是在这种传统文化的熏陶下，我国历史上出现了苏武、杨业、岳飞、文天祥等无数忠君爱国的英雄。在中国传统文化中，把追求理想、完善人格作为人生最高的精神境界，看作实现自我需求中的最高精神需求。孔子说："朝闻道，夕死可矣"、"学而时习之，不亦悦乎"、"发愤忘食，乐以忘忧"、"仁者不忧"等，体现了儒家追求真善美的高度统一而以善（德）为核心的精神追求。

（四）崇尚统一，推崇和谐，维护多民族国家的共同利益

我国从原始社会进入奴隶社会后出现的三个王朝夏、商、周，地域虽然不十分广阔，政治上实行分封诸侯的分封制，但名义上毕竟是三个拥有"天下共主"的统一王朝。只是在东周后期才出现了诸侯长期分裂割据的政治局面。而当时的政治家、思想家们所向往和追求的则是国家统一、法度一统的理想社会。《诗经》的作者歌颂"溥天之下，莫非王土，率土之滨，莫非王臣"的周天子为天下共主的局面；春秋五霸打出"尊王攘夷"的旗号，则是要维护中原地区诸侯国的共同利益，企图由霸主代替天下共主；孔子提出"张公室，杜私门"，认为"礼乐征伐自天子出"才是"天下有道"的时代，而"陪臣执国命"则使天下无道，礼坏乐崩[①]；孟子明确主张"定于一"[②]，荀子也反复强调"一天下"[③]。天下为公是博爱大众的理想境界，它既是儒家政治理想的最高境界，也是中国人民的一贯追求。其实，无论是爱众，还是为公，都体现了中华民族的群体精神，体现了传统儒家人文化和谐天下的

---

① 《论语·季氏》。
② 《孟子·梁惠王上》。
③ 《荀子·非十二子》。

基本价值追求。这一点是与西方思想根本不同的。西方思想较多强调人与自然、人与社会、人与人之间的对立与冲突，着重于个人与功利；而中国传统儒家思想则强调"天人合一"，认为人与自然、人与社会是一个整体，两者应相互协调，和谐一致；在重视天时、地利时更强调人和；倡导为社会、为民族、为国为民的整体精神。可以说，中华民族的基本精神都是围绕这一根本精神而展开的。儒家大师无不主张国家统一，从而奠定了我国大一统的理论基础，并得到后世的广泛认同。

总之，英国历史学家汤因比曾说，在近 6000 年的人类历史上，出现过 26 种文化形态，其中包括四大文明古国的文化体系，即中国古代文化、印度文化、巴比伦文化、古埃及文化。但在这些文化形态中，只有一种文化体系是长期延续发展而从未中断过的文化，这就是中国传统文化。延续不断，经久不衰，具有顽强的生命力和应变能力，这正是中国传统文化的要义所在，是儒家人文化的社会价值的完美体现。

第三章 先秦儒家伦理文化的基本原则

先秦儒家伦理文化是春秋战国时代百家争鸣的产物。独特的社会环境、自然环境和宽松的学术环境孕育了由孔子开创，孟子、荀子等继承发展的先秦儒家伦理文化。"由孔子创立的这一套文化思想，在长久的中国社会中，已无孔不入地渗透在人们的观念、行为、习俗、信仰、思维方式、情感状态……之中，自觉或不自觉地成为人们处理各种事务、关系和生活的指导原则和基本方针，亦即构成了这个民族的共同的心理状态和性格特征。"① 正所谓，"天不生仲尼，万古如长夜"。② 先秦儒家伦理文化的基本观点是以仁义道德为人类行为的准则，认为道德高于一切。先秦儒家伦理文化的基本原则是指先秦儒家伦理文化自始至终所必须遵循的法则或标准，具有宏观纲领性的指导意义。它包括孔子的仁礼说、孟子的仁义说和荀子的隆礼贵义说。他们的观点虽各有侧重，但坚持人道主义和实践理性却是共同的。儒家以积极入世的态度践行对人的现世关怀和对社会的责任与担当。这是中华文化异于西方文化之处，也是中华文化的优长所在，更是中国历经磨难，依然充满活力的奥秘。

一、孔子"仁礼"说

孔子的学说由伦理道德、社会政治、教育思想等为人处世、立志报国的

---

① 李泽厚：《中国古代思想史论》，天津社会科学出版社 2003 年版，第 28 页。
② 朱熹：《朱子语类》卷九十三。

各个方面组成，是以"仁"为核心，以"礼"为外在表现形式的完整的思想体系。这个思想体系就是中国伦理体系，包括三个方面内容，即"人伦关系原理、道德主体品格要求和人性的认同，概括地说，就是人伦、人道、人性。礼的法则，仁的原理，修养的精神，构成中国伦理体系的基本结构要素"。[①]而在社会中则是构建以伦理为本位的理性社会秩序，以个人修养为本，以道德为施政的基础，以个人正心修身为政治修明的根基。简言之，伦理政治化，政治伦理化，血缘—宗法—政治直接同一，家国一体的社会结构得以形成。这是中国传统社会超稳定的政治结构得以延续千年的原因，也是中国传统伦理文化的本质所在。

孔子是一个继往开来的人物，他不仅对以往的文化进行了一次系统的梳理、总结，而且又开创了文化发展的新局面，为中国文化奠定了坚实的思想基础。孔子在中国文化史上创建了以仁为本源，以礼为表征，仁礼合一的思想系统。在这一思想系统中，礼是孔子对传统的继承，仁是孔子的发展；仁是内在原则，礼是外在规范；仁是绝对的，礼是相对的；仁是常道，礼是变道。仁与礼就是道德自觉与社会制约的完美统一。从纵向上讲，孔子的仁礼合一是继承与发展的合一；从横向上说，仁礼合一是内在原则与外在表现形式的合一。宋明儒者视礼为理，乾嘉学者以礼代理，都使礼由相对变为绝对，从而使礼由陶冶人性情的饰品变为束缚人性正常发展的枷锁。据仁以成礼，非设礼以限仁，是孔子开出的儒学发展的正途。

仁与礼合一是孔子的巨大贡献。在儒家思想体系中，仁是核心，是最高的道德准则和道德评价标准。在孔子之前，关于仁的论述就已存在。周襄公讲"言仁必及人"；《国语·周语下》有"爱人能仁"；《国语·晋语》有"爱亲之谓仁"。这个仁是指某种特殊的道德品质或者美德，尤其是指孝敬父母、爱人、助人等。但第一个赋予仁以重要意义并最终把仁确立为儒家象征的是孔子。他不但继承了前人关于仁的含义和用法，还将其发展成为儒家的最高理想和最终归宿，并具有人道主义精神。孔子摆脱了天命神学的桎梏，

---

① 张岱年、方克立：《中国文化概论》，北京师范大学出版社 2004 年版，第 224 页。

开辟了以修身养性为目的，以社会历史的治乱兴衰为主题的积极入世的儒家发展道路，将目光投向人的生存价值和社会现实，旨在实现其最高理想——建立大同社会。孔子的礼是在因循周礼的基础上有所损益而形成的。"周公制礼"将氏族社会作为习俗法规的礼发展为系统化、规范化、制度化的"法度之通名"，其实质是确立尊卑贵贱的等级秩序和制度，即"周礼"；在春秋时期"礼崩乐坏"的背景下，孔子对礼进行了伦理化、道德化的提升，把外在行为规范转化为人的情感需求和社会生活的自觉意识。换句话说，就是引仁入礼，礼具有了含情脉脉的人情味。

（一）仁——孔子思想体系的核心

仁在孔子的伦理思想中处于核心地位，在《论语》中，仁出现109次之多。可见，仁对孔子来说是非常重要的。孔子的仁既是社会发展的产物，更是儒家核心思想的集中体现。孔子仁的思想作为社会生活的产物，一定会带有时代的印记。孔子生活在充满变革与动荡的春秋战国时期，是新兴的封建制逐渐取代奴隶制的社会大变动时期，也是中国社会经济、政治、文化发展的重要变革时期和转型期。经济上，小农经济发展，土地私有化进程加速，社会生产力不断提高，相应的社会生产关系也发生变化。政治上，伴随财富的增加和经济实力的增强，新兴地主阶级成长壮大，他们强烈要求脱离宗法制的统治。周天子的"家天下"统治秩序被打乱，王室衰微，王权旁落，僭越事件屡有发生。文化思想上，殷商以来的宗教神学受到前所未有的挑战，天道价值观和天命鬼神两个至高无上的人格神一落千丈，备受关注的是人自身和社会现实，怎样使人生活幸福，如何维护社会稳定等。总之，人处于主要地位。生活在此种社会环境的孔子把握时代脉搏，赋予仁以丰富的内涵，建立起了以仁为核心的儒家伦理思想体系。

孔子伦理思想、政治思想是以仁为核心的道德规范体系。何谓仁？《论语》中关于弟子问仁的记载很多，但孔子的回答因人而异，各不相同。"樊迟问仁。子曰：'爱人'"[①]；《孟子·离娄下》云："仁者爱人，有礼者敬人。

---

① 《论语·颜渊》。

爱仁者，人恒爱之；敬人者，人恒敬之。"《荀子·大略》曰："仁，爱也，故亲。"《庄子·天下》讲："爱人利物之谓仁。"《春秋繁露·仁义法》说："仁之言人也。"许慎在《说文解字》中说："仁，亲也。从人，从二。""仁者兼爱。"唐代韩愈著《韩昌黎集·原道》提到："博爱之谓仁。"北宋邢昺《论语注疏》卷十二曰："樊迟问仁，子曰爱人者，言泛爱济众，是仁道也。"近人谢无量认为，"通观孔子所言及所著五经中所有诸德无不在仁之中，曰诚、曰敬、曰恕、曰忠、曰孝、曰爱、曰知、曰勇、曰恭、曰宽、曰信、曰敏、曰惠、曰慈、曰亲、曰善、曰温、曰良、曰俭、曰让、曰中、曰庸、曰恒、曰和、曰友……曰正、曰义，皆仁体中所包之德也"。[1] 总结起来，"仁者，即人之性情之真的即合礼的流露，而即本同情心以推己及人者也"。[2] 据于此，仁的最基本含义是爱。

在孔子看来，仁不但阐释了人的本质，并从人与人、人与万物的关系中体现出来。《中庸》引孔子曰："仁者人也。"对此，朱熹解释为"仁者，人之所以为人之理也"。学者 Peter Boodberg 在《儒家某些基本概念的语义学》中所论"'仁'尽管与'人'发音一样，书写形式却截然不同，但它不仅是派生的，而且实际上与'人'是同一个词"。这种说法虽有些牵强，但起码可以说明仁和人是紧密联系在一起，不可分割的。郭沫若先生在《十批判书》中称孔子的仁是对"人的发现"。《论语·先进》："子路问事鬼神。子曰：'未能事人，焉能事鬼?'曰：'敢问死。'曰：'未知生，焉知死?'"孔子以仁来界定人的存在的意义和价值，揭示人的本质、潜力和理想。毋庸置疑，人的存在是仁产生的前提和条件，而人对仁的追求过程则是人生意义和价值实现的过程。

同时，仁也是人与人、人与万物之间关系的产物。仁从血亲之爱开始，推广到爱人，最终推广到爱物，这是仁的全部实现，也是仁的真正内涵之所在，是一个由近及远、由个体到全体的逐渐展开的过程。仁是由若干子系统

---

① 参见匡亚明：《孔子评传》，南京大学出版社 2004 年版，第 153 页。
② 冯友兰：《中国哲学史》，华东师范大学出版社 2000 年版，第 60 页。

组成的，包括习性论的理论基础，道德主体的人格理想，以及仁者爱人。其中，仁者爱人是以血亲之爱为起点，以博爱为旨归的差等的爱。

1. 习性论是"仁"的理论基础

在中国先秦伦理文化中，人性指的是人与动物相区别的人的属性，也就是人所具有的伦理性。人性究竟是善、是恶，还是无善无恶呢？对这个问题的不同回答，决定了贤者们对人性认识的不同。这在一定程度上也决定了其伦理思想体系的不同。所以，习性论是孔子"仁"的理论基础。"性相近也，习相远也"①，这是孔子明确探讨人性的唯一命题。这个命题的提出本身具有重要的意义，一方面孔子正式拉开了中国探讨人性论的序幕；另一方面，这个命题再次表明孔子对人的关注，充满对人的关怀。这个命题由两部分组成，"性相近"和"习相远"。邢昺疏："性，谓人所禀受，以生而静者也，未为外物所感，则人皆相似，是近也。既为外物所感，则习以性成。若习于善，则为君子，若习于恶，则为小人，是相远也。"也就是说，人在先天方面是接近的，差别是后天的环境与生活造成的。孔子所强调的是"习相远"，其意在如何使"性相近"与"习相远"达成一致，换句话讲，怎样通过后天的努力，实现人性共同和谐美好的发展，从而实现人们共同的理想人格。由此，孔子也提出了后天实行教育必要性的依据。

在孔子的教育实践中，通过对学生间的比较发现了个体智能差异，这种差异包括人的智力、能力、性格、志向及行为态度几方面。这种认识，使人格结构得到了比较完整的理论分析。智力方面，孔子提出了三个类型，"生而知之者上也，学而知之者次也；困而学之，又其次也。"②这种划分虽不科学，但他毕竟看到了人的智力存在着很大的差异，并认为这种差异是在教育的实践中体现出来的。"子谓子贡曰：'女与回也孰愈?'对曰：'赐也何敢望回？回也闻一以知十，赐也闻一以知二！'子曰：'弗如也；吾与女弗如也。'"③不仅如此，孔子还提出了人的能力各有所长的问题。子由，千乘之

---

① 《论语·阳货》。
② 《论语·季氏》。
③ 《论语·公冶长》。

国，可以治其赋也；冉求，千室之邑，百乘之家，可为之宰也；公西赤，束带立于朝，可使与宾客言也。孔子对人的性格特征也进行了区分。"不得中行而与之，必也狂狷乎！狂者进取，狷者有所不为也。"① 狂者积极进取，富有冒险精神，而狷者则谨小慎微，两者气质之差异就是现代心理学划分的外向与内向性格。而从孔子对子路的评价则能看出包含意志、行为等方面的观察，"由也好勇过我，无所取材"②，子路好勇过人，行事果断；争强好胜，但失之粗暴。

由上，不难看出，孔子的习性论既尊重了人的先天差异，又特别强调人的后天学习的重要作用，还观照了人的个性心理差别。孔子对人的深刻了解和认识，为他的"仁"的精神塑造与培养奠定了坚实的理论基础。只有做到因材施教，才能取其所长，避其所短，从而实现每个人对仁的追求，不但要实现自我价值，还要创造社会价值。

2. 仁是君子之人格理想

在孔子思想中，君子是一种理想道德人格形象。它是从"士"阶层中选拔出来的，是孔子仁之精神的具体化。君子人格的完善是儒家最基本的价值追求，"平日所言之仁，则即以为统摄诸德完成人格之名"③。孔子仁的内在志趣是在人格上达到理想境界，即内圣。仁既体现了人道原则，也为君子之人格理想提供了多重规定。

关于君子形象，孔子很看重其外部举止形貌，并在与小人的对比中强化君子的形象。"君子泰而不骄，小人骄而不泰。"④ "君子周而不比，小人比而不周。"⑤ "君子欲讷于言而敏于行。"⑥ "君子无所争。必也射乎！揖让而升。下而饮，其争也君子。"⑦ 在孔子看来，人的外在形象和举止是一种精神

---

① 《论语·子路》。

② 《论语·公冶长》。

③ 蔡元培：《中国伦理学史》，商务印书馆1999年版，第10页。

④ 《论语·子路》。

⑤ 《论语·为政》。

⑥ 《论语·里仁》。

⑦ 《论语·八佾》。

状态的外化，是道德理想境界的具体化，所谓有外必有内。除此之外，构成君子的基本要素还包括内在的道德诸要素。"仁者不忧，智者不惑，勇者不惧。""君子之于天下，无适也，无莫也，义之与比。"孟子在注解这句话时曾说，君子之于天下，"可以仕则仕，可以止则止，可以久则久，可以速则速"①。君子人格的内在精神是一种独立的不变的性格，能够应对世界的变幻莫测，做到从容自如的自由境界。君子之所以成为君子，最重要的一点就是君子谋道不谋食，忧道不忧贫。"富与贵，是人之所欲也。不以其道得之，不处也。贫与贱，是人之所恶也，不以其道得之，不去也。君子去仁，恶乎成名？君子无终食之间违仁，造次必于是，颠沛必于是。""君子谋道不谋食。耕也，馁在其中矣；学也，禄在其中矣。君子忧道不忧贫。"② "谋食"是对物质利益或欲望的奢求。"谋道"即是对包括政治典章制度在内的人伦道德的追求。在物质利益与精神追求之间如何选择，唯以仁为判断标准。"谋道"才是君子之所为，即使固守清贫。"安贫乐道"的颜回是君子的典型代表。"贤哉，回也！一箪食，一瓢饮，在陋巷，人不堪其忧，回也不改其乐。贤哉，回也！"③ 在孔子的观念中，颜回的道德境界达到了君子的标准，他对"道"的追求远远超越了谋生本能而进入到更高的人生价值境界。

孔子还提出了君子之道，"君子之道有四焉：其行己也恭，其事上也敬，其养民也惠，其使民也义"。④ 恭、敬、惠、义实际上就是孔子仁的道德精神的具体体现。仁作为孔子儒家思想的核心，总是包涵着多层次的内容，其中道德理想是最高层次的部分，而这部分引导着其他层次的发展，引导着人们向美好和谐的社会努力。重视道德理想，强调君子形象，是孔子仁的题中之意。

3. 仁是自我价值和社会价值的统一

仁是人为之不懈奋斗的目标。在儒家看来，对仁的追求，就是在塑造自

---

① 《孟子·公孙丑上》。
② 《论语·卫灵公》。
③ 《论语·雍也》。
④ 《论语·公冶长》。

我价值，并要有益于社会。这是儒家优于道家、墨家的最重要之处。墨家为了社会价值而牺牲自我，而道家则为了自我价值而忽略社会的存在。正是儒家仁确证了自我价值和社会价值的统一，基于此，儒家思想才会成为几千年来中国社会的主流价值。因为孔子仁的思想符合社会历史发展规律，只有有益于社会和他人，人才有存在的意义和价值。

（1）"为仁由己"就是个体在追求自身价值。求仁是主体的自主行为，"我欲仁，斯仁至矣"。① 首先，主体求仁和行礼是一致的。"子曰：'克己复礼为仁。一日克己复礼，天下归仁焉。为仁由己，而由人乎哉？'颜渊曰：'请问其目。'子曰：'非礼勿视，非礼勿听，非礼勿言，非礼勿动。'颜渊曰：'回虽不敏，请事斯语也。'"② 孔子强调仁的自觉性，目的是使人们的行为能够符合礼的规范，正如孔子所言："人而不仁，如礼何？"③ 其次，主体实现仁的方法是践行"忠恕④之道"。何谓忠恕之道？"忠"是"己欲立而立人，己欲达而达人"⑤；"恕"则是"己所不欲，勿施于人"⑥。人在社会关系中生存，只有有益于他人和社会，才能实现自我价值和社会价值的统一，才能为自己创造更大的发展空间。再次，仁与知相联系。"未知；——焉得仁"⑦？"'知'是一种理性的品格，按儒家的看法，缺乏理性的品格，主体往往会受制于自发的情感或盲目的意志，从而很难达到健全的境界。"⑧正所谓"博学而笃志，切问而近思，仁在其中矣"。⑨ "博学"、"切问"、"近思"属于"致知"范畴，而"笃志"则属于实践范畴，把二者结合起来，就是求仁的过程与方法。从这个意义上讲，仁是知行合一的产物，缺一不可。最后，重义轻利。孔子承认"富与贵，是人之所欲也"，"贫与贱，

---

① 《论语·述而》。
② 《论语·颜渊》。
③ 《论语·八佾》。
④ 《论语·里仁》。
⑤ 《论语·雍也》。
⑥ 《论语·颜渊》。
⑦ 《论语·公冶长》。
⑧ 张岱年、方克立：《中国文化概论》，北京师范大学出版社2004年版，第323页。
⑨ 《论语·子张》。

是人之所恶也"，但更推崇"贫而乐，富而好礼者也"①。所以，"君子义以为上"；"君子义以为质"②。孔子严厉批判的是自私自利者，"放欲利而行，多怨"。

仁是主体生活的最高准则，是一个人世界观、人生观的全部修养的成果。"能行五者于天下，为仁矣。"曰："恭、宽、信、敏、惠。恭则不悔，宽则得众，敏则有功，惠则足以使人。""刚、毅、木、讷近仁"；"巧言令色，鲜矣仁"；"子以四教：文、行、忠、信"。总之，主体生活是"志于道，据于德，依于仁，游于艺"③，"其为人也，发奋忘忧，乐以忘忧，不知老之将至云而"。

（2）"仁者爱人"是个体在追求社会价值。仁者爱人是一个由己及人、由亲至疏、推己及人的动态发展过程。它首先表现为由爱亲始的血缘亲情。"人之令德为仁，仁之基本为爱，爱之源泉，在亲子之间，而尤以爱亲之情之发于孩提者为最早。故孔子以孝统摄诸行。"④ "孝悌也者，其为仁之本与!"⑤ 对父母孝顺、兄长恭敬是"仁"的根本。"出则悌，谨而信，范爱众"⑥，由家庭伦理扩展为社会伦理，将疏者视作与自己一样有着共同的生理、心理的族类来看待，设身处地的为他人着想，将个体的生命价值的实现与他人紧密联系在一起，共同发展，以建立"四海之内皆兄弟"的和谐、友好的人际关系。孔子的爱是有差等的，超功利的、无条件的，以现实的氏族血缘为基础扩展至社会。

而与之形成鲜明对比的是墨家和道家。众所周知，墨家以"兼爱交利"为人生的最大价值。所谓"兼相爱"，就是人不分彼此，不分亲疏，视天下为一家，彼此相亲相爱。与儒家不同，墨家主张"爱无差等"，但墨子的爱带有明显的功利主义倾向，所以他又提出了"交相利"。所谓"交相利"，

---

① 《论语·学而》。

② 《论语·阳货》。

③ 《论语·述而》。

④ 蔡元培：《中国伦理学史》，商务印书馆1999年版，第11页。

⑤ 《论语·学而》。

⑥ 《论语·学而》。

就是兴天下之利，使天下人都得利。"兼爱"与"交利"是互相联结的，"兼爱"是"交利"的情感基础，"交利"是"兼爱"的具体化。这二者构成了墨家的人生价值观，重社会价值轻个体自身价值。为了社会价值的实现，个体要竭尽全力奉献友爱精神和自强不息的奋斗精神，甚至以"赴汤蹈火，死不旋踵"的牺牲精神要求自己。建立在爱无差等基础上的牺牲奉献精神虽是人类的奋斗目标，但它脱离了现实而成为空想。

而孔子的"仁者爱人"基础是出自人本性的血缘亲情，并与现实实际紧密相连，从而伦理的合理性与道德的可能性相协调，使孔子的仁获得了强大的生命力。孝悌之道同样适用于政治领域，"孔子之言政治，亦以道德为根本。"①"或谓孔子曰：'子奚不为政?'子曰："书云：'孝乎惟孝，友于兄弟，施于有政。'是亦为政，奚其为为政?"②贤明君主"为政以德，譬如北辰，居其所而众星共之"。仁者爱人由家而族，由族而国，不断丰富、扩充其外延，从而构成了其发展中的三个层次，即家庭伦理、政治伦理、社会伦理。梁漱溟先生曾说："家庭生活是中国人第一重社会生活，亲戚邻里朋友等关系是中国人第二重的社会生活。这两种社会生活，集中了中国人的要求，范围了中国人的活动，规定了其社会的道德条件和政治上的法律制度。"③

与此同时的道家则是轻社会价值而重个体的自身价值，以"体道无为"为人生之价值。他们认为名利是社会追求的价值，都是身外之物，只有个体的生命得以长久保存，才是最重要和最有意义的。老子特别强调，人们所进行的一切活动都要效法自然，体合天道，"人法地，地法天，天法道，道法自然"。④ 自然之道的本质是无为，表现出不欲、不争和自均的法则性，所以道家要求人做到无知、无争、无扰、无私、无欲，从而"同于道"。人们要去其私欲，关键就是要杜绝外界事物的诱惑，"塞其兑，闭其门"。这样，才

---

① 蔡元培：《中国伦理学史》，商务印书馆 1999 年版，第 12 页。
② 《论语·为政》。
③ 梁漱溟：《中国文化要义》，上海人民出版社 2005 年版，第 218 页。
④ 《老子》第二十五章。

能做到"见素抱朴，少私寡欲"①。总之，道家是一种消极的、回避矛盾和超越现实的修身论，它所要达到的目标是实现个体生命永存。儒家则与之不同，他们采取的是一种积极的、入世的人生态度，表现出人文关怀和忧患意识。儒家和道家的最大不同则在于他们是以社会价值和个体价值的一致为修身的起点的。因此，儒家提出了修身、齐家、治国、平天下的修养目标。修身不仅只是求得自身价值，更重要的是要求得社会价值，修身是以实现齐家、治国和平天下为目的的。换句话讲，仁作为主体的人格理想就是返身向内，达到内圣。内圣是目的，但还在向外延伸，以实现外王事功。就儒家的总体价值而言，"内圣"始终处于主导地位，外王事功不过是其逻辑的必然结果，内圣外王的最大价值则是实现个体价值与社会价值的完美统一。仁是为人之道，待人之道，而且是治人之道。为人、待人、治人统一，才是中国完整的"人道"结构。

（二）礼——孔子政治思想的集中体现

孔子的礼是在因循周礼的基础上而形成的。"周监于二代，郁郁乎文哉！吾从周。"② 在孔子看来，周礼相对于夏、商而言是最完备的，恢复周礼是他的政治理想。但孔子同时也注意到，"殷因于夏礼，所损益可，知也。周因于殷礼，所损益，可知也。其或继周者，虽百世，可知也"。③ 孔子的礼是在周礼有所损益基础上形成的。而孔子的礼之特质集中体现在"克己复礼为仁"④ 上。朱熹解释，"克，胜也。己，谓身之私欲也。复，反也。礼，天理之节文也"。⑤ "克己复礼"就是要约束、培养、调整自我以使言行符合周礼。在具体方法上，克己复礼追求的是人欲与天理、人与自然和社会规律的平衡协调与和谐统一。这是礼在个体层面对个体的个性、情感、行为的规范，从而达到"外在规范"与"内在人格理想"的统一，即礼与仁的统一。而在社会层面，礼代表社会规范，协调各种社会关系，使人各司其职，也就

---

① 《老子》第十九章。
② 《论语·八佾》。
③ 《论语·为政》。
④ 《论语·颜渊》。
⑤ 朱熹：《四书集注》，岳麓书社1997年版，第191页。

是正名，构建"君君，臣臣，父父，子子"①的社会秩序。"正名"是利用等级称谓的规定约束人们的行为，从而维护社会的稳定和国家的长治久安。礼在社会层面是为了在社会交往关系中实现"仁者爱人"。所以，孔子的礼是超越了周礼之上的礼，是具有了内在灵魂——仁的礼。

值得一提的是，孔子不仅引仁入礼，还扩大了礼的范围，即齐之以礼。西周时期，礼是以血缘为基础，以等级为特征的氏族统治体系。孔子拥护周礼，但对其有所改造，属于贵族生活范畴的礼将其平民化，改变了"礼不下庶人，刑不上大夫"的习惯观念，主张百姓也要学礼，"道之以德，齐之以礼，有耻且格"②。孔子将道德和政治紧密联系在了一起，突出礼的政治含义，并使之成为人与人关系的行为准则。对社会中的每个人而言，"不学礼，无以立"。③所以，"孔子释礼为仁，把这种外在的礼仪改造为文化——心理结构，使之成为人的族类自觉，使人意识到他的个体的位置、价值和意义，就存在于与他人的一般交往之中，即现实世间生活之中"。④

在仁与礼的关系上，仁为礼之体、礼为仁之用，二者紧密结合，不可分割。在孔子思想中，仁是内在本质，礼是外在规范，二者互为因果，不可缺一。从仁的方面来说，仁以礼为准则，礼以仁为根据，两者互相规定，互相补充。但这并不是说两者的地位就是完全平等的，"人而不仁，如礼何；人而不仁，如乐何"？⑤失去了仁的礼只是徒有其表罢了。因此仁仍处于核心地位，礼需以仁为本，礼是实现仁的途径。只有礼而无仁是没有意义的。"居上不宽，为礼不敬，临丧不哀，吾何以观之哉？"可见，礼需要真实的情感来充实。与此同时，仁也受到礼的制约，处在相辅相成的关系之中。仁虽然超越礼而对礼的生成和践行具有决定意义，但它没有取代礼在社会生活中的地位和作用。孔子的礼并不是所谓的典章、制度、仪节、习俗，而是从人的生活出发，在对当时社会文化、政治、道德、科学的历史研究和实践观察中

---

① 《论语·颜渊》。
② 《论语·为政》。
③ 《论语·季氏》。
④ 李泽厚：《中国古代思想史论》，天津社会科学出版社2003年版，第32页。
⑤ 《论语·八佾》。

所得出的一些朴素的规律及其基本的运用。礼已渗透进个人生活和社会生活中的各个角落。礼既是个人行为规范与社会规范的集合，也是人生哲学认识社会、历史及人生规律的总结，最终实现"一日克己复礼，天下归仁焉"。①

孔子开创的儒家学派，据《汉书·艺文志·诸子略》："儒家者流，盖出于司徒之官，助人君顺阴阳明教化者也。游文于六经之中，留意于仁义之际，祖述尧舜，宪章文武，宗师仲尼，以重其言，于道为最高。"在先秦，孔子、孟子、荀子是儒家学派三个最重要的人物，孔子"仁礼说"为孟子、荀子奠定了雄厚的思想基础。孟子、荀子对孔子思想在不同方向上有所发展，二者甚至存在对立。但从儒家发展史的角度理解，这无疑拓宽了儒家的发展空间，使其作为思想体系逐渐趋于成熟、完备。汉代以后，汉武帝采纳董仲舒的建议，"罢黜百家，独尊儒术"，正式确立了孔子及其学说在中国思想界的统治地位。以后，历代统治者进一步采取了神化孔子、提倡儒学的措施，巩固了孔子的至尊地位。从某种意义上可以说，中国思想史就是孔子"仁礼说"的影响史。

二、孟子"仁义"说

孟子生活于战国中期，非孔子亲传弟子，但一向自称"予未得为孔子徒也，予私淑诸人也"②，盛赞孔子是"出乎其类，拔乎其萃。自生民以来，未有盛于孔子也"③，并称自己一生的志向是"学孔子也"④。无论是由于认识取向，还是出于实践需要而做出的取舍，孟子在认识取向、实践需要上都高举"仁义"的大旗，继承、发展了孔子的"仁礼"思想，发性善之义，言养气之论，明义利之辨，崇尚王道仁政，建立起自满自足的伦理思想体系。

---

① 《论语·颜渊》。
② 《孟子·离娄下》。
③ 《孟子·公孙丑上》。
④ 《孟子·公孙丑上》。

孟子的仁义思想直接来源于孔子，但并未受制于孔子，而是沿着孔子开创的道路进行创制。孟子首先继承和发扬了孔子的仁学精神，并进一步深入挖掘仁与主体心性的内在根据和外在依据，使孔子的"性相近"说明确为"性善"说，在此基础上构筑了以性善论为理论基础的"仁义"伦理思想体系。

孟子从孔子那里继承"仁"的基本义，"爱人"为仁基本内涵，"孝悌"是仁的本质，"忠恕"是仁之方。但孟子将孔子的"仁者爱人"引向了深入，第一，深化了对仁的理解以及如何践行仁。孔子从人的价值观、行为准则、心理特征等方面解释了仁的内涵。孟子以"人皆可以为尧舜"① 为原则，提升了平民人格，拉近了平民与圣贤的距离。二者统一起来的关键是"人性本善"，这成为"仁者爱人"的内在依据，即"恻隐之心，仁之端也"，"恻隐之心，仁也"②。第二，丰富了仁在政治领域的工具性价值。孟子在孔子"为政以德"的基础上丰富了这一思想。在兵荒马乱的战国时代，孟子坚持以德为上，以德治国、治军，通过道德主体自省的方式规范自我行为。但在残酷的政治面前，道德的力量是微不足道的。孟子仁的工具性价值在现实政治上并未得到体现。

在孟子"仁义"思想体系中，如果说仁是从孔子继承的，那义则是孟子发展的。孟子曰："亲亲，仁也；敬长，义也。"③ "仁之实，事亲是也；义之实，从兄是也。"仁表达的是"亲亲"，即"慈、孝"；义传递的是"尊尊"，即"友、悌"。二者的核心指向就是在社会生活中要处理好与长辈、同辈的人伦关系。

孟子曰："人皆有所不为，达之其所为，义也。""义者，宜也"，即合乎事宜，是人们为人处事的道德标准，它为人们作出了价值判断，明确人们能做的和不能做的，符合"义"的就是善，不合乎义的就是恶的，由此把义看作是外在于人心的理也是有一定道理的。正如告子云："仁，内也，非外

---

① 《孟子·告子下》。
② 《孟子·告子上》。
③ 《孟子·尽心上》。

也。义，外也，非内也。"从心性角度讲，仁是自发产生的，如孝悌之爱；而义则由外在的社会关系决定，在不同场合，义的表现也不相同。

孟子把仁与义置于同等重要的地位，提出了"仁、义、理、智"相统一的道德体系。其中，"仁义"是这一体系的主体，同时，他首创从道德层面概括了"父子"、"君臣"、"夫妇"、"长幼"、"朋友"五种关系，作为"仁义"之道的伦理前提。他说："人之有道也，饱食、暖衣、逸居而无教，则近于禽兽。圣人有忧之，使契为司徒，教以人伦，——父子有亲，君臣有义，夫妇有别，长幼有序，朋友有信。"① 仁、义是发自人的内心，是人内在的道德情感，二者只是针对不同的社会关系的道德要求而已。此种不同只有人们"体悟"才能领会。"仁，人之安宅也；义，人之正路也。"② 仁是人的道德精神居所，义是通向仁的正确路径，二者是相互依存的，仁是义的归旨，义是仁的实现之路。依仁而行，有所由，有所取舍，就是义。所以，义具有实践性。但是，孟子的义的实践不是改造世界的活动，而是主体在精神领域内的道德修养活动，通过主体的"体悟"达到仁与义的高度统一。

仁和义也是相互区别的。一是层次上的区别。仁是较高层次的范畴，义则是较低层次的范畴。仁属内在，义属外在；仁较为抽象，义则较为具体。二是感性和理性的区别。仁源于人的恻隐之心，带有感情色彩。义源于羞恶之心，可"应当"之标准却是强制性的裁断，显现理性光芒。在孟子思想中，仁、义是普世的道德准则。他的"仁义"伦理思想是由性善论、道德理想人格、王道仁政构成的整体。其中以性善论为理论基础，以道德理想人格为其目标指向，而王道仁政则是其实现王道的基本方法。

（一）以性善论为理论基础

孟子是中国历史上第一个提出性善论的思想家，而且在先秦诸子中，他对人性的论述最具有系统性。人性问题是孟子思想体系的有机组成部分。《孟子·滕文公上》云："道性善，言必称尧舜。"如果"人皆可以为尧舜"

---

① 《孟子·滕文公上》。
② 《孟子·离娄上》。

旨在提出建立独立的道德人格理想,那么,"道性善"则是要回答实现道德人格的内在依据。在孟子看来,人性与人格之间存在着因果联系。孟子的性善论就是为论证道德人格而展开的。

性善论是孟子在与告子就人性论的辩论中形成的。他们的辩论涉及了人性论一系列带有根本性的问题。双方的辩论围绕"性"开始。"告子曰:'生之谓性。'孟子曰:'生之谓性也,犹白之谓白与?'曰:'然。''白羽之白也,犹白雪之白,白雪之白犹白玉之白与?'曰:'然'。'然则犬之性犹牛之性,牛之性犹人之性与?'"① 告子和孟子的分歧在于"性"是人的自然属性还是道德属性。于是,在人本性问题上,他们各自得出了不同的答案。告子认为,"人性之无分于善不善也,犹水之无分于东西也"。② 孟子则主张,"人性之善也,犹水之就下也"。其实,水之就下是因为"势则然也",而不是水本身所固有的性质。如此一来,性善论是难以成立的。可是,在当时来看,性善论的提出却是对人性研究的极大推动。它使人对自身的认识又前进了一大步。孔子是中国历史上第一个对"人"进行定义的伟大思想家,在他看来,"仁者,人也"的命题,指明了人何以为人以及人如何在社会中生活的问题,从而使人从自然界中真正站立起来,和动物相区别。而孟子继承并发展了孔子的思想,不但提出了性善论,而且深化了对人类心理特点的认识。

孟子提出了"善"的心理根据,即"人皆有不忍人之心",指出"善"实际上是超越功利的心理过程。"所以谓人皆有不忍人之心者,今人乍见孺子将入于井,皆有怵惕恻隐之心——非所以内交于孺子之父母也,非所以要誉于乡党朋友也,非恶其声而然也。"③《说文解字》云:"忍,能也。"不忍即不能承受,也即对他人的一种怜悯、同情、仁爱之心是出于人的本性。如同"孩提之童,无不知爱其亲者,及其长也,无不知敬其兄也"。④

---

① 《孟子·告子上》。
② 《孟子·告子上》。
③ 《孟子·公孙丑上》。
④ 《孟子·尽心上》。

孟子将心与性结合起来，解释了心与性之间的关系问题，"由是观之，无恻隐之心，非人也；无羞恶之心，非人也；无辞让之心，非人也；无是非之心，非人也。恻隐之心，仁之端也；羞恶之心，善之端也；辞让之心，礼之端也；是非之心，智之端也。有是四端而自谓不能者，自贼者也"。从心理层面指出了道德产生的根源，即心性统一于善，四心是人类共有的心理特征和倾向。"四心"为"仁、义、礼、智"道德之端，故性善者乃是仁、义、礼、智。所以，孟子的性、心、道德是一体的，性作为发展过程的开端，途经心这一中介，最终形成道德。这便是孟子性善说的逻辑线索。正如牟宗三所说："'内在'者是内在于心，'内在于心'者不是把那外在的'仁义'吸纳于心，心与之合而为一，乃是此心即是'仁义'之心，'仁义'即是此心之自发……此心就是孟子所谓'本心'……是超越的本然的道德心。"①

性善说从人的特性来认识人和人性，并看到了人的社会道德属性，但不可忽视的是性善论为孟子的独立道德人格理想提供了充分的理论依据。所以说，性善论既是对个体道德、心理复杂状况的一种描述，是对人的本质的深刻剖析，也是引导人们追求道德人格的动力源泉。

（二）"人皆可以为尧舜"的道德理想人格

"人皆可以为尧舜"是孟子提出的道德人格理想。而"尧舜之道，孝悌而已矣"②。人尽皆知，尧舜是古代受人敬仰的圣贤，是道德人格的楷模，代表了道德的最高境界，充满理想性。而孟子将高不可攀的圣贤之人推而广之，认为"人皆可以为尧舜"，这就表明道德人格是可教可学的，而不是与生俱来的。"子服尧之服，诵尧之言，行尧之行，是尧而已矣。"孟子相信每个人和舜都是一样的人，只要去实践，铸造自己的道德人格，人就能实现自己的人生价值和意义。

而孟子的道德理想人格总是要具备一定的构成要素，才具有可操作性和

---

① 牟宗三：《从刘象山到刘蕺山》，上海古籍出版社2001年版，第152页。
② 《孟子·告子下》。

现实意义。首先，性善论将人和动物区别开来的明显标志是人的社会道德属性，所以能坚守理想道德人格的人一定是有道德的人，道义为人生第一要义。"人之有道也，饱食、暖衣、逸居而无教，则近于禽兽。"① "非其义也，非其道也，禄之以天下，弗顾也；系马千驷，弗视也。"② 无论在何种情况下，人都要坚守道义，所有不符合道义的行为都要予以排除。其次，孟子认为构成道德人格的重要因素是人的道德气质。道德气质是衡量人的道德状况的一个标尺。所以，提高道德气节成为了塑造道德人格的重要条件。"气节"就是孟子的"浩然之气"。"我知言，我善养吾浩然之气……其为气也，至大至刚，以直养而无害，则塞于天地之间。其为气也，配义与道；无是，馁也。是集义所生者，非义袭而取之也。行有不慊于心，则馁矣。"③ 气是"集义所生"，配"义与道"，可见，浩然之气是一种具有道德属性的精神气质。气的运行是随着志而进行的。"夫志，气之帅也；气，体之充也。夫志至也，气次焉；故曰：'持其志，无暴其气。'"志与气相互伴随才是孟子所说的大丈夫精神。"居天下之广居，立天下之正位，行天下之大道；得志，与民由之；不得志，独行其道。富贵不能淫，贫贱不能移，威武不能屈，此之谓大丈夫。"④ "故士穷不失义，达不离道。穷不失义，故士得已焉；达不离道，故民不失望焉。古之人，得志，泽加于民；不得志，修身见于世。穷则独善其身，达则兼善天下。"⑤ 大丈夫精神是孟子道德理想人格的集中体现，也是人格的唯一特征。

孟子的道德理想人格构成要素中，人首先要成为一个有道德的人，其次要具备道德气质，这样经过艰苦的磨炼才能成为顶天立地、舍生取义的大丈夫。孟子的道德理想人格虽具有浓厚的理想色彩，但却成为了千百年来知识分子做人处事的追求目标，对中国人的人格塑造起到了不可低估的作用。

---

① 《孟子·滕文公上》。
② 《孟子·万章上》。
③ 《孟子·公孙丑上》。
④ 《孟子·滕文公下》。
⑤ 《孟子·尽心上》。

（三）仁政思想

仁政作为中国封建政治哲学的最重要的概念是由孟子首先提出来的。从纵向看，仁政是对孔子"为政以德"的继承和发展，从横向看，则是孟子性善论在政治上的自然延伸。君主以"不忍人之心"，行"不忍人之政"就是仁政。仁政是由政治、经济、文化等方面内容组成的可操作的一套政治理论，其核心是关注人民的生存权利。

1. 政治上民贵君轻

"民为贵，社稷次之，君为轻。是故得乎丘民而为天子，得乎天子为诸侯，得乎诸侯为大夫。诸侯危社稷，则变置。牺牲既成，粢盛既洁，祭祀以时，然而旱干水溢，则变置社稷。"[①] 就轻与重比较而言，天子和国君不好，是可以更换的，而百姓是国家的根本。只要国君是仁人，无论国家多小，"从之者如归市"[②]。民贵君轻的内容有三：一是暴君可诛。齐宣王问孟子商汤、武王讨伐桀纣，是不是臣子弑君的不义行为，孟子进行了否定回答："贼仁者谓之'贼'，贼义者谓之'残'。残贼之人谓之'一夫'。闻诛一夫纣也，未闻弑君也。"[③] 如果君主不能尽君主之责而保一国之民，则人民有权推翻他。二是贤明的国君不仅需要贤臣的辅佐，更要善于聆听人民的心声。"左右皆曰贤，未可也；诸大夫皆曰贤，未可也；国人皆曰贤，然后察之，见其贤，然后用之……如此然后可以为民父母。"[④] 三是保民而王，与民同乐。战国各国诸侯开疆拓土，战争不断，尸横遍野，民不聊生。君主中"如有不嗜杀人者，则天下之民皆引领而望之矣。诚如是也，民归之，犹水之就下，沛然谁能御之"？[⑤] 与民齐乐是君王实行王道的必备要素，"乐民之乐者，民亦乐其乐；忧民之忧者，民亦忧其忧。乐以天下，忧以天下，然而不王者，未之有也"[⑥]。可见，孟子仁政理想是建立在对当时动荡社会现实的否

---

① 《孟子·尽心下》。
② 《孟子·梁惠王下》。
③ 《孟子·梁惠王下》。
④ 《孟子·梁惠王下》。
⑤ 《孟子·梁惠王上》。
⑥ 《孟子·梁惠王下》。

定基础之上的。所以理想是无法实现的，但却作为希望成为人们奋然前进的动力，推动历史的进步与发展。

2. 经济上制民之产

孟子经济上制民之产是为了使人民安居乐业，而非法家"充仓府"① 的重敛富国，以备战争之需。孟子的经济措施主要表现在：第一，正经界。"夫仁政，必自经界始。经界不正，井地不钧，谷禄不平，是故暴君污吏必慢其经界。经界既正，分田制禄可坐而定也。"② 经界即指田地间的分界，其实质是恢复井田制。这样，既可以将农民固定在土地上，也可以保证农民的基本生活。第二，制民之产。"无恒产而有恒心者，惟士为能。若民，则无恒产，因无恒心。苟无恒心，放辟邪侈，无不为已。及陷于罪，然后从而刑之，是罔民也。焉有仁人在位罔民而可为也？是故明君制民之产，必使仰足以事父母，俯足以畜妻子，乐岁终身饱，凶年免于死亡；然后驱而之善，故民之从之也轻。"③ 置民之产最重要的保障是"不违农时"，君主要遵循事物发展的自然规律来安排征兵、参战，这样才能增强国力。第三，省刑罚，薄税敛。"王如施仁政于民，省刑罚，薄税敛，深耕易耨；壮者以暇日修其孝悌忠信，人以事其父兄，出以事其上，可使制梃以挞秦楚之坚甲利兵矣。④"

3. 文化上善教

孟子认为，"善政不如善教之得民也。善政，民畏之；善教，民爱之。善政得民财，善教得民心。"⑤ 因为"人之道也，饱食、暖衣、逸居而无教，则近于禽兽""设为庠序学校以教之。庠者，养也；校者，教也；序者，射也。夏曰校，殷曰序，周曰庠；学则三代共之，皆所以明人伦也。人伦明于上，小民亲于下。⑥"教育针对不同的对象，其内容是不同的。人的分工是

---

① 《韩非子·诡使》。
② 《孟子·滕文公上》。
③ 《孟子·梁惠王》。
④ 《孟子·梁惠王下》。
⑤ 《孟子·尽心上》。
⑥ 《孟子·滕文公上》。

"或劳心，或劳力；劳心者治人，劳力者治于人"①。劳心的统治者需要具备渊博的学识和从政的本领，这只有通过学习和实践才能实现。而劳力的被统治者不但要参加劳动教育和实践，"教民稼穑，树艺五谷"，还要接受"仁义礼智"教育，从而成为具有一定道德素质，维护社会稳定的中坚力量。

（四）孟子"仁义"说对孔子"仁礼"说的继承与发展

春秋末期，孔子在继承前人的优秀思想成果基础上创立了以"仁"、"礼"为核心的伦理思想体系，奠定了先秦儒家伦理思想体系的基础。孔子的继承者们则从不同角度对其思想进行深入的研究和发展，形成了孟子的"仁义说"和荀子的"隆礼贵义说"。先秦儒家伦理思想把道德规定为人的本质属性，用道德来维系社会的根本秩序，用仁、义、礼、智等来协调人与人之间的关系。先秦儒家伦理思想指明了中国文化的发展方向，确立了注重伦理道德的基本特征。

孟子是儒家学派中"闲先圣之道"、"述仲尼之意"的大师。孟子对儒家思想最突出的贡献就是找到了道德产生的根源，为道德可教提供了充分的理论论据。这不同于、也先进于西方神本论的宗教伦理。从这一点而言，孟子自称为是孔子的直接继承人也是有一定道理的，毕竟是孟子找到了孔子仁思想的内在依据，并提出了较为系统的性善论、理想道德人格目标和仁政思想。

孟子将孔子"仁礼说"发展为仁义内在的性善说。孔子赋予礼以仁的情感内涵，使礼与内在的德性结合，这实现了人的自我价值和社会价值的统一。礼包括礼仪、习惯、法规等，涉及人生活的方方面面。"孔子的礼以仁为本质；礼归于仁，以仁为最高境界和追求，同时礼的规范秩序也作为实现仁的基础，仁要落实于礼。仁、礼之间，义是连接彼此的内在中介，义为合宜性、正当性的尺度：'子曰，君子义以为质，礼以行之，孙以出之，信以成之。'"② 仁为社会的道德理想目标，礼为社会规范，义为贯通仁与礼的价

---

① 《孟子·滕文公上》。
② 参见刘宗贤、王佃利：《孔子仁学的双重结构》，见《中华人文精神新论》，上海古籍出版社1998年版，第176页。

值标准。仁是礼的基础，但社会秩序要以正当性为依据，即礼必须用义来证明自己的合法性。孟子由孔子仁的德性本质，推至道德产生根源与道德主体的关系。性善论是孟子学说的基本出发点，其基本内容为"四端"说。"仁义内在"的基本内容是仁义礼智四端。孔子的礼是一种外在的秩序和规范，礼以仁为出发点，以义为实践的价值原则，而在孟子的"四端"之说中，仁、义、礼都成为内心情感和准则。仁义礼智作为整体，相互补充，相互制约，"仁之实，事亲是也；义之实，从兄是也；智之实，知斯二者弗去是也；礼之实，节文斯二者是也；乐之实，乐斯二者、乐则生矣。"① "智"德的基本内涵是懂得做人离不开仁与义，"礼"德的基本内涵是节文事亲从兄而使不失其节而文其礼敬之容，"乐"德的基本内涵是乐于事亲从兄，故中心乐于居仁由义。可见，仁义是贯彻始终的核心。

在此基础上，孟子的"道德理想人格"、"仁政思想"才得以建立。它们共同组成孟子系统化的伦理思想体系。至此，孔孟之道得以形成。如果说孔子的"仁礼"说是儒家思想发展的雏形，那么孟子的仁义则渐趋完备。从儒家发展的历史形态看，它的嬗变大体上经历了三种历史形态：先秦的"孔孟之道"；汉儒的"孔孟之道"；宋明的"孔孟之道"。先秦是经典形态，两汉是异化形态，宋明是复归形态。在先秦的经典的孔孟之道中，思想的真谛才能得到淋漓尽致地呈现。所以，体悟经典，品读孔孟之道得到的不仅是知识，还能聆听先贤智者跨越时空的教诲。

三、荀子"隆礼贵义"说

荀子是战国时代的儒学大师，也是当时最有学术成就和社会影响的思想家之一。战国时期经济的快速发展为荀子的"隆礼贵义"思想创造了良好的物质基础，同时，自然科学较之以前更为进步，数学、医学、地学也处于先进水平，以上这些新的发展都为荀子思想体系的形成提供了必要的前提条

---

① 《孟子·离娄上》。

件，社会制度的激烈变革，社会关系的深刻变化，都给社会的进步发展带来了新的认识。① 荀子"隆礼贵义"思想体系的形成是时代发展的产物，荀子处在这样的社会背景之下，必然要受到社会环境的影响，他积极吸收先秦时期的优秀思想和文化，构建了一套"隆礼贵义"的思想体系，对后世社会发展产生了深远的影响。

荀子伦理思想体系中最具特色的是关于人性的学说，这一学说构成其整个思想体系的核心。与孟子主张"人性善"不同，荀子认为，"今人之性，生而有好利焉，顺是，故争夺生，而辞让亡焉；生而有疾恶焉，顺是，故残贼生，而忠信亡焉；生而有耳目之欲，有好声色焉，顺是，故淫乱生，而礼义文理亡焉"。② 人生来就有好利之心、嫉妒之情、耳目之欲，饥而欲饱，寒而欲暖，劳而欲休，这是人的本性。在他看来，人类这种逐利、好欲的本性与礼义、辞让、忠信等善的价值观从根本上说是对立的，"从人之性，顺人之情，必出于争夺，合于犯分、乱理，而归于暴。"③ 如果顺从人的天性，社会就会陷入混乱，所以他认为人性非但不善，而且根本就是恶的。"人之性恶明矣，其善者，伪也。"④ 人性本身是不能产生善和美的，善和美只能产生于后天的"伪"。荀子所指的"伪"，指的是人类后天的努力和教化，其核心内容就是礼。"性者，本始材朴也；伪者，文礼隆盛也。无性，则伪之无所加；无伪，则性不能自美。"⑤ 对于礼的认识，就是荀子理想中尊卑有序、上下有差的社会规范。正因为"礼"具有道德规范和等级制度等方面的内容，所以荀子提出了"隆礼贵义"的思想，对礼义在维护社会安定方面的作用给予了高度评价。

（一）荀子"隆礼"思想

礼是荀子思想体系的根本内容。据统计，《荀子》一书中提到礼字的有266处之多，足可见荀子对礼的高度重视。正如他所说："人无礼，则不生；

---

① 参见朱汉明：《荀子的礼学渊源和历史影响》，《济南大学学报》1999 年第 6 期。
② 《荀子·性恶》。
③ 《荀子·性恶》。
④ 《荀子·性恶》。
⑤ 《荀子·礼论》。

事无礼，则不成；国家无礼，则不宁。"① 孔子的礼在一定程度上显示出对传统礼制的依靠和维护，而荀子的礼则已超越传统，融入了新鲜的血液，无论是在个人内在道德修养方面，还是在日常社会生活的外在实践方面，乃至国家安定的社会政治制度方面，荀子的"礼"论都做出了创造性的阐释，流露出对人的存在状态、内在精神、终极关怀的关切。荀子全面论述了礼的起源、礼的内容及礼的作用等一系列问题，使礼学至此形成了一个完整的理论体系。

1. 礼的本体论证明

荀子生活的年代，是经过长期社会变乱后制度瓦解的战国末期，社会的各种不稳定因素造成了人与自然的对立、人与社会的对立，最终导致人们的精神涣散和文化忧虑。为了摆脱这种混沌的状态，寻求天下的再度统一，荀子开始站在理性的角度审视人所生存于其中的共同体——国家，大力宣传"天下为一"的统一思想，认为结束分裂割据状态是人们的共同呼唤和心声，是维护广大人民的切身利益、重建国家统一的正确选择，在这种力量的鼓舞下，积极探索和谐统一的道路，批判吸收先秦优秀思想精髓，并紧跟时代发展的步伐，创立了其影响深远的"礼"论，将礼看成是个人道德修养、社会道德生活乃至治国安邦的最高境界。

首先，荀子叙述了礼的起源。"礼起于何也？曰：人生而有欲，欲而不得，则不能无求；求而无度量分界，则不能无；争则乱，乱则穷。"② 荀子认为对于人的天生欲求，如果没有一定的规范予以约束，就会相互争夺，社会就会混乱不堪。古代君王为防止混乱局面的出现，就制定了礼义，划分了等级，调节人们的欲望，满足人们的需求，避免纷争，保持社会安定，礼就这样应运而生了。在礼的起源问题上，荀子着重强调两点：

其一，礼的形而上证明："象天而制礼。"荀子主张性恶论，这就是说礼不可能根源于人自身，即使是圣人也不具备可以发展出礼义的基本品德。因

---

① 《荀子·修身》。
② 《荀子·礼论》。

此，礼的本源只能从主体以外的世界去寻找。礼不是先天就有的，礼和人的物质需求有着密切联系，礼是从社会客观需要中产生的，礼是调节人类欲望的必然产物。"礼有三本：天地者，生之本也；先祖者，类之本也；君师者，治之本也。无天地，恶生？无先祖，恶出？无君师，恶治？三者偏亡，焉无安人。故，礼，上事天，下事地，尊先祖而隆君师。是礼之三本也。"① 这里所说的"三本"，其内容指向并不一致，天地是世间万物的本源，先祖是人类的本源，君师是社会治乱的本源，由此可见，尽管礼不能脱离社会与人类的存在而单独存在，但真正具有本源意义的只有天地，从一般意义上说，天地乃是人类社会得以存在的基础，天地不仅为人类社会提供了一个广阔的生存空间，而且人们从自然界中获取了更多物质需要，所以，天地与先祖和君师相比，更具有本源性，人们"象天而制礼"，通过效仿天的规律而制定人间的礼仪制度，由天象而引发对人间规则的确立，乃是古人制礼作乐、建章立制的主要方法之一。

其二，本于天道的礼，内化于人自身，就必然是人道之本。礼根源于贯通整个宇宙的统一秩序和规范。作为宇宙中的每一个人，必然也要遵循这一客观规律。"礼者，人道之极也。"② "天下从之者治，不从者乱；从之者安，不从者危；从之者存，不从者亡。"③ 礼是人道的终极价值，是人之为人的根本准则。在社会生活中，礼是人们必须履行的本质内容，唯有以礼为标准进行人格修养，才会积善成圣。"礼义者，圣人之所生也。"④ 圣人看到人之性恶，"故，圣人化性，而起伪；伪起，而生礼义。"⑤ 所以，对礼的遵从和维护成为实现个体生命价值的最主要途径。

荀子这里讲的礼，不是维护封建贵族世袭特权的礼，而是维护其封建等级制度的礼。正由于礼是维护封建等级制度的，所以礼对国家来说是至关重

① 《荀子·礼论》。
② 《荀子·礼论》。
③ 《荀子·礼论》。
④ 《荀子·性恶》。
⑤ 《荀子·性恶》。

要的。"故，人之命在天，国之命在礼。"① 这就要求君臣上下必须遵守等级制度，各安其位，各守其职，才能保证国家统治顺利进行。

2. 礼的内容

荀子礼的思想博大精深、别具一格、自成体系，礼的思想也是荀子社会政治思想的核心内容。荀子是从历史和人文的高度挖掘礼的深层意义，并不仅仅局限于具体的礼仪条文研究，从而最终形成了一个多角度、深层次的礼论体系，荀子对礼非常重视，在《荀子》一书中多处可见："隆礼贵义者，其国治；简礼贱义者，其国乱。"② "礼岂不至矣哉！立隆以为极，而天下莫之能损益也。"③ "礼者，政之挽也。为政不以礼，政不行矣。"④ 他甚至把礼看作是区分人与禽兽的一个重要标志，认为礼是人的本质所在。对于礼的内容，荀子认为包括养和别两个方面，所谓养就是"以养人之欲，给人之求"。⑤ 所谓别就是"贵贱有等，长幼有差，贫富、轻重，皆有称者也"。⑥

其一，"以养人之欲，给人之求"。荀子提出礼是"先王"为了调节人们的欲望、避免战乱而制定出来的"度量分界"，礼虽以天证之，却不将礼完全归结于天，而是从人之生存发展探求其本质，因此，可以说荀子的礼是以人为本。荀子把人的欲望分为三类：生存之欲、享乐之欲、权势之欲。在他看来，人人都有好利恶害之欲、耳目口腹之求，也就是说，人欲自然，合情合理，直接指出人欲的天经地义，然而，人欲不可尽，生活在现实社会中的人的欲望又是无穷尽的，因此，必须要通过"礼"来引导和节制。

其二，"贵贱有等，长幼有差，贫富、轻重，皆有称者也"。荀子强调，礼是衡量一切的最高标准和治国的根本原则，荀子的礼的核心内容是建立在封建经济基础之上的，为维护社会中等级秩序的，是指人之为人以及人与人之间的伦理等级制度，总结了为君之道、为臣之道、为父之道、为子之道、

---

① 《荀子·天论》。
② 《荀子·议兵》。
③ 《荀子·礼论》。
④ 《荀子·大略》。
⑤ 《荀子·礼论》。
⑥ 《荀子·礼论》。

为夫之道、为妇之道，同时，礼还能够维护社会安定，"先王之道，仁之隆也，比中而行之。曷谓中？曰：礼义是也"。① 荀子也强调礼义是治国的基础，"礼义者，治之始也。"② 如果用礼义来治理国家，社会才会有序，国家才会安定，人民生活才会富足；相反，如果不以礼义来治理国家，政治就会发生动荡，社会就会出现叛乱，因而"礼义之谓治，非礼义之谓乱也"。③荀子确立礼制最重要的目的就是为了规范封建伦理等级制度，维护封建社会的统治，因此，只有把礼义作为维护国家统治的工具，才能控制人们的欲望，才能维护社会的和谐、安定。

3. 礼的作用

"礼"的作用是非常重要而又较为普遍的，正如荀子所说："礼者，人之所履也；失所履，必颠蹶陷溺。所失微，而其为乱大者，礼也。礼之于正国家也，如权衡之于轻重也，如绳墨之于曲直也。故，人无礼不生，事无礼不成，国家无礼不宁。"④ 荀子认为，人性是恶的，人类群体的自然属性是杂乱无序的，人的欲望是无穷无尽的，自然社会的物质资源又是有限的，这之间的矛盾需要用礼来进行调和，其具体表现为以下三个方面：

其一，礼是维护统治的本源。"王者之人：饰动以礼，听断以类，明振毫末，举措应变而不穷，夫是之谓有原。"⑤ "天下从之者治，不从者乱；从之者安，不从者危；从之者存，不从者亡。"⑥ 以礼治国就能取得天下，不以礼治国就会丧失天下。"故修礼者王，为政者强，取民者安，聚敛者亡。"⑦换言之，只有做到礼义的才能成就帝王之业，善于刑赏治国的能使国家强大，可以取得民心的才能使国家安定。

其二，礼是道德修养的基础。荀子认为人们必须通过道德修养来知礼、

① 《荀子·儒效》。
② 《荀子·王制》。
③ 《荀子·不苟》。
④ 《荀子·大略》。
⑤ 《荀子·王制》。
⑥ 《荀子·礼论》。
⑦ 《荀子·王制》。

懂礼、行礼。荀子把礼看作是道德修养的最高准则，正所谓"礼者，所以正身也"。① "故，学也者，礼法也。"② 没有天生的圣人，但人们可以通过化性起伪、积善而成的道德修养成为像尧禹一样的圣人，在道德修养的过程中，要学习礼乐法度，掌握了礼义，只有付诸实践并持之以恒，才能积少成多、积善成德，最终达到行善、知礼行礼，保障人们生活和谐有序。

其三，礼是富民养民的保证。礼无时无刻不出现在民众的日常生活之中，民众的饮食起居、进退趋行、思想意识等，都在礼的规范之中。礼能够及时调和人们的理想与现实之间的矛盾关系，节制欲望使物不匮乏，制定礼仪制度使人不争。"故，王者富民，霸者富士，仅存之国富大夫，亡国富筐箧、实府库。"③ 目的是告诫统治者，实行礼的人能称王天下，称王天下的君主使民众富足，称霸诸侯的君主使武士富足，勉强维持的国家使大夫富足，亡国的君主只装满了自己的箱子和朝廷的仓库，以上种种对于君主的诚恳劝解，从另一个侧面可以看出荀子对于礼是保证国家安定、生活富足的一种肯定。"荀子认为如果放纵人欲会造成国乱民贫的局面。因此，荀子提出用礼义、道德节制人欲，从而达到养民富民的最终目的。"④ 只有遵循礼的规范，才能使人民富足、国家安定。

（二）荀子"贵义"思想

义是荀子思想中最根本的价值因素，义的思想相当于康德完满的"至善"，是荀子思想中最高的品德。荀子义的思想虽然具有抽象性，但对人们现实生活却具有重要的指导意义，荀子的义，除了追求高尚品德的完满之外，对现实社会还有着更高、更完满的要求。因此，可以把荀子的义看成是形上与形下、品德与智慧的有机统一。荀子"贵义"思想主要有以下两个方面：

---

① 《荀子·修身》。
② 《荀子·修身》。
③ 《荀子·王制》。
④ 李维香、李雷：《荀子的"隆礼重法"思想及其现代价值》，《理工高教研究》2004 年第6 期。

其一，仁。荀子说"行义以礼，然后义也"。① 表明了义的外在表现就是对礼的遵循。我们都知道义是荀子思想体系中的根本要求和最高品德，是其礼制、法制得以实施和运行的总的价值指导，义的最主要内核则表现为仁。仁的思想具有强烈的宗法伦理性，在伦理制度中要求民众要尊君循礼和遵守等级观念，要求君主要有勤政爱民、立君为民的民本主义思想。"人何以能群？曰：分。分何以能行？曰：义。"② 意思就是说：人为什么能结成社会群体？就是因为有等级名分。等级名分为什么能实行？就是因为有义。社会按照义来确定等级名分，人们就能和睦协调，和睦协调就能团结一致，团结一致力量就大了，力量大了国家就强盛，国家强盛就能战胜一切外物，否则，就会出现混乱离散。"天之生民，非为君也；天之立君，以为民也。"③ 荀子认为，作为君主就要以民众为本，政治本身也是为了民众的利益而生的，充分体现出义的仁爱品德。"故，君人者欲安，则莫若平政爱民矣。"④ 进一步指出得民心者得天下，失民心者失天下，君与民是舟和水的关系，水能载舟，亦能覆舟，如果君主能以百姓安危为己任，勤于政事，即能得天下；如果君主险政失民，则定失天下。

其二，中庸。"中庸"一词最早是出现在《论语》中："中庸之为德也，其至矣乎！民鲜久矣。"⑤ 但孔子并没有对中庸作出明确的阐释，而是在《礼记·中庸》中才得到明确的界定，喜怒哀乐之未发，谓之中；发而皆中节，谓之和。中也者，天下之大本也。和也者，天下之达道也。荀子认为："夫义者，内节于人、而外节于万物者也，上安于主、而下调于民者也。"⑥ 无论是"节人"、"节物"，还是"恶人之乱之"，在荀子看来"故义以分，则和"。⑦ 主要是强调义是指导社会制度运行的原则，其最终目的是为了实现

---

① 《荀子·大略》。
② 《荀子·王制》。
③ 《荀子·大略》。
④ 《荀子·王制》。
⑤ 《论语·雍也》。
⑥ 《荀子·强国》。
⑦ 《荀子·王制》。

社会的和谐，义要求人与自然、人与人以及人与社会之间的关系恰到好处、合乎情理，其目的都是为了维护社会秩序的安定统一。中庸是一种重要的制度伦理特征，表现为一种方法论意义上的德性要求，将人们的欲望、思想、感情及行为控制得合乎情理，即合理与和谐的最佳状态。综上可知，荀子之义和中庸的定义与内容都含有对事物的合情合理、适中和谐的理性追求，其实就是儒家中庸思想的具体表现。

义是礼的本质要求和根据，礼又是义的表现方式和实践环节。义源于礼又高于礼，是礼内化于人内心中的道德情感，具有形而上的抽象价值和思辨意义。总之，礼是一种外在的行为制度和道德规范，义则是对内在的伦理道德和思辨哲学的进一步抽象与升华，是荀子思想中的核心价值观念。

（三）荀子"隆礼贵义"说对孔子"仁礼"说的继承与发展

几千年的中国是封建君王的人治，虽然推崇孔孟思想，但最终治国运用的却是荀子的德法并用的政治思想，荀子的德法并用的治国思想，开创了后世以严格等级差别为统治秩序的专制国家的思想基础。正如谭嗣同说的"两千年来之学，荀学也"。[1] 荀子思想是建立在性恶论基础上的"隆礼贵义"的伦理文化，正确地认识"隆礼"的同时必须"重义"，荀子认识到，除了"隆礼贵义"的教化外，还要有必要的法治思想以辅助之，才能正人治国。但无论礼治还是法治，本质都是强调人治。荀子与孔孟儒家一样，寄希望于"圣王"来实现他提出的"隆礼贵义"的治国蓝图，荀子对孔子"仁礼"说的继承与发展具体表现在以下几个方面：

其一，荀子继承了孔子"礼制"思想的核心，主张礼、法并重。孔子提倡"道之以政，齐之以刑，民免而无耻；道之以德，齐之以礼，有耻且格"。[2] 荀子承继孔子的礼学思想，更偏重于对礼的弘扬和阐发，主张建立以礼为标志的社会制度，认为"礼者，贵贱有等，长幼有差，贫富、轻重皆有称者也"。[3] 礼的作用主要是规定社会中、群体中成员的等差，这样才能制止

---

① 蔡尚恩、方行编：《谭嗣同全集》下册，中华书局1981年版，第337页。
② 《论语·为政》。
③ 《荀子·富国》。

纷争。同时还主张注重法的价值，"明礼义以化之，起法正以治之，重刑罚以禁之，使天下皆出于治、合于善也"。① 主张礼、法相互配合，荀子认为人不仅要靠礼义进行道德教化，还要靠法治来统治威慑，最终使人们弃恶从善，从而达到天下归心、和谐安定的目标。

其二，荀子继承并发展了孔子先教后刑的思想。"不教而杀谓之虐，不戒视成谓之暴。"② 把"不教而诛"称为虐政，荀子非常赞同这一思想，在《致士》篇中也做出了同样的结论。荀子说："故书者，政事之纪也；诗者，中声之所止也；礼者，法之大分，类之纲纪也。故学至乎礼而止矣。夫是之谓道德之极。《礼》之敬文也，《乐》之中和也，《诗》、《书》之博也，《春秋》之微也，在天地之间者毕矣。"③ 荀子确立了五经成为法典，而且还把五经的功能政治化了，认为治理天下的道都在五经之中，治国应以五经指导思想，以刑罚诛杀为列，这和《尚书·吕刑》"刑罚世轻世重"的观点是一致的。

其三，荀子继承并发展了孔子的义利观思想。荀子继承了孔子重义轻利的思想原则，主张："行一不义，杀一无罪，而得天下，不为也。"④ 在继承孔子义利观的基础上，又吸收了墨家的合理因素，形成了自己的义利观，更注重义与利之间的平衡，"义与利者，人之所两有也"。⑤ 主张把义与利结合起来。在义与利对立时，坚持重义轻利，先利后义的原则，"先义而后利者荣，先利而后义者辱；荣者常通，辱者常穷；通者常制人，穷者常制于人"。⑥ 即先义后利，以义导利，不能撇开义而唯利是图。重利轻义为役于外物的小人，重义轻利则为役使外物的君子。荀子以满足人的物质要求为礼义的本源，同时又特别重视礼义道德的作用，由此而形成其较有特色的义利观。

---

① 《荀子·性恶》。
② 《论语·尧曰》。
③ 《荀子·劝学》。
④ 《荀子·儒效》。
⑤ 《荀子·大略》。
⑥ 《荀子·荣辱》。

　　荀子对孔子思想的继承与发展没有就此而止，他探讨并回答了孔子没有深入研究、没有明确回答的礼论中的关键问题，即用什么标准来确定社会成员的等级身份，从而作为礼的推行准则。孔子认为应以"天子——诸侯——大夫——士人"的旧有社会等级秩序来要求世人，而荀子却提出按贤德能力来划分社会成员的等级位次，即"尚贤使能以次之"。① 他认为："虽王公士大夫之子孙也，不能属于礼义，则归之庶人；虽庶人之子孙也，积文学，正身行，能属于礼义，则归之卿相士大夫。"② 在才德和能力面前，社会各阶层成员的地位是平等的、机会是均等的。"荀子的礼论虽然也像孔子主张的那样把礼作为社会成员立身序列的标准，但由于他顺乎时代潮流，改变了制定立身标准的依据，将社会成员由血统分等而改变为由才德能力来分等，所以再没有人攻击他的礼论是落后、倒退、反动的东西了。"③ 荀子能够把握住时代的脉搏，喊出时代的强音，这是符合时代发展的潮流，是社会发展的必然趋势。孟子和荀子的经济政治主张有一共同的中心点，就是以修身为本，不同的是孟子大讲仁义，偏重内在心理的发掘，荀子更强调外在规范的约束。④因为荀子生于战国末期，看到了急功近利、弱肉强食的残酷社会，他的思想继承了孔子的儒家德治思想，又吸收了法家思想的精髓，以礼为本，德主刑辅，引法入儒，以法治补充完善孔孟的德治仁政，以使儒学更合于时代的发展要求，荀子把礼作为一种稳定社会结构和安定社会局面的工具，发挥礼的政治作用，把礼和义结合在一起来强调，同时注重法的作用。荀子的"隆礼贵义"思想既是对孔子儒家德治思想的继承与超越，又是对儒家德治思想的创新发展。

① 《荀子·富国》。
② 《荀子·王制》。
③ 郑杰文、魏承祥：《荀子对孔学的继承和发展》，《管子学刊》1999 年第 1 期。
④ 参见李泽厚：《中国古代思想史论》，天津社会科学出版社 2004 年版，第 98—100 页。

第四章 先秦儒家伦理文化的伦理规范

在先秦儒家伦理文化中，伦理规范不仅是基本的成分和主要的内容，而且居于突出的地位。在一定的意义上可以说，先秦儒家伦理文化主要通过一系列的伦理规范来具体表达它的根本指导原则，直接评价和调整个人和社会以及人们相互间的关系的。本章通过阐释孝悌、忠恕、智勇、诚信、义利、五伦等一系列伦理规范，以及其现代转化和现代价值，结合中国当代经济、文化、政治、社会现状，阐明先秦儒家伦理文化的重要地位和运用价值。

一、孝悌

中华民族是一个非常重视孝悌的民族，孝悌是其自古以来最传统的伦理道德。中华民族是在血缘纽带解体不充分的时代下步入文明社会的，从而就形成了独特的、不同于他国的宗法体系。经过了朝代的更替与时代的变迁，中国的历代统治者及其士人对其进行加工改造，宗法体系下的血亲意识发生了微妙的变化，有的转化为法律条文，例如"不孝"被认为是犯法的"首恶"，将会受到法律的严惩，可见，对孝悌的重视度之大。更主要的是它形成了宗法式的伦理道德，并且长期地左右着人们的社会心理以及行为规范。由古至今，中国人对血缘关系的情感表现得格外注重，有着浓烈且深厚的"孝亲"情感，这种强烈的情感不仅表现为对逝去先祖的隆重祭奠，更具体地表现为晚辈对长辈们的绝对孝顺，正所谓"百善孝为先"。同样，"尊亲"这一道德传统也是中华民族由古流传至今的。在中国文化系统当中，孝道一直都占有重要的位置，被视为是一切道德规范的核心，忠君、敬长、尊上等，全都是孝道的发展与延伸。

"孝"指尊敬父母，"悌"指尊重兄长。"孝"与"悌"都不能脱离家庭关系，都是家庭主义当中的伦理规范。这种伦理文化下的家庭主义，是中华民族经历上千年所固有的本位思想，它不单单指父与子或兄与弟之间的关系，而是以小见大，要求个人利益在家族利益面前趋于次要地位，当以家族利益为先、为主、为重。《大学》曰："物格而后知至，知至而后意诚，意诚而后心正，心正而后身修，身修而后家齐，家齐而后国治，国治而后天下平。"① 这句话的前面四条说的是对人本身而言要修其自身，接下来所阐述的是修其自身之后对国家及社会的政治影响。从"齐家、治国、平天下"的关系当中可以看出，先齐家、后治国、最终达到平天下的目的，更凸显以家为国的家族主义思想。若要平天下，首要任务便是"齐家"，如何才能使家"齐"，离不开"孝"与"悌"。就要建立起一种稳固的家庭伦理关系。在一个家庭中，如果没有"孝悌"作为家庭关系的准绳，那么其他方面自然无从着手。而整个社会是以每个家庭为基础构成的，只有在每个家庭中都建立起这种以父亲为最高统治的家庭伦理制度，使每个家庭中的子女听从于父命成为理所应当的规范，这一想法得到推广才能使人们自觉服从社会。"孝悌"这一家庭伦理关系不仅引导着个人的家庭生活，也是中华民族几千年来情感关系稳定的纽带。"孝"使得父权在家庭中处于至高无上的地位，由家庭推广到国家，便建立起君权至上的社会制度。可见，"孝悌"伦理文化的不断延续是中华文明经久不衰的重要原因之一。

（一）孔子论孝悌

孔子继承了殷周以来的孝悌思想，他对"孝"做了许多规定：第一，孝不仅仅只是奉养父母，还必须做到尊敬父母，如果只是能奉养父母，而不尊

---

① （宋）朱熹：《四书章句集注》，中华书局1983年版，第4页。

敬父母，就与养犬马无别。对父母的尊敬不能只是表面的，应该是发自内心而表现出和颜悦色。第二，要注意父母的身体健康，"父母，唯其疾忧"。关心父母的健康状况，为父母的身体担忧。第三，父母在世时要以礼侍奉，当父母去世了，应当"葬之以礼，祭之以礼"①，并且提倡为父母服丧三年，做到"三年无改于父之道"。

孔子在《论语·学而》中指出"弟子入则孝，出则悌"。在《论语·子罕》中说到"出则事公卿，入则事父兄"。是由于当时的家族组织与行政组织是一致的，在家能做到孝悌者，在政治上也必然能够敬重君主、公卿，"其为人也孝悌，而好犯上作乱者，鲜矣"。②在《论语·学而》中，孔子的学生有子说："君子务本，本立而道生。孝悌也者，其为人之本与！"孔子把"孝悌"作为人的根本，视孝悌为伦理道德准则，对待父母要："生，事之以礼；死，葬之以礼，祭之以礼。"③不论父母在世与否都要以礼相待，孔子对于不孝深以为耻。他说："今之孝者，是谓能养。至于犬马，皆能有养；不敬，何以别乎？"④当孔子的学生宰予对三年之丧提出疑问时，孔子骂宰予不仁。"予之不仁也！子生三年，然后免于父母之怀。夫三年之丧，天下之通丧也。予也有三年之爱与其父母乎！"⑤其实，子女对父母的怀念以及感激之情不一定要用服丧时间的长短来衡量，但孔子认为"孝"应该是子女回报父母，这一点是得到人们认同的。

孔子有其明确的主张，维护的是以血缘关系为联系的宗法等级制度。不管是奴隶社会，或是封建社会，这种制度都是以单个的家庭或家族作为最基本的形式表现的。而存在于家庭、家族之中最为重要的伦理关系便是父与子、兄与弟的关系。在这关系当中本应是双向要求的，要求父慈且子孝、兄友则弟恭，可在古时往往忽视了一方面，更重视下层对上层的态度，而孝悌则是对下层的要求以及规范，所以被视为根本的伦理规范。孔子常常在《论

---

① 《论语·为政》。
② 《论语·学而》。
③ 《论语·为政》。
④ 《论语·为政》。
⑤ 《论语·阳货》。

语》中将孝悌并提，如孔子所谓："其为人也孝悌，而好犯上者，鲜矣。""宗族称孝焉，乡党称弟焉。""孝悌也者，其为仁之本与!"① 然而父子关系与兄弟关系比较起来，父子关系显得更为根本，所以自孔子起，皆对孝加以重视。

孔子对于孝的论述是具有多层次内涵的。首先，他强调孝应是由亲子之爱生发出来的一种自然情感，把它放在与血缘关系相连的生理、心理基础之上。认为孝是可以分等级的，等级最低的就是要做到供养父母并且关心父母的健康状况。孔子曾说："今之孝者，是谓能养。至于犬马，皆能有养。"② 孔子对仅仅是赡养父母表示不满，但没有否定这是孝的基本前提。其次，孔子认为仅是做到供养父母还达不到孝的标准。仅仅是物质上的供养是远远不够的，对父母发自内心的尊敬和关心才是为人子女应做的孝。《论语·为政》中提到子游问孝。子曰："今之孝者，是谓能养。至于犬马，皆能有养；不敬，何以别乎?"③ 孔子提到了态度问题，以动物为例，让子女重视对待父母的态度，阐明仅仅能养而不敬者，不能称之为孝。又说到子夏问孝。子曰："色难。有事，弟子服其劳；有酒食，先生馔，曾是以为孝乎?"④ 就是说子女要发自内心的关心、照顾父母，而不是被迫、勉强地去尽子女的义务。再次，孝还体现在人自身的行为上，要对自己负责，不要让父母为自己担忧。即使在今天看来孔子的这些观点也是正确的，孔子认为孝悌不仅是家庭伦理，与社会政治也有着密切的联系，孝悌要求的是："出则事公卿，入则事父兄。"⑤ 推行孝悌之道，就会"民德归厚矣"。孔子的孝悌思想表现出了儒家宗法伦理的特征，不仅有维护中国宗法封建政治的作用，还具有表达宗亲血缘纽带和养育恩爱的真实情感。

（二）孟子论孝悌

在先秦儒家思想中，与孔子的孝悌思想略有不同，孟子以性善论著称，

① 《论语·学而》。
② 《论语·为政》。
③ 《论语·为政》。
④ 《论语·为政》。
⑤ 《论语·子罕》。

他的孝悌思想是从人性善的基础上进行阐述，并且有选择地在前人思想的基础上进行发展，有其相应的时代特征。孟子所处的时代战争频繁，亲情关系与政治关系相比显得微不足道，人们对孝悌观念的重视度大不如从前，为了挽救这种危急现状，孟子从赡养父母的角度阐明孝悌的思想。孟子云："事，孰为大？事亲为大。"① 表明其孝悌思想以事亲为重的观点。

孟子时代，社会上存在普遍的不孝行为，所以，他从现实状况出发，提出对父母的奉养是孝最基本的内容。当时，社会上"不顾父母之养"② 的不孝行为有："惰其四支，不顾父母之养，一不孝也；博弈好饮酒，不顾父母之养，二不孝也；好货财，私妻子，不顾父母之养，三不孝也。"③ 这三种都是恶劣的个人品行，与孟子人性善的思想背离，为孟子所唾弃。其次，孝道的基础是孝养。孟子认为在孝养父母当中，以天下养父母是最大的孝养。孟子曾说："孝子之至，莫大乎尊亲；尊亲之至，莫大乎以天下养。为天子父，尊之至也；以天下养，养之至也。"④《诗·大雅》中也曾写道："永言孝思，孝思维则。"此之谓也。"尊亲之至，莫大乎以天下养。"孟子将孝养这一基本行为提升到孝的顶峰，是他对《诗经·北山》的独到理解：养之至，即是孝之至。孟子认为，对父母要"以天下养"才是最大的孝道，但这不是人人都能做得到的。孟子的孝道还认为孝养的实现可以依靠国家的经济制度，他将西周国家的养老制度进行有益提取，对国家和家庭养老进行了区分，并提出了具体的养老措施及方法。他说："五亩之宅，树之以桑，五十者可以衣帛矣。鸡豚狗彘之畜，无失其时，七十者可以食肉矣。百亩之田，勿夺其时，数口之家可以无饥矣。"⑤ 阐明解决了人民的温饱问题，养老问题也就不存在了。孟子认为国家可以给出利民的政策使百姓的养老问题得到解决，不仅可以改善社会上的不孝养的现状，还可以为国家减轻一些经济负担。最终达到举国上下人人心存孝心、爱心，社会安定，国家昌盛。可以看出，孟子

---

① 《孟子·离娄上》。
② 《孟子·离娄下》。
③ 《孟子·离娄下》。
④ 《孟子·万章上》。
⑤ 《孟子·梁惠王上》。

孝思想也是他仁政思想的重要内容，是中华传统孝文化发展的进步。

在孟子生活的时代，不孝的行为不仅仅出现在民间那些百姓身上，处于社会上层的帝王朝臣也不乏此等现象。弑君篡权、杀父夺位等不忠不孝的行为经常发生。纵观历史不难发现，在政治利益面前道德规范显得无足轻重，当二者发生冲突时，人们往往选择前者而舍弃后者。正是因为当时的人们普遍对孝道观念轻视，孟子便提出了重视培养人们的孝道观念，他认为加强人们孝道观念的主要方式应通过学校教育。孟子云："设为庠序学校以教之。庠者，养也；校者，教也；序者，射也。夏曰校，殷曰序，周曰庠；学则三代共之，皆所以明人伦也。"① 指出学校应教导人们懂得一定的人伦道理。中华传统文化中的人伦涉及范围较广，不仅包括政治、教育还有经济及宗教等方面。"人伦明于上，小民亲于下。有王者起，必来取法，是为王者师也。"② 指的是人伦在政治上的作用，即推行人伦道理是统治阶级进行政治统治的一种方法。这是人伦教育的政治意义，孟子还认为人伦教育还具有更为具体的家庭意义。若能很好地推行人伦教育，那么，年老者便能善终，如"谨庠序之教，申之以孝悌之义，颁白者不负戴于道路矣"。③ 指出用孝的观念来教育大家，作为子女的自然就会去赡养自己的父母，年老者就可在家养老，安度晚年。孟子在教育途径上提出了"易子而教"的看法。认为在教育子女的过程中，父母与子女会出现因意见不同而相互埋怨对方的现象，被称为"责善"。就是以善相责，具体表现为：父母将自己的孩子与他人的孩子作比较，认为别人的孩子比自己的优秀，子女将自己的父母与别人的父母进行比较，认为别人的父母更好，如此相互埋怨对方。孟子认为，父母与子女之间互相责善会很伤彼此之间的感情，因此并不赞成"责善"。

孟子在中国历史上是知经道、识权变的思想家。其权变思想在孝上主要体现两个方面：其一，就是舜"不告而娶"视为孝，舜的父与弟一直都想加

---

① 《孟子·滕文公上》。
② 《孟子·滕文公上》。
③ 《孟子·梁惠王上》。

害于他，当尧帝将女儿下嫁于他时，他并没有告知自己的父亲。孟子认为，在面临两难选择时，人们应该取其重放其轻，为实现大孝可以不告。不仅如此，以孟子的观点来看，他认为舜的这种"不告而娶"的做法不是不孝，反而是孝的一种体现。他提到："不孝有三，无后为大。"① 在中国传统文化中，延续血脉是孝思想产生及延传的重要条件，可以看出，孟子的孝思想中必然赞同舜这种行为，因为这种"不告而娶"不仅使人伦之大得以实现，又延传了其血脉，恰恰是其孝的表现。其二，丧葬是最重的孝终思想。孟子提倡厚葬，认为孝子仁人对父母厚葬一定是存有孝道，丧葬对于已逝之人没有什么意义，但确是对生命告别的尊重、最圆满的人生收场，对社会来说有着十分重要的意义。

孟子发展了孔子的孝悌思想，首次提出仁、义、礼、智，这四个重要的伦理范畴蕴含了中华民族的传统文化与儒家提倡的人生修养内容。仁、义、礼、智都是以"事亲"、"从兄"为出发点论述的。孟子说："仁之实，事亲是也；义之实，从兄是也；智之实，知斯二者弗去是也；礼之实，节文斯二者是也；乐之实，乐斯二者，乐则生矣；生则恶可已也，恶可已，则不知足之蹈之手之舞之。"② 这里所说的"事亲"、"从兄"就是指"孝"、"悌"思想，存在于整个儒家伦理体系当中，使仁、义、礼、智成为这一理论体系的核心。然而，这四个范畴又离不开事亲与从兄的"孝悌"思想，其理论意义是在"孝悌"思想中体现的。

总之，在孟子看来，无论是现实生活还是理论体系人们都不能背离孝悌思想，都应以孝悌为主线来展开。孝悌的思想一直蕴藏在儒家所有思想当中，仁政的思想离不开孝的思想，孝悌思想发展到具有现实的政治性，也是儒家孝悌伦理思想发展的进步。

（三）孝悌的现代价值

先秦儒家的孝悌思想在阶级社会有效地发挥了其社会、政治功能。虽有

---

① 《孟子·离娄上》。
② 《孟子·离娄上》。

不足之处，但对于我们今日对人的教育有一定的积极意义，我们应"取其精华、去其糟粕"，把其思想中具有积极意义的观念带入现今的精神文明建设，更好地对人们进行道德教育。

1. 加强孝悌认同机制

孔子之所以能使孝悌合理存在于社会当中，在于他解决了孝道存在的伦理前提，将孝悌置于百姓的内心，为其合理存在找到了人性的根基。孝悌思想的存留离不开广大人民的认可与支持，只有国民的认同机制维护它，它才能长存于世，若缺乏这种认同，势必转瞬即逝。孝悌思想之所以没有夭折，就在于它深植于人民的心灵深处，符合了广大人民的愿望和要求，而处于上层的统治阶级为了更好地巩固政权也对这点加以改造利用，使其发挥最大的政治功能。可见，从人民群众的利益出发，得到人们的认可，才能更好地进行孝悌思想的教育。

2. 重视政府作用

春秋时期，孔子把孝悌思想扎根于百姓当中，得到群众的支持，却因政权动荡、官方冷漠而收效甚微。西汉时期，"罢黜百家，独尊儒术"的思想得到汉武帝的支持，并增设《孝经》博士，使得孝悌思想再次受到重视，并得到飞速发展。可见，政府的行为对其发展的作用是巨大的，可助其迅速传播，也可遏制其不前。

3. 加强情感教育

情感是人与人相联系的关系纽带。情感加深，则关系密切；情感淡薄，则关系破裂。孔孟时代，社会局势动荡，人与人之间情感缺失。而早期，所提倡的孝又是缺少情感的上下等级关系，自然被人们所忽视，导致不孝行为泛滥。以孔孟为代表的儒家学者若要使人们重新重视孝悌思想，就得从情感着手唤起人与人之间的情感。从血缘亲情入手，孔孟为孝悌的合理存在找到了切实的依据。现今，伦理道德处于全球化之下，面对西方文化当中不良因素的冲击，我们必须要预防并消灭它，而消灭它的最有效的武器就是加强人们的情感教育，用情感引导人们的行为，使人们在情感的呼唤下潜移默化地接受影响、坚定信念。

二、忠恕

中华民族具有优秀的道德品质、优良的民族精神、崇高的民族气节，尊重礼义、崇尚伦理。早在 2000 多年前，"大同之世"的美好理想就被中国古代的先哲所提出，这也是中华民族文化的优良传统以及美好理想的追求。同样在人际关系上也有所反应，常被人们称为"金法则"的"己欲立而立人，己欲达而达人"①；"己所不欲，勿施于人"②，受到中国古代先哲们高度的重视，得到系统地论述和发挥。先秦时期起，先哲们强调："恕而行之，德之则也。"这里谈到的"恕"，是指推己及人，"己所不欲，勿施于人"，我们的先哲们认为这些准则是一切德行的准则。《管子》中也做过这样的表述，"非其所欲，勿施于人，仁也"③。"己之所不安，勿施于人。"④ 人们把儒家思想作为中国传统文化内核，概括其为忠恕之道。

忠和恕并称为"忠恕之道"，它们所表达的都是同一种待人接物的方式。但是，忠与恕其实是两个概念，表达的是两个意思。"忠"是"尽己"、"为人"的自内向外的情操，是自我反省、端正思想的态度，是人与人之间关系达到合理的规范。"恕"是推己及人，人己统一，可以调整人与人之间的关系达理想状态。从朱熹的说法我们了解到"尽己之谓忠，推己之谓恕"，或"中心之谓忠，如心为恕"，这些道理有一定的合理性。虽然想表达的都是实现的仁，但对其研究对象来说，忠是基本要求，恕是对待他人的方式，我们从中可以知道，前者表达了自己对仁道的知觉意识，包括觉识之后的"正己"、"勉己"、"成己"的精神态度，这种态度和精神是极责任、极端正、极虔诚、极守信用的；恕则是在忠的态度精神作为前提下处理与周围的人际关系，由己对己的关系进一步到己对人的关系。我们发现，忠可以成为我们

---

① 《论语·雍也》。
② 《论语·颜渊》。
③ 《管子·小问》。
④ 《管子·板法解》。

对仁的意识体验之后主体所产生的精神、态度的准备，恕则体现在对仁道的具体实践当中。所以在实际的道德生活中我们不能将忠与恕分开：做不到"尽己之心（忠）"，更别提"推己及人（恕）"；相反，做不到"推己及人"，"尽己之心"永远只能成为思想上的一种意识、观念，对仁道具体实施不会产生推动作用，求仁和行仁也就不能被结合起来，也更难以实现。就像南宋儒者陈淳所言："大概忠恕只是一物。……盖存诸中者既忠，发出外来的便是恕……故发出忠的心，便是恕的事；做成恕的事，便是忠的心。"从这句话中我们领悟到，忠和恕的关系与道德意识与道德行为的关系极为相似。

（一）孔子的忠恕之道

忠恕之道是孔子仁学伦理中的重要内容。在他看来，忠恕是仁爱学说中的重要内容以及组成部分。"仁道"思想的实施，在于对推己及人的忠恕之道的运用，充分发挥忠恕之道的思想。首先，我们要形成"己所不欲，勿施于人"的思维模式。《论语·颜渊第十二》中说道："仲弓问仁。子曰：'出门如见大宾，使民如承大祭。己所不欲，勿施于人。在邦无怨，在家无怨。'"孔子对于学生怎样做是仁的回答中说"己所不欲，勿施于人"就是仁。这只是孔子对其众多仁的涵义中的一种阐述。孔子也提到，做到"己所不欲，勿施于人"并不是一件容易的事。"子贡曰：'我不欲人之加诸我也，吾亦欲无加诸人。'子曰：'赐也，非尔所及也。'"[1] 虽然孔子传授学生们"恕"之"己所不欲，勿施于人"的原则，但他也明白这样的原则并不是每个人都能"一以贯之"的，就算他的高足子贡也是一样的。其次，要树立"己欲立而立人，己欲达而达人"的胸怀。子贡曰："如有博施于民而能济众，何如？可谓仁乎？"子曰："何事于仁！必也圣乎！尧舜其犹病诸！夫仁者，己欲立而立人，己欲达而达人。能近取譬，可谓仁之方也已。"[2] 所谓"能近取譬"即是要学会将心比心，经常换位思考，理解别人的想法。前面

---

① 《论语·公冶长》。
② 《论语·雍也》。

所提到的"己所不欲，勿施于人"是对于推己及人的否定，孔子将其称为恕，与此对应的"己欲立而立人，己欲达而达人"是对于推己及人的肯定，孔子将其称为忠，即"尽己为人"的思想。

（二）孟子的忠恕思想

孟子的主要思想是依据他的人性论展开的，孟子曰："'人皆有不忍人之心。先王有不忍人之心，斯有不忍人之政矣。以不忍人之心，行不忍人之政，治天下可运之掌上'。""凡有四端于我者，知皆扩而充之矣，若火之始然，泉之始达。苟能充之，足以保四海；苟不充之，不足以事父母。"① 荀子对此的阐释为："夫诚者，君子之所守也，而政事之本也；唯所居，以其类至。"② 孔子博大精深的仁学思想，既包含着伦理道德的思想、社会政治方面的思想，也深刻表达了丰富深邃的知识论思想。忠恕作为实现仁的根本途径，蕴含着丰富的内容，儒家弟子们根据各自的理解对孔子的思想进行了深刻的剖析，尤其是孟子、荀子以及宋代理学大师朱熹。孟子的主张是人性善良，他认为，每个人一出生都具有恻隐之心、羞恶之心、恭敬之心、是非之心，成为仁、义、礼、智的"善端"，只要让它们在自己的本性中充分发挥，人性之善即可表达出来。因此他主要运用了"忠恕"社会政治和道德修养方面；荀子的主张是人性恶，人的本性不一定都具有善的意识，人的行为是存在很大的差别的，不能把恶心以及恶行推给别人，还要排斥这种行为。也主要发挥了忠恕知识理论和政治实践方面的思想。

（三）忠恕的现代转化

生活方面：在现实社会中，忠恕观念的思想价值表现在很多方面，首先，对待别人要尊重，并要做到讲诚信。在现实中，人与人之间会存在着很多不同差异，性格爱好都不一致，做事也各有自己的一套准则，那就难免发生一些磕磕碰碰，甚至矛盾冲突，如果我们要想相互关心和相互尊重，我们

---

① 《孟子·公孙丑上》。
② 《荀子·不苟》。

就要做到宽宏待人，形成良好的人际关系。再次，对待工作也要敬业。我们应该充分理解忠恕精神的含义，尊重自我以及他人，尽忠职守，热爱事业，让我们的社会变成和谐社会，对我们的事业也要忠于职守爱岗敬业。当我们从事一种工作或在某个岗位时，对做的每一件事都要尽心尽力，对别人和自己都要负责。消除私心杂念、摒弃自私狭隘的想法，才能做好每一件事，做成功每一件事，敢于承担风险，圆满完成工作任务。最后，对国家要忠心。把忠恕的精神从古代的君王之道中脱离出来，运用到现实社会中，就是热爱祖国，忠于国家。

经济方面：在现实的经济中要想缩小贫富差距，做到经济效率上的公平，使各地区各阶层的差别减小；完善社会领域中社会保障制度，对于欠发达地区的弱势群体要支持，在教育和公用事业中体现出来，增强社会组织协调发展的能力。

文化方面：中国的文化非常注重人在社会中的道德义务，就是你希望人怎么样对你，你就先要怎么样对人！这应当在所有的生活领域中成为不可取消的和无条件的规则，无论是对家庭、社团、国家和宗教，都应该是这样。

政治方面：政治领域的内容是完善民主权利，在制度上，保障人民当家做主的地位，完善民意表达的沟通渠道，国计民生的重要问题得到了解决。以上就是忠恕之道对这四个社会组成部分的影响。

（四）忠恕的现代价值

经过了多年的历史发展，忠恕之道已经根深蒂固地扎根于中华民族文化——心理结构之中。它没有随着社会的进步而永远消失，但必须随着社会的发展而与时俱进。儒家忠恕之道在今天仍有其存在的价值，可以从如下几方面来考察。

1. 孔子所创立的儒家忠恕之道是一种社会关系准则，这种准则在当代社会关系中，仍然有着不可替代的借鉴意义

从思维角度来讲，儒家忠恕之道就是从自己的不同感受，而推出自己对他人的不同作用，决定了发生在"我"与"他人"之间存在的关系方式。他讨论的所有问题都是根据我的体验来如何对待别人。儒家忠恕之道

就是针对，我欲立，我欲达，我有所不欲的问题，明确地提出了其中存在的关系准则，就是自己欲立先立他人，自己欲达先去达他人，自己不欲不要施于他人。在今天，这个关系准则的意义就体现在：人们在自己发展自己的时候，也应该去发展他人；不要把自己都不愿出现的结果强加于他人身上。现在是个科技飞速发展的时代，文化多元化与经济全球化一体，加速了全世界各民族的现代化的发展。错综复杂的人与人、国与国之间的关系，我们要如何处理这种复杂多样的关系。如己欲立者却非他人所欲立，则"立人"失去了其自己合理性。己所不欲者或即他人所欲者，则"勿施于人"也失去了合理性。因此，儒家忠恕之道只有在己与人的利益一致时，才会有着共同发展的意义。北京大学教授赵敦华曾从"己所不欲，勿施于人"的道德原则出发，归纳出道德律令的金、银、铜、铁律，金律是"欲人施诸己，亦施于人"；银律是"己所不欲，勿施于人"；铜律是"人施诸己，亦施于人"；铁律是"己所不欲，先施于人"。他的这个归纳被世界伦理运动的主要推动者孔汉思教授称为"天才的构想"，按其理论，金律、银律遵循古代社会的道德原则，铜律遵循近代社会的道德原则，当代社会既不能回到过去又不能停滞不前，而是要金银铁律共同发挥作用的时代。

2. 对有职位者而言，实践儒家忠恕之道具有特殊的社会意义

宋代学者不仅注意到，忠恕二字运用在具有不同道德修养水平的人身上，就会有不同的表现形态。而且还注意到，有职位之人"所推行得大而所普及得特别广"的状况。而今天，我们在看待"有职位的人"，主要的当然就是从地方到中央的各级政府领导，可包括社会各个部门等一切有"立人"、"达人"的"勿施于人"的机会以及条件的人。在当代，我们仅提及"有位之人"显然是不恰当的，一些高官贪污腐败，弃国家和人民的利益于不顾，以丰富自己的口袋，满足自己为重。在社会上这等事例已屡见不鲜。所以，像范仲淹、焦裕禄、郭明义、李嘉诚等人，以"有位"而行仁之，或济民于水深火热之中，摆脱贫困，或科教兴国，助学成才。这些"有位之人"，所推亦大，所及甚广，他们对整个社会都发挥着很大的作用。

3. 忠恕之道亦为"絜矩之道"，对全社会发挥"我"作为中间层面的调节作用，这是实践此道的理想结果

冯友兰先生曾把"忠恕之道"、"仁道"、"絜矩之道"一起论述，指出："后来的儒家，有些人把忠恕之道叫做絜矩之道，是以本人自身为尺度，来调节本人的行为。"当代社会在很多方面体现得不够平等，国家之间、地区之间、人与人之间，不平现象随处显现，贫富差异、强弱差异、尊卑差异现象严重。社会需要在不断地调节中求发展，求进步，达到共同富裕，实现大同。忠恕之道即絜矩之道，也有着不可忽视的当代研究价值，人们虽然可以通过一定的思维方式、方法对事物作出合理的、科学的预见，形成具有前沿性的理论，然而任何的科学预见只是对事物发展主要趋势、大致轮廓的把握，永远不会穷尽真理。客观世界是无限发展的，人的认识也是受当时客观条件的影响，所以导致了科学预见的不确定性、局限性，这就要求我们在实践中不断探索，从而逐步实现主观和未来客观的辩证统一，即理论也要与时俱进。毛泽东思想、邓小平理论、"三个代表"重要思想和科学发展观，都是马克思主义与中国实际和时代特征相结合的产物，都是中国化的马克思主义，都是我们党必须长期坚持的指导思想。我们要以与时俱进的精神，坚持建设中国特色社会主义，通过对马克思主义理论的运用和发展，对实际问题的理论思考，开展新的实践和进行新的发展，在理论上不断获得重大突破和创新，有利于我国的社会主义现代化建设的指导思想的重大发展。进入了现代社会的中国，实现了经济市场化、工业化、都市化、技术化，但发展水平与发达国家还有着一定的差距。现如今以市场经济为物质生产基础的社会，必然催生出异于自然经济、计划经济时期的新观念，如产品的所有权和商品公平交换观念、优胜劣汰的观念、重视功利的实用主义观念等。然而在这种种观念的背后，是个人本位的价值系统，正是这种价值系统，将会在人类社会生活中引起永无停息的、不可协调的对抗与斗争。这使今天的市场经济中的道德、价值观念，在推动社会生产力的飞速发展的同时，也造成了十分严峻的社会问题，如环境破坏、资源短缺、唯利是图、权钱交易、损人利己、家庭解体等。

综上所述，在儒家看来无论是在道德实践方面，还是在德性品质方面，人本身都起着主导作用，"为仁由己，而由人乎哉"？① "为己之学"作为孔子儒学一大特色的提出，它认为"人能弘道，非道弘人"②，从某种意义上表明了人的自由与主观能动性。在孔子所推崇的"学而时习之"中，可见人的行为领域被引向开放、无限的空间。可以推测的是，在《论语》中，学习的未指明的对象绝不限于农、圃等技能方面的知识，它必然与学习者的道德修为，与"完善自身"、"反身而诚"有关，其核心内容是对道德原理和规则的领悟与实际运用。因为有这一意义，忠恕亦应被包括在学习的范畴之内，儒家特有的"好学"之愉悦，也会成为儒家的自我在实践忠恕之道时的应有体验。而当代社会在很多方面还体现着不平等，国家之间，地区之间，人与人之间，有贫富之分；有强弱之分；有尊卑之分。有的已是工业化，有的还努力进行现代化建设。社会只有在不断调节中求发展，才能达到共同富裕，实现大同。所以忠恕之道即絜矩之道，有着十分重要的当代价值。

三、智勇

孔子是我国伟大的思想家、教育家，对待智勇有其自身的感悟。孔子认为智、仁、勇是天下最通达的大德，孔子心目中的君子则是必须具有这一种美德的人。"仁者不忧，知者不惑，勇者不惧。"③ 意思是仁者宽厚爱人，故无忧；智者能明辨是非，故不惑；勇者能临危不惊惧，所以无畏。具有此美德的人，就不忧不惑不惧，是顶天立地的君子。

孔子又说"好学近乎知，力行近乎仁，知耻近乎勇"，力行、知耻是达到智勇的主要途径。

孟子继承了孔子的理想人格学说，将孔子倡导的智勇具体落实到他的

---

① 《论语·颜渊》。
② 《论语·卫灵公》。
③ 《论语·宪问》。

"大丈夫"人格理论中，强化了理想人格现实的操作规范。孟子的"大丈夫"人格以人性善为理论内涵，呈现出强劲的阳刚之气，通过居仁由义、持志养气的培养途径得以实现。孟子的"大丈夫"理想人格显于当世影响延至当代。在我国源远流长的儒家文化中，孟子作为孔子之后儒家文化的继承者和发展者，有其重要的地位，对后世思想文化产生了巨大的影响，秉承了孔子将理想人格理论层次化的做法，他把孔子理想人格中的"圣人"和"君子"做了一个相互补充，使其成为他理想人格中的"圣人"和"大丈夫"。孟子是继孔子后儒家的新一代代表人物，他对事物的看法与感知有着其独特的地方，孟子认为大丈夫理想人格的精神内涵是智勇的人格论，是身心合一的道德人格，其核心是智勇的完美结合。这一理论继承了孔子理想人格论的观点。"知者不惑，仁者不忧，勇者不惧。"① 孔子赞美智勇二者统一的完美人格，终生都在追求这种高尚完美的人格。孟子继承和发展了孔子的理想人格，将其智勇扩展为"大丈夫"理想人格中的知言，浩然之气。孟子所说的"浩然之气"是对孔子"勇"的理想人格的完美诠释。"浩然之气"是从正义与道德中产生出来的，它是正义与道德造就的"浩然之气"的说法，孟子的"浩然之气"体现为从本体论向伦理学、人格理论、用世理论的，孟子是在和弟子公孙丑讨论对于拥有权位是否"动心"的时候引申出来的。想要成就智勇统一的理想人格，必须对其品格进行改造。忠恕之道是孔子培养仁智勇完美人格的正常方法。孟子"大丈夫"的理想人格的培养是以集义、尚志、养气的方式实现的，集义以养仁，尚志以养智，养气以蓄勇。重义是"大丈夫"理想人格的行为则。孟子重义是因为"居仁由义"。《孟子》中提到"义"字的地方有上百处，足见孟子对于义的看重。"居仁由义，大人之事备矣。""三军可夺帅也，匹夫不可夺志也。"② 孔子视志为人生的精神柱石。同样，孟子为了塑造完美的"大丈夫"理想人格论其精华对于建构和谐社会理想人格有非常重要的参考价值和现实借鉴意义。我们知道思孟学

① 《论语·子罕》。
② 《论语·子罕》。

派的观点是一脉相承的，孟子正是在《中庸》的基础上对人性的内涵作了发挥和扩充，明确指出人性本善："恻隐之心，人皆有之；羞恶之心，人皆有之；恭敬之心，人皆有之；是非之心，人皆有之。恻隐之心，仁也；羞恶之心，义也；恭敬之心，礼也；是非之心，智也。仁义礼智，非由外铄我也，我固有之也，弗思耳矣。"中庸提出"明辨之"是智的应用与发展。明辨之，意思是说要保持冷静的头脑，通过严密的理性分析，对事物和所发生的现象进行认真地甄别和遴选，把握对象的规律，达到对事物本质的认识。明辨之主要是强调理性思维在认识活动中的重要作用。明辨之，从方法论层面讲，不仅对科学工作者进行科学研究有重要意义，而且在现实生活中，也可以指导我们明辨是非，正确处理身边发生的事情。

大丈夫理想人格的精神内涵——智勇。孟子的人格论是身心合一的道德人格，其核心是智勇的完美结合。这一理论继承了孔子理想人格理论的观点。《论语·子罕》中孔子说"知者不惑，勇者不惧"。孟子的"知言"即是对孔子之智的集中反映。孟子说："诐辞知其所蔽，淫辞知其所陷，邪辞知其所离，遁辞知其所穷。生于其心，害于其政；发于其政，害于其事。"①孟子认为，只有人格完美心理健全的人，才能辨识那些人格上有缺陷、心理上有毛病的人的言语，才能不惑，才能不动心，这就是智的体现。要做到"知言"，就要"以意逆志"和"知人论世"。孟子的"浩然之气"是对孔子勇的理想人格的追求。"浩然之气"是从凝聚着正义与道德的生命个体中产生出来的，它是正义与大道德造就的一身正气。"浩然之气"的说法，据《孟子·公孙丑》记载，孟子是在和弟子公孙丑讨论对于拥有卿相权位是否"动心"的时候引申出来的。原文如下：孟子曰："难言也。其为气也，至大至刚，以直养而无害，则塞与天地之间。其为气也，配义与道；无是，馁也。是集义所生者，非义袭而取之也。行有不慊于心，则馁矣。我故曰，告子未尝知义，以其外之也。必有事焉，而勿正，心勿忘，勿助长也。"孟子的"浩然之气"体现为从本体论向伦理学、人格理论、用世理论的转化。对

① 《孟子·公孙丑上》。

勇进行更为细致分析的是战国时儒家另一位著名学者——荀子。他首先提出了"上勇"、"中勇"、"下勇"三个概念，并且具体分析说："上勇"、"中勇"、"下勇"是三个层次不同的"勇"。天下有正道，有治理社会的准则，为了捍卫这种原则，敢于挺身而出；先王有治世之道，敢于按先王的意旨而去实行；对上不因循于乱世之君，对下不随从于乱世之民；仁之所在，无贫穷之分；仁之所亡，无富贵之别；天下人了解他，便与天下人同苦乐；天下人不了解他，则岿然独立于天地之间而无所畏惧；这样的人，就是"上勇"。这样的"上勇"，也就是孔子所说的智、仁、勇的统一。礼貌恭顺，心意谦逊，重视信誉而轻视货财，对于贤人敢于把他推举上去重用，对于不肖之人，敢于把他撤下来去其职，这样的人，就是中勇。轻视人身而重视货财，安于祸患，而不管他人死活，也不管是非和对不对的实际情况，只是希望取胜别人，这样的人，就是"下勇"。荀子在另外的地方，又提出狗彘之勇、贾盗之勇、小人之勇、士君子之勇。争夺饮食不知廉耻，不知是非，不躲避死伤，不畏惧众强，贪得无厌，两眼只看到饮食，这是猪兔狗之勇。做事只为获利，争夺货财，不知辞让，果敢而凶狠，凶猛贪婪而暴戾，贪得无厌，两眼只盯着利，这是商人盗贼之勇。不怕死而凶暴，是小人之勇。这三种勇，实际上也就是上文所说的"下勇"。为了捍卫仁义即社会公德，不屈服于权势，不顾及自己的私利，举国一致反对，他也不改变观点，虽然爱惜生命，但坚持正义而不屈不挠，这是士君子之勇。这样的勇，也就是"上勇"。荀子崇尚的是"上勇"，反对的是"下勇"，因为"下勇"的人虽然智慧通达，但不符合社会的法令制度；虽然明察善辩，但行为放肆邪僻；虽然勇敢而果断，但不按社会礼义去做，所以是"君子之所憎恶"的勇。

（一）智勇论的现代转化

《尚书》有言"天乃锡王勇智"①，列子亦云："孔子曰：'三王善任智勇者，圣则丘弗知。'"② 可见"智勇"是一对古已有之的伦理概念，是先秦儒

---

① 《尚书·仲虺之诰》。
② 《列子·仲尼》。

家伦理体系的重要内容，在历史发展中逐渐显示出其顽强的生命力，作为一种重要的理论资源，智勇在现代社会仍具有重要意义，对社会主义建设和人的全面发展都有着重要价值。

从对智勇关系的认识上看，先秦儒家"智勇合一"的思想为现代社会提供了可资借鉴的重要资源。在先秦儒家的智勇观中，智与勇是紧密联系在一起的。先秦儒家从天人合一的观念出发，坚持仁、智、勇合一的观念，"君子道者三我无能焉；仁者不忧，知者不惑，勇者不惧。"① 此所谓"三达德"，王夫之指出"知之尽、仁之至、不赖勇而裕如者的境界，意味着人性之德能在生命中的自然绽放，德能本身推动着德性，人性抵达着天命。这样的大智与纯仁的境界早已超越了勇于立志的存在层次，因而，智与仁的到来不需要勇的推动"②。这既注重人的智慧培养，更注重人的德行修养，同时，又要有勇力、敢于担当，从而表现出自身显著的特点和优势。这在今天仍然有着十分重要的意义，值得继承和发扬。

从现代人才培养的模式上看，儒家传统坚持智勇并重，为实现人的全面发展提供了理论依据。"好仁不好学，其蔽也愚；好知不好学，其蔽也荡；好信不好学，其蔽也贼；好直不好学，其蔽也绞；好勇不好学，其蔽也乱；好刚不好学，其蔽也狂。"③ 孔子从六个方面强调其和礼度的关系，其中知和勇都分别提到。应该说，儒家以德为本的人格培养模式，为解决当代人的精神生活问题提供了宝贵资料和有益经验；但是同时，由于它片面强调人的道德发展，人在一定程度上变成了道德的附属物，人应做什么、应怎么做都被事先予以严格规定，人的主体性和能动性受到压制，从而严重阻碍了人的全面发展。因此，我们必须改变那种忽视甚至限制人在"智"、"勇"方面发展的做法，坚持德、智、勇并重，努力促进人的全面发展。

从科学技术理性与人文价值理性关系上看，坚持智勇的协调发展，为现代社会政治、经济、文化建设提供了哲学参考。"诵诗三百，授之以政不达，

---

① 《论语·宪问》。
② （清）王夫之：《船山全书》第六册，岳麓书社 1996 年版，第 126 页。
③ 《论语·阳货》。

使于四方不能专对，虽多亦奚以为？"① 孔子认为知识固然重要，但更要学的应该是运用知识培养智慧。有了"知"才能不拘泥于教条明晰"仁"的本质。有了智慧就不迷惑，无论做人做事都可以从心所欲、得心应手，而且是恰到好处。"暴虎冯河，死而无悔者，吾不与也。必也临事而惧，好谋而成者也。"② 孔子强调做事不要意气用事，而要仔细谨慎，考虑周全一些。他反对凭着一时头脑发热，不讲智慧不计后果，逞莽夫之勇，成事不足败事有余。毋庸置疑，现代社会是一个需要科学技术理性与德性价值理性全面发展的时代。科学技术是人类认识和改造自然、推动社会全面发展和文明进步的巨大力量，德性价值理性则对科学技术的目的进行判断和选择，两者不可偏废。因此，我们只有在充分发挥德性价值理性作用的同时，更加重视科学技术的发展，在大力发展科学技术的同时，更加重视德性价值理性的规导，才能实现"智"与"勇"在更高层次上的融合，实现物质文明和精神文明的协调发展。

（二）智勇的现代价值

经历了历史的发展和积淀，智勇思想已扎根于中华民族的民族性格中，随着社会的发展而发展，在今天仍具有不可估量的价值。

1. 智勇之道对现代人的发展和人格塑造具有重大意义

在知识经济时代，加强人文素质教育已经刻不容缓。儒家文化是中华民族传统文化中最具代表性的一笔宝贵财富，其中蕴涵着丰富的哲理，有利于提高人的审美情趣，塑造健康的人格和增强创新思维能力。"智勇"作为中国传统文化的重要内容，是进行人文素质教育的有效载体。智，是辨别是非善恶和判断行为价值的能力。在当代教育哲学层面，智就是在实施教育目的的受教过程中，教育主体形成的辨别是非善恶和行为价值的能力，这种知性能力的形成不但需要具备专业知识，而且需要具备极高的思想境界。勇，是理想得以实现的行为意志，是源于人的自我意识之抉择的意志彰显。在当代

---

① 《论语·子路》。
② 《论语·述而》。

教育哲学层面，勇就是在受教过程中，在德性的驱动下，实施知性能力的行为意志体现，是对人的本质力量在改造世界的过程中的全面展现，具有观念形态的属性，是自在性、自为性、精神性的内在统一。因此，智、勇共同构成人的素质的二要素，二者之间不是彼此独立的，而是分别处于不同的层面，相辅相成的，并通过相互之间的紧密联系构成人的素质的整体。智属于表层，但它是基础，是勇的载体，是人生价值的内在体现；勇属于内在核心，是在智的基础上，以仁为灵魂，实现人生理想的行为意志，是源于人的自我意识之抉择的意志显现。智勇二者的和谐统一不仅是检验教育成功与否的重要标志，更是衡量人的发展的一个多维效果的分析体系。从对人的本质认识所形成教育理论对象化的意义上看，素质教育实现了智；从自主活动使学生全面发展的意义上看，素质教育形成了勇。智勇之道对我们人格塑造具有重大意义，同时也成为衡量教育工作是否成功的标志。因此，教育工作从智的教育出发，在建立了对人的本质特征，自由自觉的活动这一正确认识的基础上，以勇为目标，促进学生的全面发展，向往理想的存在状态，实现智勇二者的有机统一，完成人文素质教育的终极目标。

2. 智勇之道为我国的教育思想提供了理论依据

孔子主张："有文事者必有武备，有武事者必有文备。"[1] 他的教育目标就是培养文武兼备的人才，他认为治理国家只靠德治，没有武力是不行的，于是提出了"足食足兵"[2] 才能完成一个国家对内对外的职能，才能处于不被别国吞并的危险境地，因此，孔子又提出了"以不教民战，是谓弃之"[3] 的思想，主张向民众传授军事技术，并经过严格的训练使之成为军队以外的重要军事力量。并且强调武事教育的重要性，并将传授武艺作为培养人的重要内容。由于孔子主张武备，所以，在教学过程中有很多军事体育的内容，孔子门生武艺高超者就有不少。孔子的勇武观与德智勇相结合的教育观，反映了孔子育人的指导思想，这种指导思想始终贯穿于孔子的整个教育过程之

---

① 《孔子家语·相鲁》。
② 《论语·颜渊》。
③ 《论语·子路》。

中，孔子的教育目标就是培养道德完善的文武兼备的"仁人"，孔子说；"仁者不忧，知者不惑，勇者不惧"，① 然而他又警告人们"勇而无礼则乱"，② 不论"惑"多么勇，必须服从礼。孔子所谓的"仁人"，即"成人"，是指尚礼有德，大智大勇，精熟六艺的完善人。以成人的标准，全面的培养学生。孔子培养人才的实践过程，对我们来说知之甚少，但史载孔子的三千弟子中有七十二人精通"六艺"，又因为孔子注重"因材施教"，所以他的弟子有以德行成名，或以口才著称，也有因有勇力才艺、贤而有勇而闻名；文武兼备的冉有、子路更是以政事著名。这些古代的优秀文化和教育理念为现代社会人才培养目标提供了参考，同时也为我们教育思想提供了理论来源。为我们培养学生可持续发展意识、德治与法治意识、诚信观念及理想人格等有着独特的作用。

3. 智勇之道有助于和谐社会的构建

智指的是智慧，而不是智商或智力。孔子所言的智慧，不仅是处理人与人之间关系的智慧，也是做人的智慧。孔子所说的"勇"，是君子之勇，必须有义、有仁，才算是一种真正的勇德。如果不义、不仁，在孔子眼里，不是德。近来，由于西方文化的影响，西方人的那种勇往直前的野兽般的勇猛，加上社会竞争日益激烈，使普通中国人的看法有了很大的变化，许多父母希望自己的孩子"勇"；许多人也开始学习"勇"。但是不少人进而走入了另一个极端。开始崇尚暴力和霸道，以为这就是勇敢。结果就是和孔子所说的一样，"勇而不义"，"勇而不仁"，成了暴力罪犯。所以我们要对智勇加以现代转化，使其更好地适应社会发展，2005 年 2 月 19 日，胡锦涛总书记在省部级主要领导干部提高构建社会主义和谐社会能力专题研讨班上的讲话中明确指出：我们所要建设的社会主义和谐社会，应该是民主法治、公平正义、诚信友爱、充满活力、安定有序、人与自然和谐相处的社会。社会主义和谐社会的这些基本特征是相互联系、相互作用的，需要在构建社会主

---

① 《论语·宪问》。
② 《论语·泰伯》。

和谐社会的进程中全面把握和体现。这些特征也正是先秦儒家伦理所倡导的智勇理论的集中体现。马克思指出："人的本质并不是单个人所固有的抽象物，在其现实性上，它是一切社会关系的总和。"① 人是社会的人，是生活在一定社会关系里的人，人的本质只能在人与人的各种交往关系中得到充分体现。和谐的人际关系即和谐人际，决定着人的本质，决定着社会的质量，决定着社会的发展方向。爱心与诚心是和谐人际的核心，是和谐社会的道德基础与凝聚剂。一个社会，如果失去人际和谐，也很难称之为和谐社会。维护社会稳定，构建和谐社会，就是要用社会的法律制度，用我们共同的道德力量，去化解和消除社会发展和经济建设中已经出现或尚处于萌芽状态的不平衡、不稳定、不安全、不和谐等因素，建立新的和谐社会。儒家以人为本、以仁智勇统一的人文思想是和谐社会的丰富资源。我们在崇尚科学精神的同时，不能放弃崇尚伦理道德的中华民族优良传统，否则，势必会在时代的大潮中丧失自我。孔子两千多年前所具有的高超智慧，在当代社会主义建设中，同样体现了它的价值，用先秦儒家伦理文化思想精华丰富现代社会发展理论，对中华民族振兴有着战略上的意义。

四、诚信

诚信是一个道德范畴，是公民的第二个身份的代表，是日常行为沟通和正式交流的信誉的合称。即待人处事真诚守信，讲信誉，言必信，行必果，一言九鼎，一诺千金。诚与信最初是单独使用的，诚即诚实无欺，真实无妄；信即出，表里一致，所以诚与信是可以互训的。在儒家诚信观里，诚信在哲学伦理等层面上有不同的涵义。如：从诚的哲学层面上讲，诚是天地的真实无妄的根本特征；从伦理的角度来看，诚是指人的一种真实不欺的品性和做人的原则与道理，也是一种很高的道德境界。同时诚还是道德修养的重要内容。信则是具有普遍意义的最基本的社会道德规范之一。

---

① 《马克思恩格斯选集》第 1 卷，人民出版社 1995 年版，第 60 页。

先秦儒家文化在中国传统文化发展史中具有里程碑式的地位和影响，而诚信思想是其重要内容之一。我国古代文化杰出的代表如孔子、孟子、荀子等都对诚信思想有不同的见解。

（一）孔子的诚信思想

孔子的诚信思想产生并建立于其特有的时代环境和社会背景下。首先，动荡变革的社会环境为诚信思想的产生创造了条件。春秋时期是中国古代社会结构从奴隶制向封建制的过渡时期，此时生产力水平有了显著的发展，人们生活水平有所提高，但与此同时社会上也出现了一些过去所没有的秩序"混乱"现象，在这种动荡的社会环境下，孔子提出"天下有道，则礼乐征伐自天子出；天下无道，则礼乐征伐自诸侯出。自诸侯出，盖十世希不失矣；自大夫出，五世希不失矣；陪臣执国命，三世希不失矣。天下有道，则政不在大夫。天下有道，则庶人不议。"[1] 处于动荡的社会，变革的时代，自然会有一系列的社会问题。而要改变现状人们首先需在意识形态领域里，形成新的思想模式，至此诚信思想产生了。其次，在重视民众思想的影响下，看重人、注重道德的教化。季梁是春秋隋国的大夫，他曾提出"夫民，神之主也，是以圣王先成民而后致力于神的主张"。[2] 把民众看作是神主，圣王也要以民为先，突出强调了人的重要性。孔子继承和发展了前人重人伦之道的道德传统，把人道提到首位，形成了以道德论为核心的哲学理论体系。作为一种良好的道德品质，诚实守信受到孔子的推崇。最后，孔子生活及受教育的环境，也促成了其诚信思想的产生。孔子出生，并主要生活在鲁国。在春秋时期，鲁国有着浓厚的周礼传统，从孔子生活的时代背景来看，当时正值春秋末年，"礼崩乐坏"，社会动荡。因此，面对这种社会状况，孔子主张复礼，为诚信思想的产生留下另一契机。此外，孔子诚信思想的产生也是受前人思想的启发而引申发展而来的。

孔子的诚信思想，内容十分丰富。具体体现在以下四个方面：第一，与

---

① 《论语·季氏》。
② 《左传·桓公六年》。

朋友交往要讲诚信；第二，治理国家要有信；第三：诚信是做人必备的品德之一，要想成为君子、仁人志士，诚信更是必不可少；第四，教育弟子的内容之一。通过以上几方面我们可以看出孔子对诚信思想的重视，以及诚信思想在先秦儒家文化中的重要地位。

（二）孟子的诚信思想

孟子是我国古代战国时期邹国人，他所生活的时代，正是王室衰微时期，战国七雄至此登上历史舞台，社会上重利轻义之风盛行，唯利是图的现象很严重。在这种社会环境下，社会中的一些现象必然会反映到人们思想领域中来，人们对当时发生的许多问题各持己见，因此导致学术思想内容和形式极其庞杂，以致出现了百家争鸣的混杂局面。针对当时思想领域的状况，孟子说："圣王不作，诸侯放恣，处士横议，杨朱、墨翟之言盈天下。天下之言不归杨则归墨。杨氏为我，是无君也；墨氏兼爱，是无父也。……杨墨之道不息，孔子之道不著，是邪说诬民，充塞仁义也。仁义充塞，则率兽食人，人将相食。吾为此惧，闲先圣之道，距杨墨，放淫辞，邪说者不得作。作于其心，害于其事；作于其事，害于其政。圣人复起，不易吾言矣。"① 人是社会环境的产物，其思想言行的方式，乃至学说的产生，无不受社会环境的影响。由于孟子正处在百家争鸣的兴盛阶段，所以其思想的形成也就受到众多因素的影响。一方面，孔子及其之后儒家各派，对孟子产生重大影响；另一方面，百家争鸣时期的其他各学派的思想也均可能对他产生影响。因此，在孟子思想中，有受孔子思想影响的一面，但随着社会的变迁，时局的变化，所处社会环境的不同，孟子又在孔子思想的基础上，做了进一步的阐发。

孟子的诚信思想既继承了前人的有关思想，又有了自我的创新和发展。首先，孟子在孔子的诚的基础上提出："是故诚者，天之道也；思诚者，人之道也。至诚而不动者，未之有也；不诚，未有能动者也。"② 认为诚是自然规律，追求诚是做人的规律，以至诚之心对待别人，强调大自然的存在与变

---

① 《孟子·滕文公下》。
② 《孟子·离娄上》。

化是真实无妄的，没有作伪之处。其次，孟子首次开始"诚信"并用，一方面作为两个德目，各有其义；另一方面，又是相互关联的。最后，孟子提出诚信是人的一种自然美德，是为人处事的根本。从孟子诚信思想的产生与内容上我们不难看出，孟子的诚信思想在继承前人优秀思想的基础上，使得诚信思想在我国的发扬得以跨越性的发展。

（三）荀子的诚信思想

荀子在前人思想的基础上进一步将诚信思想深化。荀子生活在战国末期，结束割据局面，使社会安定，生产发展，建立统一的中央集权国家，乃是大势所趋，人心所向。荀子积极宣传"天下为一"的统一的主张，提出"隆一而治，二而乱。自古及今，未有二隆争重而能长久者"的思想①。荀子继前人优秀思想之后，把百家的学说几乎都融会贯通了。他对于百家都采取了超越的态度，而在他的学说思想里面，我们很明显地可以看得出百家思想对荀子的影响。或是正面的接受与发展，或是反面的攻击与对立，或是综合的统一与衍变。可见荀子的思想是继承了传统儒家的有关思想，同时受先秦诸子多家思想影响的。

荀子在孔子、孟子思想的基础上，进一步阐释了诚信思想在各个领域的作用，使得诚信思想在当时更鲜明，也更具体了。主要体现在以下三方面：第一，诚信是做人的一种良好品德，是为臣之道；第二，诚信也是事业成败的关键；第三，诚信同时还是治国为政之本。

通过以上对孔子、孟子、荀子的诚信思想的了解，我们可以看出：在中国传统文化发展史具有里程碑式地位和影响的先秦儒家文化之中，诚信思想作为其重要内容之一，其形成及内容的发展是逐步完善的，而在此时期，其他派别的诸子思想，对诚信思想也有独到见解。例如：佛家认为，诚信是做人根本，修学之基，诚信同时是信任的基础，诚信还是佛教理论道德的基本要求；而道家认为，诚信是做人的根本，诚信是"尊道贵德"的具体体现，诚信也是知与行的统一，诚信还是信任的基础，只有诚信无欺，才能信守诺

---

① 《荀子·致士》。

言，诚信更是得道的必备条件。儒、释、道三家都重视诚信问题，但三家重视诚信的出发点和侧重点不同。儒家尤其重视诚信的出发点，首先要立足于教导人们如何做人，如何接人待物，如何处理人与人之间、人与自然之间、人与具体事物之间的关系。在道德层面上，强调做人的思想道德修养，目的在于引导人们追求达到做人的最高理想境地，所以，儒家所重视的诚信之所以是佛教、道教所无法比拟的，主要是因为其社会作用主要表现在社会道德谴责和舆论监督方面。佛教重视的诚信，其出发点是立足于教导教界"四众"如何去做一个虔诚的佛家弟子。摒弃贪、嗔、痴，做到戒、定、慧，使灵魂往生西方净土。① 而道教重视的诚信，也仅限于教界范围内，目的在于追求实现得道成仙。由于佛、道教在我国传统文化中处于支流地位，所以其社会影响和作用远不如儒家。可见诸家诚信观念是相互影响，相互补充，但具体地说，又有各自的特点，而其中儒家影响更较深远。

（四）诚信的现代转化

诚信是先秦儒家伦理思想体系中的一个重要范畴，具有丰富的内涵。由于封建社会条件下人的自主性的缺失，先秦儒家诚信在传统社会中形成了某些带有时代特色的理论，带有明显的等级与时代局限性。但作为一种重要的道德资源，诚信在现代社会仍具有不可忽视的价值，所以我们要继承和弘扬中华民族优良的诚信思想道德。在商品交换高度发达的市场经济社会，要想使儒家的诚信美德在现代社会焕发出生机，就必须实现儒家诚信伦理观念层面、生活层面、制度层面的现代转化，从而适应现代社会的发展。

1. 儒家诚信思想与职业道德相结合

我国社会主义现代化的职业道德，继承了传统职业道德的优秀成分，体现了社会主义职业的基本特征，具有崭新的内涵。首先，治国一定要取信于民，我国历史政治经验证明，诚信是联合民众、维护社会安定和巩固国家权威的根本前提和保证。像孔子说的："人无信不立"、"民无信不立。"② 并认

---

① 孙中山语，参见《中国宗教》1988 年第 1 期。

② 《论语·颜渊》。

为信对于国家和社会比"食"、"兵"还重要。此时已经意识到对老百姓讲诚守信是各级执政者最基本的职业道德素养。后来，荀子强调"君子耻小修，不耻见污；耻不信，不耻不见信"①。

这就要求执政者在政治实践中做到诚实无欺、公平办事、忠于职守。同时也给现代社会管理者在理念、业务、知识和综合能力、综合素质等方面提出了更高的要求，对管理者的伦理道德素质也有了一定的界定，这样就对儒家的道德之诚信做了创造性的转换，使得诚信思想可以同当代治国实践相结合，借以优化执政者、管理者的政治之德。

其次，经商也需要商人诚信无欺。很显然先秦儒家的诚信思想，为今天怎样发展社会经济和进行贸易往来提供了精神引导，为今天怎样建构完美的职业道德注入了生命活力。《孔子家语·鲁相》曾有"贾羊豚者不加饰"语，意思是说从事商业经营的人不得出售假冒伪劣商品，不违反职业道德，反对经销人员作假。从现代商业经济活动的实践证明，经商虽然以获利为目的。但它却不是一种单纯的技术行为，只有在价值理念上以诚信为导向，才能实现交换双方的互利互惠，达到经营者长期立于不败之地的目的。

最后，人与人交往过程中必须遵守诚信的原则。儒家诚信思想要求人与人交往要以诚信为向导，真诚友好地与他人进行交往。而交往就其涵盖的领域来说，包括了家庭内部、师生、朋友等之间的日常生活交往，也包括政治、经济及国与国、地域与地域等方面的非正常生活交往。当然，在日常生活交往中，坚持真诚守信容易做到，而在非日常生活交往中做到真诚守信就比较难了，出现后者的原因有多种，除受各自利益驱动外，像风俗、习惯以及制度性因素等，也容易导致这种结果，而要走出这种怪现象，就要求我们除了汲取儒家诚信的道德理念外，还要使诚信与职业规范相结合以形成完备的职业道德。

2. 儒家诚信思想与人的社会责任相结合

就诚信所蕴含的精神而言，我们需要实现诚信思想与社会责任相结合。

---

① 《荀子·非十二子》。

儒家学说的一个重要特点是不重视普遍规则的厘清和确立，而是教人随时随地地去做道德修养。在儒家，道德规则之于道德实践始终是第二义的。虽然诚信一直是人们称赞的美德，但若不与特殊场合下的机智相结合，就会被人视为木讷、呆板。现代社会，诚信作为一种内在的品德与社会责任相结合充分发挥效用。社会和自我，梦想和机遇，尽管时间的长河里很多东西不可预期，但总有一些不变的道理。处在市场经济需通过交换实现资源的配置，现实情况下，人与人之间的经济联系，是必不可少的，那么，诚信原则就是现代市场经济运行的游戏准则。市场经济的一切制度设计、运行方式，都体现着诚信关系，但现代社会的诚信不同于以品德为中心、以个人心性修养为依托的传统诚信观。在市场经济条件下的今天，从道德上判断一个人的价值，不仅要看他是否诚实，而且还要看他值不值得信任，有无让社会以及他人，尤其是让与其有利益关系的人信任的能力。在追求或实现自己的人生价值时，有没有违背诚信思想的原则，"上善若水。水利万物而不争"①。在激烈的竞争态势中，不浮不躁，有舍有得，严守诚信待人原则，这是属于成功者的气度，也是成就事业的良好心态，并充分体现了一个人的社会责任与个人诚信观的高尚情操。

3. 儒家诚信思想与经济意识相结合

众所周知，诚信适用于一切社会领域，而经济领域无疑是主要范畴之一。对经济快速发展的当代中国而言，诚信思想已然与经济意识相结合了，但在一定范围内仍有待完善。这就要求我们，将诚信的思想范围更大程度和广度上扩展到利益领域去，进一步来规范人们的求利之心及之行。而要实现这一结合，还要挣脱儒家"重义轻利"道德模式的约束。儒家道德，从根本上说是一种理想主义的"成仁成圣"道德，一般羞于言利和利益交换。然而现代经济伦理认为，"利己利人的活动是最有益于社会"、"最值得提倡的善行"。只有承认并接受这一理念，才有可能将"诚信"引入经济伦理。市场经济所蕴含的伦理精神首先在于对个人利益和权利的尊重，在于义与利的统

---

① 《老子·八章》。

108

一，在于对诚信的普遍追求。这就要求我们将传统的诚信伦理与现代经济体制相结合，承认追求个人利益和诚信原则并不完全是冲突的，甚至可以说在某种程度上是一致的。在市场经济条件下，诚信不仅仅是一种出自道德动机的品质，而且还是一种明智的行为准则。为适应我国社会主义初级阶段的基本国情，伴随着市场经济的发展、社会结构的变迁，传统诚信伦理观念与经济意识的这一结合，需要经历一个漫长而复杂的过程，才能够逐步实现并充分地应用于现代化的经济建设中来。

4. 儒家诚信思想与制度伦理的结合

制度伦理特指的是着重从制度方面来解决现实中的社会伦理问题，其具体表现为：制定、完善和执行各种符合社会伦理要求的规则；将诚信思想制度化，即社会化，使诚信逐渐由个人的道德规范上升为社会普遍的伦理规范，诚信发挥作用的方式由借助个人的内在良心逐渐转化为更多地借助社会制度的约束。这种制度更多的是通过道德传统、人际交往、家庭道德教养等方式来传播、形成和发展的。诚信思想与制度伦理的结合，有利于社会诚信伦理的建立，从而有利于降低社会交易成本，进而繁荣经济，从而影响着社会政治、文化等方方面面。诚信思想正式制度的变革有助于推动非正式制度（如诚信伦理秩序）的演进。在短期内，正式制度的变革对于较快地建立诚信秩序有更大的作用。

所以，我们在不断的研究和探索中，当尽快建立和健全社会诚信体系，并建立相应的制度来保证其生成与发展不受干扰，只有这样才能及时地将那些毁信者淘汰出局，形成良好的诚信循环现象，才有望实现人人愿意靠诚信生存、致富的良好风范。

（五）诚信的现代价值

在发展社会主义市场经济、创建社会主义和谐社会的过程中更需要大力倡导诚实守信的美德。诚实守信是市场经济条件下经济活动的一项重要基本道德准则。市场经济是讲究信用的经济，我们实行的是社会主义市场经济，因此更要发挥包括诚信在内的社会主义道德对推动社会主义市场经济健康发展的巨大作用。市场经济越发达，对诚实守信的道德要求就越高。在社会公德建设中以诚实守信为重点，既是对中华民族传统美德的弘扬，又是对当代中国道德建设实践的正确反映。加强公民道德建设，要以诚信为本、操守为重、守信光荣、失信可耻为基本要求，增强全社会的诚实守信意识。先秦儒家的诚信思想有着特定的历史文化意义，但作为传统伦理道德的基础，它不仅是一种人格美德，同时也是一种社会道德规范，并且在当代社会仍然具有重要价值。

1. 诚信在当代经济建设中的价值

邓小平同志说："如果只讲牺牲精神，不讲物质利益，那就是唯心论。"[1] 正如我们所看到的，市场经济是一把"双刃剑"，在带来经济利益的同时，也带来了许多负面影响。人们为了追求经济利益不择手段，不讲道德，不讲诚信。而先秦儒家诚信思想能帮助人们树立正确的价值观，即市场经济除了坚持利益导向外，还必须坚持诚信道德原则。以市场为配置资源的基础性手段的经济运行机制，对诚信道德建设提出了更高的要求。社会主义诚信道德建设既有一个与社会主义市场经济相适应的现实要求，也有一个为社会主义市场经济体制的建立和完善提供道德价值导向的重要任务。要把市场经济和社会主义制度有机结合起来，离不开社会主义先进文化和社会主义诚信道德体系，而社会主义诚信道德体系来源于先秦儒家诚信思想，并在此基础上进一步发展、完善，为社会主义市场经济服务。这就要求市场关系中的人与人、企业与企业之间都要以诚信为本。儒家思想认为，讲诚信是各行各业都应遵守的职业道德。商业活动的诚信原则，使交换不再仅仅是一种物质关系、金钱关系，也是一种契约关系、道德关系。它使交换拥有了公正、和平、友好的色彩，从而使这种经济交换产生了道德意义。有诚信，才能创立品牌；有诚信，才能在竞争中立于不败之地。诚信原则也是中国加入WTO后经济主体所必须遵循的原则，这样才能适应"游戏规则"。因此，在社会主义市场经济条件下，各行各业都应把讲求诚信作为职业道德，使社会主义市场经济健康有序地向前发展。

① 《邓小平文选》第二卷，人民出版社1994年版，第146页。

2. 诚信在当代政治建设中的价值

"取信于民"的儒家诚信思想有助于我们培养执政为民的理念。像孔子说的"人无信不立"、"民无信不立"，① 并认为"信"对于国家和社会比"食"、"兵"还重要，他已经意识到对老百姓来讲，诚实守信是各级执政者最基本的职业道德素养。毛泽东指出："人民，只有人民，才是创造世界历史的真正动力。"② 这对人民群众的社会历史作用做了充分的肯定，人民是历史的创造者，只有把人民的利益放在第一位。以民为本、取信于民，才能促进社会的进步。中外政治经验证明，诚信是联合民众、维护社会安定和巩固国家权威的根本前提和保证。除了要求执政者加强自身的修养外，还要在践履上做到言行一致，无欺于民。孔子所谓"上好信，则民莫敢不用情"。③就是要求执政者在政治实践中做到诚实守信、尽忠职守。现代社会对管理者在理念、业务、知识和综合能力、综合素质等方面比旧时代有着更高的、不同的要求。但是牢固确立诚信的理念和道德却是对执政者、管理者一贯的要求，丝毫不能因为拥有现代管理知识、手段和能力就否定诚信思想的作用，更不能因现代化经济方式的管理，而认为讲诚信已经过时了，事实上在现代化的进程中，特别是在我们这个社会主义的国度里，各级执政者、管理者只有对人民群众讲诚守信，才能赢得他们的充分理解、信任和支持。将先秦儒家伦理道德与治国实践相结合，借以优化执政者、管理者的政治之德。要建立政府诚信，政府的一切作为和不作为都要以人民满意不满意、人民答应不答应、人民高兴不高兴作为衡量标准。一切要服务于人民。我们要建立现代化的社会主义和谐社会，其中诚信思想在促进社会主义政治文明建设中处于举足轻重的地位。

3. 诚信在当代文化建设中的价值

在物质世界与精神世界日趋分化的今天，儒家的诚信思想日趋显示出其精神层面的巨大价值。先秦儒家诚信思想认为，讲诚信是人应该具备的最基

---

① 《论语·颜渊》。

② 《毛泽东选集》第三卷，人民出版社1991年版，第1031页。

③ 《论语·子路》。

本的道德品质，是天道对人道的基本要求，是人与动物的主要区别。但在由计划经济向社会主义市场经济的转型中，市场经济的利己性与道德的利他性矛盾削弱了诚信教育的效果。表现在社会各层面，例如：经济交往，人们利己观大于利他观；执政理念，执政者不能取信于民，得不到民众信任及拥护；大学生诚信观淡化等诸多方面。而儒家诚信思想有利于我们培养正确的人生观和价值观，树立正确的人生目标，塑造理想人格，它还是一个社会文明繁荣、稳定发展的重要保证。儒家的诚信思想有利于我们培养和发展求真、务实的科学精神和严谨的科学态度。因此，无论是科学研究还是学术创新都必须建立在诚信的基础之上，只有这样才能发现真理、求得真知、获得实学。在当今文化事业繁荣大发展中，我们要树立诚实守信的道德原则，摒弃弄虚作假的不正之风，努力建设公正、真实、健康的社会主义文化新形势。

在新的历史条件下，胡锦涛总书记第一次全面论述了以"八荣八耻"为主要内容的社会主义荣辱观，这对于加强社会主义思想道德建设，形成良好社会风尚，提高公民文明素质和社会文明程度，具有重大的现实意义和深远的历史意义。其中"以诚实守信为荣、以见利忘义为耻"，将诚实守信作为自己的行为准则，作为立人之本、成事之基，在学校生活、家庭生活、职业生活、社会生活中自觉做到恪守诚信，抵制和反对唯利是图、弄虚作假、背信弃义、不讲信誉等思想和行为。旗帜鲜明地指出了，在社会主义市场经济条件下，应当提倡诚信思想为全体社会成员判断行为善恶、做出道德选择、确定价值方向，提供了基本的价值准则和行为规范。综上可知，儒家的诚信思想源远流长至数千年，以其丰富的道德智慧和伦理资源教化后世，为建设健康的现代化社会主义社会指明正确的前进方向。

五、义利

义与利的问题是中国古代伦理文化中的一个重要问题，如何处理好这两者之间的关系，对国家、政治、经济、伦理及社会风尚都具有十分重要的作用。千百年来，历代思想家都围绕义与利的问题进行了反复讨论。诸子中，法家提出了"贵利轻义"主张，指出："利者，义之本也"；道家提倡"无为"、"寡欲"，主张"绝仁弃义"，"绝巧弃利"；墨家提出"交相利"，说："义，利也"；而儒家创始人孔子提出了"重义轻利"思想。孔子承认人的求利之心，但不能"放于利而行"，对求利的行为必须用义来制约，要做到"见利思义"。孔子提出"君子喻于义，小人喻于利"①，给义与利的思想以道德以及阶级对立的内容。他的"礼以行义，义以生利，利以平民"的论点，也表明了他的义利论是为维护等级礼制所体现的阶级利益服务的。孟子则强调重仁义轻私利，提出："何必曰利？亦有仁义而已矣。"②

义和利的关系问题作为先秦儒家伦理思想的重要组成部分，其内容十分丰富，对于我们今天树立社会主义义利观有很大的借鉴意义。长久以来，人们在研究先秦儒家义利观时，一直认为先秦儒家义利观最主要的一个基本思想就是"重义轻利"，其实这是对先秦儒家义利观的片面理解。先秦儒家的主要代表孔子、孟子、荀子在处理义利的关系上的确是主张以义为重，但是并没有把二者对立起来，而是把二者统一起来。他们认为，利是义的物质基础，义是利的精神体现，二者是不可分割的有机统一体，不能片面地只讲义而不讲利，或是只讲利而忽视义，二者必须兼顾。"义，利之本也"③；"利者，义之和也"④。可以看出，在义和利二者之中义才是根本，是追求利的最终归宿。

（一）孔子的"见利思义"论

孔子的义利观是后期儒家义利观的基准。在春秋时期，社会失去了原有的秩序与规范，利益与道德之间的冲突也变得愈演愈烈。争权夺利的斗争致使原有的道德规范逐步走向瓦解，在这样的历史条件下，孔子提出了自己对义利的看法。"君子喻于义，小人喻于利。"仅用这一句话就道出了君子与小

---

① 《论语·里仁》。
② 《孟子·梁惠王上》。
③ 《左传·昭公十年》。
④ 《周易·文言》。

人的分界。孔子认为，君子把义作为自己为人处世的道德标准，而小人则把追求利益作为自己的人生目标，这就是两者的区别。孔子义利观当中的义主要是指人们在社会生活中应该遵循的道德规范、道德准则以及道德标准；而利则有两层含义：一个是指个人的私利；另一个是指国家、社会之利。孔子在私利这一问题上比较谨慎，他认为人们在追求个人私利的同时应该遵循义的标准，当两者发生冲突时，应绝对地、无条件地舍利而取义。一些学者对孔子的思想产生了误解，认为孔子反对所有的利。实际上，孔子并不是简单地反对利，他所反对的只是违背道德规范、道德准则的利益，反对那些用不正当的手段所取得的利益。孔子所强调的是当人的面前出现利的时候，要先想到义，然后看其是否符合义的标准，从而进行取舍。遇到利益问题，要以道义原则为先，若违背道义原则，则不可取之。孔子反对人们在追求个人利益的过程中不择手段，见利忘义，唯利是图，并且反对只顾个人眼前的小利。因为"见小利，则大事不成"①，"放于利而行，多怨"②。若只看重利益，以牟取利益为目的，就很难成就远大的事业，并且还会招来别人的怨恨。"义然后取，人不厌其取。"③ 当利符合义的时候自然可以去取，这样人们才不会去批评你、去指责你。认为只有做到了"见利思义，义然后取"的人才算得上是品德完备的人。孔子对待义与利的关系时，既不一概地否定利，也不孤立地去谈论两者之间的关系，更不拘泥于义利的一般规定，而是通过具体地考察两者之间的关系，再做出最适当的判断。孔子认为，君子对于天下的事情，没有固定不变的做法，而是怎样做合乎义，就怎样去做。怎么做才是合乎义呢？这就需要根据具体的情况具体分析了。在义与利的关系问题上，孔子主张君子"义以为上"，把义放在第一位，就是肯定道德理想高于一切物质利益。同时，这也体现出社会整体利益和个人利益之间的关系问题，即公利与私利之间的问题。道义在本质上也是社会整体利益的反映。孔子提出"见利思义"、"以义节利"以及"重义贵利"等原则，就是要求

---

① 《论语·子路》。
② 《论语·里仁》。
③ 《论语·阳货》。

人们在追求利益的时候要遵循个人利益要服从于整体利益的原则。特别是经济快速发展的现代社会，孔子的义利观为我们提供了很大的借鉴意义。

（二）孟子的"重义轻利"观

孟子既继承又发展了孔子的义利观。他正视了人的私欲，承认人有对利的需求和追求利的欲望，并认为是合理的。满足自己的物质欲望，获得应得的利，是无可厚非的。《孟子》中有这样一段记载："孟子见梁惠王，曰：'叟！不远千里而来，亦将有以利吾国乎？'孟子回曰：'王！何必曰利？亦有仁义而已矣。'"[①] 他认为，君王是没有必要言利的，只要讲仁义就足够了，因为利自在于仁义之中。如果人们都只去盲目地追逐利益，"王利国"、"大夫利家"、"士庶人利身"的话，那么必然会造成国危的局面。一方面，孟子主张当义与利发生冲突时把义放在首位。取利而舍义是君臣反目、父子离散、兄弟成仇以至亡国的根本原因，而舍利取义则可成王道，才是可取之举。如果只是一味求利，义利为先，到最后则百害而无一利；追求仁义，以义为先，才会百利而无一害。可见，孟子认为，当义利发生冲突时，舍利取义才是最佳的选择，因为合义本身就是最大的利。孟子说："生亦我所欲也；义亦我所欲也。二者不可得兼，舍生而取义者也。"[②] 可见，孟子主张宁可就义而死也不害义而偷生。另一方面，孟子也承认人的生理欲望和人追求名利的必要性，但他还是强调以义为前提来决定利益的取舍、通过义来调节利益冲突。他认为人追求美食、美色、美味、安逸等都要遵循一定的道德规范，得到与否完全是由命运所决定的。若强求也只是徒劳而已，因为所追求的都是些身外之物，强求是无益的。因此，对利的取舍要以义为尺度。若以利为动机和手段，结果必然是不义的，但若以仁义为动机，那么自然就会得到应得的利益，因为只有义能够给人们带来长远而又稳定的利益，从而在更广泛的意义上满足人们的需求。不难看出孟子的义利观是以义为先、义利通变的义利观。

---

① 《孟子·梁惠王上》。
② 《孟子·告子上》。

（三）荀子的"义利两有，以义制利"论

荀子的义利观是孔、孟思想的发展与演变，同时，又继承了墨家的义利观点，提出"义与利者，人之所两有也"。其义利思想对我们今天建立社会主义义利观具有非常重要的借鉴意义。首先他认为，义与利对人来说同样是必不可少的需要。提出"今人之性，生而有好利焉"。① 表明好利是人内在的人性所决定的，并不是外在的。他认为义与利都是人必不可少的两个方面，"义与利者，人之所两有也。虽尧、舜不能去民之欲利，然而能使其欲利不克其好义也；虽桀、纣亦不能去民之好义，然而能使其好义不胜其欲利也"。② 义和利两者，对人而言都是避免不了的两种需要，只能根据情况进行协调，最后合理地取舍。荀子不仅肯定了义的价值，同时也肯定了利的价值，并且义应该成为利的标准，如果合乎义的标准则可以义利两得，如不合乎义的标准则最后会义利两失。他认为君子和小人的区别并不在于是否好利，而是在于是否通过义的途径去追求物质利益。荀子主张，当义利发生冲突时，取义而弃利。

先秦儒家义利观认为追求利是人的欲望、人的本性，物质利益是人生存必不可少的东西；但在追求利的过程当中，必须把义放在首位，从而来制约人们盲目的求利行为，使求利这一活动在义的原则指导下进行。这种义利观的旨趣在于追求和维护和谐纯洁的人伦关系、家庭秩序、社区生活，淡化和克服利欲特别指人的私欲，从而谋求群体的幸福，这无疑是有很大的积极意义。

（四）义利的现代价值

在现今社会，先秦儒家的义利观对构建和谐社会、维护社会稳定、促进精神文明的发展仍具有重要的价值。先秦儒家的义利观带给我们的启示就是，若要构建和谐社会，就要以经济建设为中心，并提高人们当前的物质生活水平。先秦儒家的义利观是辩证统一的义利观，认为义与利是辩证统一

---

① 《荀子·性恶》。
② 《荀子·大略》。

的，利就是义的物质基础，没有利，义就会失去物质保障，追求利是人们的天性，人们应该大胆地追求物质利益，这是一种进取的表现。同样，社会也很重视经济的发展，对于人们积极的获取以及创造财富的做法是充分肯定的，利国利民。"仓廪实则知礼节，衣食足则知荣辱"[①]，人们若整日食不果腹又怎会有精力去关注如何修养自身的德性呢，物质利益是精神生活的基础，始终处于首要地位。只有经济得到发展，让人们的物质生活得到保障，才能着手于提高人们的道德水平，人们的普遍求富心理，是国家整体利益的基础，若没有对追求个人利益的充分肯定，也就不存在"因民之所利而利之"[②]。邓小平也认为否定个人利益是不正确的、是不客观的，指出："不讲多劳多得，不重视物质利益，对少数先进分子可以，对广大群众不行，……但是，革命是在物质利益的基础上产生，如果只讲牺牲精神，不讲物质利益，那就是唯心论。"[③]先秦儒家的义利观在强调义与利二者统一的同时，也指出了义要优于利、高于利，强调应"义以为上"[④]。义是利的思想保证，应在义的指导下追求利的满足，孔子云："见利思义，见危授命，久要不忘平生之言，亦可以为成人矣。"[⑤]只讲利，不去谈论义，就失去了正确的道德价值导向。只有在义的基础之上追求利才是正确的。道德这一正确的社会意识形态对社会经济有很大的促进作用，能更好地推动经济基础的形成与发展，是不可缺少的精神动力。在正确的思想观念指导下，鼓励人们去追求物质利益，激发人们物质创造的积极性，这就是其成为推动社会经济的精神动力。反之，错误的思想观念会使人不惜损害国家、集体的利益只为放任追求个人利益。现今，随着社会经济的不断发展道德领域显现出见利忘义、唯利是图等自私自利的现象，给现今的青少年带来不少不良影响，严重地阻碍了社会前进的步伐。因此，我们的首要任务应加强社会主义思想道德建设，把精神文明与物质文明这二者的关系处理好。邓小平曾说过，"我们提倡按劳

---

① 《管子·牧民》。
② 《论语·尧曰》。
③ 《邓小平文选》第二卷，人民出版社1994年版，第146页。
④ 《论语·阳货》。
⑤ 《论语·宪问》。

分配，承认物质利益，是要为全体人民的物质利益奋斗。每个人都应该有他一定的物质利益，但这绝不是提倡各人抛开国家、集体和别人，专门为自己的物质利益奋斗，绝不是提倡各人都向'钱'看。要是那样，社会主义和资本主义还有什么区别?"① 让人们建立一个正确的取舍标准，在正确的思想指导之下去追求自己合理的物质利益。先秦儒家的义利观还启示我们，当个人利益与整体利益发生矛盾时应以大局为重。先秦儒家提倡，当义与利相冲突时，要舍利取义。孟子说："鱼，我所欲也，熊掌，亦我所欲也；二者不可得兼，舍鱼而取熊掌者也。生亦我所欲也，义亦我所欲也；二者不可得兼，舍生而取义者也。"② 在面临抉择时，义重于生命，应舍生取义。在中国的历史上，也有许多仁人志士在面临国难之时，义无反顾地选择舍生取义，维护了国家的整体利益，这种为了维护国家、集体利益而勇于牺牲的精神值得我们学习，仍须弘扬、留传。市场经济条件下，经商者倾向于以自身利益为主，当个人利益与国家利益发生冲突时，可能会选择牺牲国家和集体的利益而保全个人利益的最大化。先秦儒家的重义思想，强调维护社会整体利益，主张"公"、"义"至上，"大道之行也，天下为公"③。任何一种社会都存在矛盾与冲突，社会主义社会也存在。政治地位的不同、经济利益的大小等都会使人们之间产生矛盾。若要消除存在的矛盾，就需要正确处理国家、集体与个人之间的关系。这就需要我们继承和发扬先秦儒家"义以为上"的思想，坚持集体主义价值观，维护国家和集体利益，形成以人民利益为主又不损害个人利益的社会主义义利观，从而建立健康有序的经济以及良好的社会规范。用现今的眼光去审视先秦儒家义利观，不难看出它是指导人们合理的追求自身利益的普遍原则，有助于建立一个稳定的社会环境。它的主旨在于谋利的手段而不在于谋利本身，强调若要获得财富应用符合义的方法，就是要用正当手段，应取之有道。在现今社会上，一些商家违背国家政策、不守法规，生产假冒伪劣的商品，残害百姓、损害国家利益的事时有发生。我们

---

① 《邓小平文选》第二卷，人民出版社1994年版，第258页。
② 《孟子·告子上》。
③ 《礼记·礼运》。

提倡的个人利益的获取，应在国家法律允许范围内并采用正当、合理、道德的手段。在构建和谐社会、追求物质利益等方面，先秦儒家的义利观为我们提供了一些可供借鉴的方法，对于正确处理人民内部矛盾、规范人们的谋利行为、维护社会安定等具有非常重要的价值。其见利思义、以义制利的思想，可以让人们自觉规范自己的行为，并更好地处理个人与个人、集体、国家之间的关系，使各社会利益群体的关系能融洽协调，使人们在平和的环境中充分地发挥其积极性、主动性和创造性，从而达到社会的整体和谐。

六、五伦

以先秦儒家思想为主题的中国伦理观点，经过了数百年的发展和演变，逐渐形成君与臣、父与子、夫与妇、兄与弟、朋友之间的伦常规范，统称为"五伦"说。它所讲的是对社会生活中尊卑关系以及上下关系当中双方的要求，从而促进血缘宗法系统和谐发展。

"五伦"之中父子关系处于首位，所强调的是父亲对孩子要慈、孩子对父亲要孝顺，先前所讲的"孝悌"是父与子关系的准则。兄与弟的关系在"五伦"当中仅次于父子关系，主张兄友弟恭，同样，视"孝悌"为准则，从而确立长幼、尊卑之分。在"五伦"说中父子与兄弟，这两种人伦关系长期立于首要地位，是因为它产生得最早，形成于孝与悌的道德观的基础之上，带有浓厚的血亲色彩，而且传统的中国社会中"家国一体"，对家庭的稳定性非常重视。在这样的社会背景之下，重视父子、兄弟等血缘关系就理所应当了。

在"五伦"当中所提的君臣关系，所强调的是君明臣忠，它的重要性也随时代的不同而产生差异。它在五伦中的地位也在不断变换着。春秋前期，仍沿用世袭制，在当时父子和兄弟关系无论是在政治上，还是在经济生活中都处于极其突出的地位，所以这两种关系处于"五伦"说的前列，使君臣关系位于其后。战国晚期，列国君主专制加强，使君臣关系的重要性凸显出来，先秦儒家的代表荀子就随时代的背景不同，把孔孟时期的世袭制所产生的，以血缘为主的社会人际关系伦理规范变成以君臣关系为主的社会伦理关系，使君臣关系得到加倍的重视，位于"五伦"之首。关于君臣关系的内涵，每个时代对其阐述也各不相同。春秋末年，统治阶级的建立是依附血缘关系的，大夫及其家臣为一家，如此发展下去，天下皆一家，这样君臣关系亦是父子关系、兄弟关系。如此"五伦"中父子关系所提及的孝就不仅是指子对父的伦理规范，同时沿用到君臣关系当中，也是臣对君的伦理规范。战国时期，殷周宗法制遭到破坏，君臣不在同属于一个血缘的家族，君臣之间不再有必然的血缘关系，失去了这层血缘关系孝这一伦理规范明显就不再适用于君臣关系。这时就出现了忠这一伦理规范，代替孝作为维系君臣之间关系的准则。君臣关系可以说是父子关系的拓展与延伸，也可说是由父子关系的演变而来。

夫妇关系提倡的是夫和、妇顺，早在孔子时期，夫妇关系没有被列入"五伦"说之中，直至孟子时期，才在"五伦"中提出了夫妇这一重要关系，并且提出以"别"作为维系夫妻关系的准则，强调"夫妇有别"。对于夫妇这一关系，孟子是十分重视的。对于夫妇关系，荀子在论述中对夫妻双方的职责和双方关系的准则时都做了介绍。《荀子·大略》篇中，对于"五伦"关系的排序还有另一种记载，他把"夫妇之道"提升到了"君臣父子之本"的高度。他的这种思想对当时的社会产生了一定的影响。

"五伦"当中的朋友关系，主要是阐述朋义友信的。在孔子时期，就已提及朋友这一"五伦"关系，到了孟子时代，对于朋友关系的阐述又更深层地论述了信这一交友原则，强调了信在交友中的重要性。朋友关系不同于"五伦"说中的其他关系，它所讲的是横向人际关系的，不同于中国传统社会主要强调上下尊卑的竖向人际关系。由此可见，它对社会中横向人际关系发展产生一定的启示作用。

（一）孟子的五伦思想

孟子提出，"五伦"是作为从家庭伦理规范到全社会的伦理规范，即"父子有亲、君臣有义、夫妇有别、长幼有序、朋友有信"。把"五伦"说理论化、系统化，提出用亲、义、别、序、信作为维系"五伦"中五个关系的标准，并且首次对着"五伦"的次序进行了规范、合理的排列，强调"事亲，事之本也；孰不为守？守身，守之本也"①，认为"事亲"和"守身"是人们处理一切人事关系的根本，父子关系理应放在"五伦"关系中的首要位置。孟子认为若把这一根本关系处理好了，那么，其他人际关系也会归之于顺，即所谓"亲亲，仁也；敬长，义也；无他，达之天下也"②，"人人亲其亲、长其长，而天下平"。③ 孟子非常重视父子和君臣关系，把"五伦"的顺序更定为"父子有亲，君臣有义，夫妇有别，长幼有序，朋友有信"④，将"夫妇"退居第三而将"父子"列为"五伦"之首，"君臣"次之，对孔子所定的人伦顺序做了调整。然而《礼记·中庸》在引用孔子回答鲁哀公问政的话时，又把"五达道"的顺序更定为"君臣也，父子也，夫妇也，昆弟也，朋友之交也"，把"君臣"提到了首位，"父子"退居其次。

（二）荀子的"五伦"思想

荀子对于"五伦"思想有新的看法，他将"五伦"思想纳入了"礼"的范畴。在"五伦"内容的阐述上基本无异于孔孟，但在"五伦"的排列次序上稍做改动，他认为君臣关系更为重要，只要君臣关系的伦理规范得以实施，其他的人伦关系就会自然而然地归之于顺了，所以将其列在"五伦"之首。《荀子·王制》云："君臣、父子、兄弟、夫妇，始则终，终则始，与天地同理，与万世同久，夫是之谓大本。"认为"兄弟"关系应位于"夫妇"之前。之后的儒家学者一直沿用荀子所更定的顺序，即：一君臣，二父子，三兄弟，四夫妇，五朋友。这个排序是为适应那个年代君权和父权所处的突出地位而排列的。但荀子实质上是反对愚忠愚孝的，《荀子·子道》中指出："入孝出弟，人之小行也；上顺下笃，人之中行也；从道不从君，从义不从父，人之大行也。"

---

① 《孟子·离娄上》。
② 《孟子·尽心上》。
③ 《孟子·离娄上》。
④ 《孟子·滕文公上》。

（三）五伦思想的现代价值

先秦儒家伦理文化中的"五伦"说归根到底是服务于现实统治阶级的，"五伦"这一规范的实现离不开所谓的仁政。先秦儒家的"五伦"思想在古代有重要的作用及价值是显而易见的，但在现今也具有一定价值的。

1. 有助于当代社会的安定

先秦儒家的"五伦"思想，是古代中国社会中人们之间关系的重要支撑，其中的五种关系囊括了社会中的所有社会关系，可以把它当做是中国社会关系的基础。"五伦"作为基本关系若能达到稳定，那么，整个社会的稳定也就有了坚实的基础。古时如此，现今社会亦是如此，其稳定同样离不开"五伦"关系，可以说所有的社会关系都能归纳到这"五伦"关系之中。上级与下级或领导与被领导的关系即"五伦"中所说的君臣关系；长辈与晚辈的关系即当中父子关系的延伸；夫妻关系也可指现今的男女关系；同辈人之间的长幼关系即兄弟关系与朋友关系。这五种客观存在于社会的关系所引发的问题，才是引起人们关注的，解决这些问题是关键。孟子的观点是用仁、义、礼、智这些基本伦理规范来提升人们的内在德性，从而使人们自发地去遵守五伦关系，最终达到社会稳定的目的。其实，只要赋予先秦儒家五伦思想一个时代的意义，五伦就可以成为现今社会稳定的一个基本框架。

2. 有助于社会主义精神文明以及思想道德的建设

在我国当今市场经济条件下，与物质文明相比，社会主义精神文明具有更为重要的战略地位，而思想道德建设就是社会主义精神文明建设的一个重要方面，若有选择地对先秦儒家的"五伦"思想进行扬弃，取其适用于现今社会的伦理思想加以利用，就可以在很大力度上对市场经济下的思想道德建设和人伦价值的提高起到重要作用。在"五伦"说中父与子的关系备受重视的，如"父子有亲"、"父慈子孝"、"孝顺父母"、"抚养子女"等，这不仅是先秦儒家伦理规范的重要要求，更是中华民族人伦关系中的要求。孝作为"五伦"关系的纽带被称为一切道德的根本，它可以说是所有"教化"的出发点，只有由内而外、发自内心的孝，才能让父母和颜悦色。若父母有过错或不当，作为子女应当好言劝谏，并且要注意自己的表达方式及其态度。先秦儒家认为，一个人如果对自己的父母做不到孝，那么他对国家也绝不可能尽忠。因此，可以说对父母孝是人们立德的一个重要方面，由孝敬父母推及他人，乃至国家和社会。而中华民族尊老爱幼的传统美德也在长幼关系中体现了出来，朋友有信这些传统美德都应该不断发扬光大。如今看来，先秦儒家的五伦思想无论是在人们的思想道德建设上还是在社会主义精神文明建设上仍然具有意义重大的现代价值。

3. 有助于人们道德义务和道德责任感的增强

先秦儒家所提倡的"五伦"说具有其双向义务性，就是要求父慈子孝，君惠臣忠，夫义妇顺，兄友弟恭，朋友有信。人生活在社会当中，就避免不了与他人发生不同的社会关系，避免不了要扮演社会当中不同的角色，无论是家庭中的角色还是工作中的角色，都有不同的道德义务，并承担各自的道德责任。人们只有各自在不同关系中遵循其应守的道德义务及道德责任，才会对社会的稳定起到应有的作用。

我国早期便开始建构"圣人"的完美典范，并以此道理来融通天地万物，建立了一套特有的道德伦理法则从而来规范政治、社会、经济等所有有关人民生活的行为，特别强调对为政者树立"圣君"的形象，把道德注入道统、正统与法统之中，构成一套优越的内圣外王的政治哲学。这些思想基本上是建立在五伦的道德观上的，可见，"五伦"思想是人们保持社会安定、减少纷扰与不安的一种无法替代的精神力量，先秦儒家的"五伦"说对人们伦理行为所起到的规范作用更是不可忽视的。

第五章　先秦儒家伦理文化的道德范畴

伦理文化中的范畴，概括地说它有三方面主要特征：其一，它是反映个人与他人和社会之间最本质、最重要、最普遍的伦理关系的基本概念；其二，它的规定性，必须体现一定社会对人们的基本伦理要求，昭示人们认知和践行道德现象的准则；其三，作为一种道德信念存于人们内心，并外化于指导和约束人们的道德要求。

总之，它是指能够概括和反映道德的主要本质，体现一定社会的整体道德要求，成为人们普遍的道德信念，对人们的道德发生重要影响的基本概念。

先秦儒家伦理文化中的范畴诸多，本章只选取君子与小人，荣与辱，性与情，善与恶，勇与妄，修身与教化，和与同等七对范畴，加以解读。

一、君子与小人

君子与小人是两个对立的概念，儒家文化把君子与小人截然地分开，形成了两个群体。这两个群体的重要区别就是仁。仁本身是孔子思想中的一个重要范畴。同样，仁与不仁，也是孔子区分君子与小人的基本标准。"君子而不仁者有矣夫，未有小人而仁者也。"① 即君子的本质是仁，小人的本质是

---

① 《论语·宪问》。

不仁。换言之，君子是最有道德修养的人，小人则正相反，起码也是缺乏道德修养的人。

那么，孔子是如何界定君子和小人的呢？

子曰："君子坦荡荡，小人长戚戚。"① 孔子认为：作为君子，应当光明磊落，不忧不惧，所以心胸宽广坦荡，可以海纳百川，有容人之量，不计个人利害得失；而小人则经常局促忧愁，患得患失，忙于算计，又每每庸人自扰，所以经常陷于忧惧之中，心绪不宁。君子和小人是儒家思想体系中两个对立的范畴，君子是先秦儒家思想中理想人格的典范，同时也是儒家道德规范和道德理想的重要载体，儒家构建的君子形象是理想人格的升华，是完美人格的象征，是中华民族千百年来的不懈追求。

"中国五千年文化之精华，一言以蔽之，君子之道。原君者，探求君子之道也。君子笃学、君子务本、君子慎其独、君子贵乎道、君子喻于义。君子，是儒家人文化中理想的人格修养和处事魅力；君子之风，是儒家人文化的不懈追求的精神风貌，是永远求索的内心世界的安宁和静谧。"② 君子彰显了人性的崇高，承载着人类美好的道德期望，满足人们追求真善美的道德需求。君子的概念，儒家代表人物孔子、孟子、荀子等都给出了各自的诠释。

子曰："质胜文则野，文胜质则史。文质彬彬，然后君子。"③ 孔子此言中的"文"，是指合乎礼的外在表现；"质"，是指内在的仁德，只有具备仁的内在品格，同时又能合乎礼的外在表现，方能成为君子。先天的自然素质与后天的品格修养相融合，形成了"文"和"质"，也就是孔子所提倡的君子的理想典范。同时，也反映了儒家的中庸思想，不偏不倚，执两用中的原则。"文质彬彬，然后君子。"这是儒家对君子的总体概述，具体的还体现在修齐治平、自觉觉人、谦恭有礼、笃实诚信，尚义轻利、淡泊豁达等诸多方面。

孔子认为人应具备"君子人格"。所谓"君子人格"，就是：行己有耻、孝悌、言而有信。即"子贡问曰：'何如斯可谓之士矣？'子曰：'行己有

---

① 《论语·述而》。
② 刘忠孝：《中华传统儒家人文化研究》，黑龙江人民出版社2008年版，第263页。
③ 《论语·雍也》。

耻，使于四方，不辱君命，可谓士矣。'曰：'敢问其次。'曰：'宗族称孝焉，乡党称弟焉。'曰：'敢问其次。'曰：'言必信，行必果，硁硁然小人哉！——抑亦可以为次矣'"。① 这种君子人格的界定，使君子与小人之间壁垒分明，隔着数层等级界限，一为道德最上层的君子，一为道德底层的小人。君子有所为有所不为，早在《礼记》中孔子就提出了君子应有"三患五耻"的观念："君子有三患：未之闻，患弗得闻也；既闻之，患弗得学也；既学之，患弗能行也。君子有五耻：居其位，无其言，君子耻之；有其言，无其行，君子耻之；既得之而又失之，君子耻之；地有余而民不足，君子耻之；众寡而己倍，君子耻之。"简而言之，君子应该勤奋好学，言行一致，做到"先天下之忧而忧，后天下之乐而乐"，把"志于道，据于德，依于仁，游于艺"作为君子的行为准则，成为中华民族自身成长和发展的不竭动力。

孔子认为人应具有"君子之风"。所谓"君子之风"，就是：修身养性，处世交友。在言谈举止上，儒家讲君子应"讷于言而敏于行"，"耻其言而过其行"。就是君子应该言辞谨慎，言行一致，实现道德的自我完善。在处世交友上，儒家讲君子应"君子喻于义，小人喻于利"。孔子认为，利要服从义，要重义轻利，一味追求个人利益，就会犯上作乱，破坏等级秩序。所以，把追求个人利益的人视为小人。

和孔子相比，孟子继承并发扬了孔子的学说，对君子的阐述也更加细致，在孔子仁思想的基础上提出了仁义、仁政的思想，提出了古君子舍身而取义的观念。孟子认为君子应该"穷则独善其身，达则兼善天下"②，实现"修身齐家治国平天下"的远大抱负，主张"富贵不能淫，贫贱不能移，威武不能屈，此之谓大丈夫"的做人准则，提出君子要以仁义为信仰，以孝道为基础，行君子之教，享君子之乐。孟子认为，达到君子有六方面标准，其具体表述为：

其一，君子之乐。孟子曰："君子有三乐，而王天下不与存焉。父母俱

---

① 《论语·子路》。
② 《孟子·尽心上》。

存，兄弟无故，一乐也；仰不愧于天，俯不怍于人，二乐也；得天下英才而教育之，三乐也。君子有三乐，而王天下不与存焉。"① 孟子认为君子有三种乐趣，但是以德服天下并不在其中。父母都健在，兄弟没有灾患，这是第一种快乐；上不愧对于天，下不愧对于人，这是第二种快乐；得到天下优秀的人才进行教育，这是第三种快乐。君子有三种快乐，但是以德服天下并不在其中。君子要享受"君子之乐"，更要讲求君子风范。君子的快乐，来自于家庭安康、兄友弟恭，问心无愧，这样方可道德提升，传播自己的思想。

其二，君子之性。孟子曰："广土众民，君子欲之，所乐不存焉。中天下而立，定四海之民，君子乐之，所性不存焉。君子所性，虽大行不加焉，虽穷居不损焉，分定故也。君子所性，仁义礼智根于心，其生色也睟然，见于面，盎于背，施于四体，四体不言而喻。"② 意为：君子的愿望是拥有广博的土地，众多的人民，四海安定，百姓乐业，君子的本性，不以物喜不以己悲，将仁、义、礼、智根植心中，铁肩担道义，身体力行，这样不必言语，大家也就一目了然了。

其三，君子之孝。孟子曰："壮者以暇日修其孝悌忠信，入以事其父兄，出以事其长上"；③ 孟子曰："人人亲其亲、长其长，而天下平"；④ 孟子曰："事，孰为大？事亲为大；守，孰为大？守身为大。不失其身而能事其亲者，吾闻之矣；失其身而能事其亲者，吾未之闻也。孰不为事？事亲，事之本也；孰不为守？守身，守之本也。"⑤ 孟子的思想是孔子之后先秦儒学的又一次发展高潮，时逢政治动乱，社会矛盾深重，提倡孝道，并以大舜孝行作为后世孝子的典范。孟子本人也身体力行，从齐国到鲁国埋葬自己的母亲，有人认为孟母的棺木似乎过于奢华，孟子却回答：从帝王将相到普通百姓，安葬亲人，讲究棺椁，不仅仅是为了美观，更是为了尽一份孝子之心，要为父母做到最好，在任何情况下，都不能在父母身上省钱。可见，孟子认为孝是

---

① 《孟子·尽心上》。
② 《孟子·尽心上》。
③ 《孟子·梁惠王上》。
④ 《孟子·离娄上》。
⑤ 《孟子·离娄上》。

对君子最基本的要求。

其四，君子之仁。孟子曰："君子之于物也，爱之而弗仁；于民也，仁之而弗亲。亲亲而仁民，仁民而爱物。"① 是说，人不自爱，无自利之心，就没有了爱亲、爱人、爱物的根本能力。君子爱自己的亲人，推己及人而仁爱百姓，仁爱百姓，所以爱惜万物。仁者爱人，这就是道德的意义和根本，是人与万物和谐相处的最高标准。

其五，君子之教。孟子出身于贵族家庭，父亲早逝，孟母教子有方，为教育孟子，选择一个良好的学习环境，曾三迁其居，为后世留下了"孟母三迁"的美谈。作为孔子思想的嫡传，孟子被后世统治者尊称为"亚圣"。孟子的教育思想是继承孔子的教育思想而加以发展的，在长期的教育实践过程中，孟子积累了丰富的教育思想经验。孟子曰："君子之所以教者五：有如时雨化之者，有成德者，有达财者，有答问者，有私淑艾者。此五者，君子之所以教也。"② 孟子提出了五种教育方式，包括德育、智育等诸多方面，根据学生的不同情况，因材施教，重视内心世界的探索，强调独立思考，这样才是君子之教。"君子深造之以道，欲其自得之也。自得之，则居之安；居之安，则资之深；资之深，则取之左右逢其原"，③ 孟子还主张教亦多术，专心有恒，强调学习应该有毅力有恒心，不能三心二意，如此方可专心治学，学有所成。

其六，君子与小人。"君子之德，风也；小人之德，草也。"④ "公都子问曰：'钧是人也，或为大人，或为小人，何也？'孟子曰：'从其大体为大人，从其小体为小人。'曰：'钧是人也，或从其大体，或从其小体，何也？'曰：'耳目之官不思，而蔽于物。物交物，则引之而已矣。心之官则思，思则得之，不思则不得也。此天之所与我者。先立乎其大者，则其小者不能夺也。此为大人而已矣。'"⑤ 孟子认为同样是人，有的人是君子，有的

---

① 《孟子·尽心上》。
② 《孟子·尽心上》。
③ 《孟子·离娄下》。
④ 《孟子·滕文公上》。
⑤ 《孟子·告子上》。

人是小人，主要因为所求不一，满足身体重要器官需要的是君子，而满足身体次要器官欲望的则是小人，就是小人会被外物所蒙蔽，最终引向歧途。孟子说过："生亦我所欲，所欲有甚于生者，故不为苟得也；死亦我所恶，所恶有甚于死者，故患有所不辟也。"① 君子面对危难时无惧死亡，能够担当道义，舍生取义；而小人则会罔顾道义而选择苟且偷生。

儒家的君子思想中，始终存在两个相对的概念，即君子与小人。孔子以仁或不仁作为辨别君子与小人的标准，仁本身是孔子思想中的一个重要范畴，更是儒家思想中的精髓。儒学传至孟子，他在孔子仁的基础上，更提出了义，认为义与不义也是君子和小人的区分标准之一。这样，孟子将君子与小人之分的道德评判标准定为"仁义"，二者相互依存，缺一不可。这就是所说的孔曰成仁，孟曰取义。孔孟之外，儒家的另一位代表人物荀子，同样对君子和小人给出了自己的定义，按照荀子的看法，在最为天下贵的人中，需要把君子与小人严格地区别开来。因此比之孔孟，荀子特别强调"君子小人之分"。诚如《荀子·性恶》所言："故，小人可以为君子，而不肯为君子；君子可以为小人，而不肯为小人。"

关于君子与小人的问题，荀子也有自己的专门论述。

"君子行不贵苟难，说不贵苟察，名不贵苟传，唯其当之为贵。故，负石而赴河，是行之难为者也，而申徒狄能之；然而君子不贵者，非礼义之中也。"② 这是说：君子行事应符合社会行为的规范，君子持重，不能随便轻率，要选择恰当的行为方式，而不是怨天尤人。小人却相反，无论什么事遇到困难了，首先就是怨天尤人，轻率地处理事情，认为只有自己才是正确的。因此，荀子认为，大到国家，小到家庭，没有规矩不能成方圆，凡事都要掌握一定的度，要恰到好处，否则就会过犹不及。

"君子易知而难狎，易惧而难胁；畏患而不避义死，欲利而不为所非；交，亲而不比；言，辩而不辞；荡荡乎其有以殊于世也。"③ 这是说：君子不

---

① 《孟子·告子上》。
② 《荀子·不苟》。
③ 《荀子·不苟》。

同于小人的地方，"君子之交淡如水，小人之交甘若醴"。君子容易认识却很难亲近，不被利益所惑，没事不惹事，有事不畏事，心胸坦荡，慎始虑终，正如鲁迅先生所说，真的勇士敢于直面惨淡的人生，敢于正视淋漓的鲜血。而小人则不然，他们贪生怕死，为了苟延性命，不惜出卖亲人，可谓丧心病狂。同样的，君子可以安贫乐道，子曰："一箪食，一瓢饮，在陋巷。人不堪其忧，回也不改其乐。贤哉！回也。"这是孔子称赞弟子颜回能够在贫困的环境中处之泰然，真正做到了贫而气不改；达却志不改的君子，而这在小人却是万万做不到的。

"君子能亦好，不能亦好；小人能亦丑，不能亦丑。君子能，则宽容易直以开道人；不能，则恭敬缚绌以畏事人；小人能，则倨傲僻违以骄溢人；不能，则妒嫉怨谤以倾覆人。故曰：君子能，则人荣学焉；不能，则人乐告之。小人能，则人贱学焉；不能，则人羞告之。"① 这是荀子在才能上区分君子与小人，人应该追求德才兼备，德在才上，艺人有艺德，医者有医德，武人有武德，德高方能望重，方能施才。因此，君子敏而好学，不耻下问，而小人则是巧言令色，精于钻营。君子无论有无才能，都是光明正大，恭敬谨慎的，值得人们尊敬学习；而小人度量狭窄，骄纵凌人，即便有才能，也是蒙羞的。

"君子，小人之反也。君子：大心，则则天而道；小心，则畏义而节。知，则明通而类；愚，则端悫而法。见由，则恭而止；见闭，则敬而齐。喜，则和而治；忧，则静而理。通，则文而明；穷，则约而详。小人则不然：大心，则慢而暴；小心，则淫而倾。知，则攫盗而渐；愚，则毒贼而乱。见由，则兑而倨；见闭，则怨而险。喜，则轻而翾；忧，则挫而慑。通，则骄而偏；穷，则弃而儑。传曰：'君子两进，小人两废。'此之谓也。"② 荀子认为君子是小人的反面，子曰："君子泰而不骄，小人骄而不泰。"③ 正是如此。也许君子和小人在外表上并无明显的区分，君子也可能不

---

① 《荀子·不苟》。
② 《荀子·不苟》。
③ 《论语·子路》。

修边幅，小人也可以西装革履，但由于内心追求不同，思想境界不同，在行为处事上，君子和小人就有了明显的区别，君子敬天畏人，遵循礼法，胜不骄败不馁，即所说"运到盛时须警醒，境当逆处要从容"。而小人一朝得志时，便会小人得意，骄横凶暴，轻浮浅薄；若是贫困潦倒时，就会自暴自弃，不思进取了。"君子博学，而日参省乎己，则知明而行无过矣。"[①] 这就是君子和小人处事的不同。

君子与小人的区别，是儒家伦理文化中不可或缺的组成部分，"天行健，君子以自强不息。地势坤，君子以厚德载物"。君子是儒家文化中最高修养的代表，是最高德行的化身，是人们不断追求的道德典范，更是中华民族传统文化的宝贵财富。承继先祖，传至子孙，我们应该将优秀的君子文化继承、发展并发扬光大。泱泱大国，君子之邦，傲然屹立在世界东方。

二、荣与辱

什么是荣与辱？什么是荣辱观？荣辱观简单来说是指一个人、一个民族、一个社会对于荣与辱的基本观点和态度。实际上，荣辱观就是价值观的集中体现，也是一种道德评价和价值选择。恩格斯认为每个社会集团都有它自己的荣辱观，也就是说，荣辱观作为一种价值评判标准，归根到底是以一定的社会利益为基础和出发点的。因此不同的时代，荣辱观的标准也不尽相同，荣辱观也是与时俱进的。从备受后人推崇的"仓廪实则知礼节，衣食足则知荣辱"[②] 的阐述，到"宁可穷而有志，不可富而失节"，"立大志者，贫贱不能移，富贵不能淫，威武不能屈"的荣辱警句的生发，都充分印证了荣辱是与人格等量齐观的。一个民族的荣辱观，往往反映了这个民族的道德规范，是一个民族价值观和凝聚力的集中体现，是民族之魂。

儒家思想作为中华民族传统文化的重要组成部分，着重强调高尚的价值

---

① 《荀子·劝学》。
② 《管子·牧民》。

取向，以当荣之事为荣，以当耻之事为耻，形成了以孔子、孟子、荀子为代表的儒家伦理文化的荣辱观。

（一）孔子的荣辱论

《论语》集中阐释了孔子以仁为标准的荣辱观，体现了我国传统美德的核心价值理念和基本道德要求。仁是孔子君子人格的伦理结构和思想道德的永恒内涵。《论语》中有樊迟问仁，子曰："爱人。"① 子张问仁，子曰："能行五者于天下，为仁矣。""恭，宽，信，敏，惠。恭则不侮，宽则得众，信则人任焉，敏则有功，惠则足以使人"②；"君子去仁，恶乎成名"③ 等诸多关于仁为核心的荣辱观的论述。在《论语》的思想体系中，荣辱观的标准是仁，那么凡是符合这一标准的就引以为荣，反之则为耻。"知耻"，是一种自省，"知耻近乎勇"，这样的自我批评是勇气的表现。孔子认为君子应该是"行己有耻"④，就是说君子要有羞耻心。如果没有对荣誉的追求和对耻辱的羞愧，就会失去了道德评判的标准，失去了人生价值的体现，甚至失去了存在的价值。个人的荣辱与家国天下也是息息相关，紧密相连的。因此，孔子主张为政以德，认为只有"道之以德，齐之以礼"才能够使人"有耻且格"⑤。《论语·宪问》中说："邦有道，谷；邦无道，谷，耻也。"天下大治，国泰民安，官员享受俸禄；然而天下混乱，政治动荡，这时候官员依旧享受俸禄，没有一点主人翁责任感，这就是耻辱了。《论语·泰伯》也有类似的论述："邦有道，贫且贱焉，耻也。邦无道，富且贵焉，耻也。"这就是说，国泰民安、天下太平之时，如果你不思进取，依然过着贫贱的生活，那么这就是你的耻辱；政治动荡、民不聊生之时，如果你还过着锦衣玉食、荣华富贵的生活，那么这也是你的耻辱。人是不能脱离社会而存在的，所以人不但要对自己负责，也要对社会、对国家有责任感，中国人的心目中，家与国是连在一起的，是荣辱与共的。

---

① 《论语·颜渊》。
② 《论语·阳货》。
③ 《论语·里仁》。
④ 《论语·子路》。
⑤ 《论语·为政》。

"义以为上"① 所说的义，既是指道德原则，更是强调这种原则要转化为人们行为的动机。孔子认为，正确的道德动机在日常生活中是极其重要的。他说"为仁由己"；"我欲仁，斯仁至矣"②，有正确的行为动机，就会有正确的行动；"苟志于仁矣，无恶也。"③ 一个人，如果有了仁和义的动机，就会趋当荣之荣，避当耻之耻。

如果说孔子所阐述的道德规范的最高境界是仁，追求的理念是"杀身成仁"，那么作为孔子学说的继承人孟子，则把仁义并举，提出了"仁，人心也；义，人路也"的主张④，其追求的理念是"舍生取义"。

（二）孟子的荣辱论

孟子的荣辱观在孔子的基础上有所发展，孟子更加明确地提出了关于荣辱的评判标准，即仁与不仁。孟子曰："仁则荣，不仁则辱。今恶辱而居不仁，是犹恶湿而居下也。"⑤ "苟不志于仁，终身忧辱，以陷于死亡。"⑥ "生亦我所欲也，义亦我所欲也；二者不可得兼，舍生而取义者也。"⑦ 依孟子的观点，国家应该施行仁政，仁者爱人，亲民，"民为贵，社稷次之，君为轻"，做到这样，就是获得了最高的荣誉，是为人为政追求的最高境界；如果不能施行仁政，不能推举仁义，那么就是莫大的耻辱。

孟子还提出了与后来荀子荣辱观在内涵上极为相似的"天爵"、"人爵"思想："有天爵者，有人爵者。仁义忠信，乐善不倦，此天爵也；公卿大夫，此人爵也。古之人修其天爵，而人爵从之。今之人修其天爵，以要人爵；既得人爵，而弃其天爵，则惑之甚者也，终亦必亡而已矣。"⑧ 孟子所谓"天爵"、"人爵"就相当于荀子所说的"义荣"和"势荣"，面对利益诱惑，能否坚守仁义忠信，能否坚持荣誉的选择，矛盾冲突的升级，使孟子的荣辱观

---

① 《论语·阳货》。
② 《论语·述而》。
③ 《论语·里仁》。
④ 《孟子·告子上》。
⑤ 《孟子·公孙丑上》。
⑥ 《孟子·离娄上》。
⑦ 《孟子·告子上》。
⑧ 《孟子·告子上》。

有了更进一步的探索。

此外，孟子的荣辱观继承并发展了孔子"知耻"的思想，提出了"羞恶之心，义之端也"①，并进一步强调"无羞恶之心，非人也"②。孟子认为人应该按照义的要求行事，遵循人的本性，"人之初，性本善"。"知耻"和"羞恶之心"实际上是指人的一种道德自觉，人都有羞恶之心，就不会做违背道德规范的事情，即便偶尔做错，也会"过而能改，善莫大焉"。相反地，如果没有羞恶之心，那么就丧失了做人的资格，得到的只会是耻辱。因此，孟子说："人不可以无耻，无耻之耻，无耻矣。"③

孟子的荣辱观是对孔子荣辱观的继承和发展，从孔子的"邦有道，贫且贱焉，耻也"，到孟子的"仁则荣"，"古之人修其天爵，而人爵从之"，再到荀子的"好荣恶辱，好利恶害，是君子小人之所同也"，"义荣势荣，唯君子然后兼有之"等，儒家先贤们都毫不犹豫地以仁义为道德评判的标准，凡是义以为先、义以为上的就是荣，反之就是辱。

（三）荀子的荣辱论

荀子是先秦儒家思想的集大成者，是中国古代第一个系统论述荣辱范畴的思想家，提出了"义荣"、"势荣"、"义辱"、"势辱"的概念，深入探寻了荣辱观产生的道德心理，并以先义后利为荣，以先利后义为耻，追求内在的义荣的思想境界。

荀子的荣辱观可以说是对先秦儒家荣辱思想比较系统的总结。"先义而后利者荣，先利而后义者辱"的观点反映了其荣辱观的实质。荀子认为，在现实生活中荣与辱可以分为两种不同的形态，即："有义荣者，有势荣者；有义辱者，有势辱者。"④ 意为：道德高尚的人以仁义作为行为准则，从而获得的荣誉就是义荣；反之，道德低劣的人不以仁义作为行为准则，那么得到的只能是耻辱就是义辱。同样地，靠权势地位得来的荣誉就是势荣；而权势

---

① 《孟子·公孙丑上》。
② 《孟子·公孙丑上》。
③ 《孟子·尽心上》。
④ 《荀子·正论》。

地位加之于己的耻辱就是势耻。"义荣"和"义辱"都是"由中而出"，发自内心，取决于己的；而"势荣"和"势耻"则是外在强加的，与个人的本性无关，与个人的善恶无关？"故，君子可以有势辱，而不可以有义辱；小人可以有势荣，而不可以有义荣。有势辱，无害为尧；有势荣，无害为桀。义荣、势荣，唯君子然后兼有之；义辱、势辱，唯小人然后兼之。是荣辱之分也。"① 即是说，能够同时拥有"义荣"和"势荣"的人一定是君子，而得到"势荣"的人却不一定全都是君子，君子在"义荣"的道德标准选择之下未必能够得到"势荣"的结果，一味追求"势荣"的反而落入小人的行列；同时拥有"义辱"和"势辱"的人一定是小人，小人在"义辱"的道德选择之下未必"势辱"。义利相较，小人则会趋利背义，枉顾道德准则。相反，因一时情势所迫而误入"势辱"的人也有可能是君子。荀子这番宏论虽将"势荣"、"势辱"也称作"荣辱"，但通观全文，他所看重的乃是"义荣"与"义辱"，认为这才是与自己德行有关的真正"荣辱"。因此，荀子的这一荣辱观与其他儒者"由义为荣，背义为辱"的荣辱观并不对立，乃是对它的充实和更深入的说明。荀子进而又指出："材性知能，君子小人一也。好荣恶辱，好利恶害，是君子小人之所同也"。② 荀子反对从表面上看荣与辱，主张深入问题的实质，认为："荣辱之来，必象其德。"③ 即是说，荣辱观属于社会道德的范畴。荣辱和道德是密切相关的，道德准则是评判荣辱的标尺。道德高尚的人和道德低下的人，他们的荣辱观必然是不相同的。是非颠倒导致道德颠倒，进而导致荣辱观的颠倒。荣辱观带有一定的主观性，时代不同，社会形态不同，个人认知不同都会形成不同的荣辱观，但儒家知荣明耻的本质是不变的。因此，努力从事道德修养，行善行义，乃是求荣的唯一正确途径。

不同于孔孟的"罕言利"，荀子并没有把义与利对立起来，这是一种历史唯物主义态度。荀子还指出树立正确的荣辱观，就要不断地学习，丰富自

---

① 《荀子·正论》。
② 《荀子·荣辱》。
③ 《荀子·劝学》。

身的理论知识，以儒家道德规范为指导思想的基石，这样才能真正做到知荣明耻，自天子以至庶人皆能和谐相处，国泰民安。可见，树立正确的荣辱观、是非观、义利观，对国家的执政，道德的示范，民众的教化起到了至关重要的作用，荀子说的"制礼义"、"仁人在上"就是紧紧抓住了社会思想道德建设和确立正确荣辱观的关键。

总之，儒家的荣辱观，小则对个人高尚道德品质的树立，对人们的和谐相处，大则对社会的进步发展，乃至对国家的安定团结，都起到了巨大的指导意义。时至今日，胡锦涛总书记提出的"八荣八耻"社会主义荣辱观，充分体现了中华民族传统美德与新时期主流价值观的完美结合。作为新形势下社会主义思想道德建设的新标杆，不仅为民族精神状态和道德情操境界的提升指引了方向，更为党和国家凝聚力、感召力、战斗力的增强打下了坚实的基础，为我国在国际上良好形象的树立增添了新的羽翼。

三、性与情

"问世间情为何物，直叫生死相许？天南地北双飞客，老翅几回寒暑。欢乐趣，离别苦，就中更有痴儿女。君应有语，渺万里层云，千山暮雪，只影向谁去？横汾路，寂寞当年箫鼓，荒烟依旧平楚。招魂楚些何嗟及，山鬼暗啼风雨。天也妒，未信与，莺儿燕子俱黄土。千秋万古，为留待骚人，狂歌痛饮，来访雁丘处。"元好问的这首《摸鱼儿·雁丘词》可谓至性至情。情至极处，"生者可以死，死者可以生"，情之所钟，生死相许，这是何等极致的深情，何等的性情中人！那么，究竟何谓性情呢？《庄子·缮性》说"无以反其性情而复其初"，白居易言"感人心者，莫先乎情"，性情简单地说就是本性，发自内心的情感，可以是"路漫漫其修远兮，吾将上下而求索"的屈原，可以是"安能摧眉折腰事权贵，使我不能开心颜"的李白，也可以是"安得广厦千万间，大庇天下寒士俱欢颜，风雨不动安如山。呜呼！何时眼前突兀见此屋，吾庐独破受冻死亦足"的杜甫，还可以是"竹杖芒鞋轻胜马，谁怕？一蓑烟雨任平生"的苏轼，更可以是"满纸荒唐言，一把辛酸泪。都云作者痴，谁解其中味"的曹雪芹。古老的东方文化铸就了这许多为人熟知的性情中人，以他们的诗词文章，以他们的言传身教谱写了诸多时至今日人们依然耳熟能详的如诗如画、可歌可泣、感人至深的性情篇章。

性与情，始终是人们生存于世不可或缺的精神状态，再理性化的思维也不能完全抛却感性的因素，人类世界也因为有了性情才更美好，更充实。王国维在《人间词话》中曾说："词人者，不失其赤子之心也。"所谓赤子之心，就是指人的本心，真性情。而所谓性情，在古代汉语中，性和情是相分别的，性在本体领域，情为现象表出。儒家哲学里的情，一般都是随性而出。情是性从本体境界走向存在表象的实际过程和外化经历。情在儒家哲学里是实质、内容、成分，是本体之性流入现象世界后所生发出的具体实相。性情几乎涉及着生存于世、安身立命、成家守业、社会交往、道德修养等人生实践的方方面面，普遍存在于儒家思想道德体系之中。因而，早在先秦时期，儒家大师们就对性与情有着深入的阐述。

在先秦儒家伦理道德体系中，人的性情是天玄地黄、阴阳变化、雷电风雨的涤荡结果，是与宇宙万物，天道自然交织在一起的。郭店楚墓竹简中《性自命出》篇云："性自命出，命自天降，道始于情，情生于性。"在儒家看来，出自天命之性，其内容就是一个情字，天命性道，内在于情。韩愈在《原性》中具体、透彻地分析说："性也者，与生俱生也。情也者，接于物而生也。"即是说，性是本来自有的，是与生俱来的；而情是因物而生的，是相互之间发生了"化学反应"后所产生的。也就是说，性是本情是末，性是情的根据和源泉，情是性的表现和外化，而这二者之间又是相互依存、不可或缺的，离开了任何一方，另一方都没办法独自存在，情因性而生发，性因情而彰显，相辅相成，缺一不可。

儒家论性，其本意是指人天生的资质或天赋素质。儒家先贤论及人性，多是从天人关系出发，"一阴一阳之谓道，继之者善也，成之者性也。"[①] 道所成的东西是本然的东西，合乎本性，人的本性的善是与天道的本性融会贯

---

① 《周易大传·系辞上》。

通的。

作为儒家先驱的孔子，多论仁义，认为"为仁由己"，道德选择的主导是自身，修身养性完全是自己的事。"我欲仁，斯仁至矣"，孔子认为仁多是人的自觉行为，是发自本心的，换言之就是本性使然。"己所不欲勿施于人"和"己欲立而立人，己欲达而达人"则是忠恕之道，忠就是对人性，对人情的真实要求。

"饮食男女，人之大欲存焉。"这是孔子在《礼记》中提到的，是孔子对于人生的看法。凡是人的生命，都离不开这两件大事：饮食、男女。这是人与生俱来的本能，出于本性，源于生活。在孔子看来，食色声味是人性之情的正常要求，纲常伦理的关系也是人伦生活的最基本的情感心理，更是整个社会生活礼制规范的心理基础，人之常情。

生活中的孔子，也有任性使情的可爱一面："里仁为美。择不处仁，焉得知？"① 可以想象孔子闲居的惬意和愉悦；"浴乎沂，风乎舞雩，咏而归。"② 这是孔子理想生活的盎然情趣；"吾岂匏瓜也哉？焉能系而不食？"③ 此时的孔子显然是不得志的，是失落痛苦的；"不怨天，不尤人，下学而上达。知我者其天乎！"④ 郁闷淤积于胸，需要强烈地发泄，慨叹世人不知我。这样的孔子，不会脸谱化，反而让人觉得更加亲切真实、生动可爱、至性至情。

孟子主张性善论，认为人的共同本质是善的，是天赋的，他的人性是仁、义、礼、智的道德观念。

战国中后期，思想解放，百家争鸣，对于性与情的说法，以告子为首的观点是："性犹湍水也，决诸东方则东流，决诸西方则西流。人性之无分于善不善也，犹水之无分于东西也。"水性无所谓东西流，其流向是环境所造成的，人性也是这样，无所谓善恶。孟子反驳说："水信无分于东西，无分于上下乎？人性之善也，犹水之就下也。人无有不善，水无有不下。今夫

① 《论语·里仁》。
② 《论语·先进》。
③ 《论语·阳货》。
④ 《论语·宪问》。

水，搏而跃之，可使过颡；激而行之，可使在山。是岂水之性哉？其势则然也。人之可使为不善，其性亦犹是也。"① 人性本善，犹如水性就下。至于人为不善之事，不是本性不善，而是由于自己不努力，被形势所左右。在双方的辩论中，告子认为人性无所谓善恶，如水不分东西一样，"决诸东方则东流，决诸西方则西流"，在于说明人的善恶品质是后天形成的，强调后天人为说。孟子认为善的本质是先天就有的，是为其天赋道德论提供理论根据。但他承认恶的品质是后天人为的结果，他承认人性善，但并不否认品质的变易性和可塑性。告子还认为"生之谓性"，就是以生理性能和欲望为人性的本质，认为"食色，性也"，以情欲等自然属性为人的本质属性，强调人和动物的共同点，不承认人生来具有先天的道德属性。"生之谓性"这一命题，具有合理的因素，却又抹杀了人性和兽性的区别，不能说明人类生活的特点，其结果会导致纵欲主义。而孟子的论点是，人和禽兽有本质的差异，不能把类似本能的自然属性的情欲简单归结为人的社会存在的本质属性。对此，孟子从未否认，他说："形色，天性也；惟圣人然后可以践形。"② 认为人的食色之性应受道德的约束，否则便流于兽性。这一论点，是正确的。他因此把仁义道德视为人的本质属性，用来宣扬人性善，通向了天赋道德论。

孟子明确了"天人合一"的思想，"尽其心者，知其性也。知其性，则知天矣"。③ 人性在于人心，故尽心则能知性，而人性是"天之所与我者"④，所以天人是合一的，人性以天为本。孟子曰："天下之言性也，则故而已矣。"⑤ 这里的"故"指人本来的性，提出性虽然需要有所为、需要修习，但必须以有利于和顺应性为根本，故说"故者以利为本"，利是指有利于性，自然顺于性即是有利，不顺于性则不利。孟子"即心言性"，以四端之心论证性善。"尽其心者，知其性也。"⑥ 所谓四端之心是指生而所具的恻隐、羞

---

① 《孟子·告子上》。
② 《孟子·尽心上》。
③ 《孟子·尽心上》。
④ 《孟子·告子上》。
⑤ 《孟子·离娄下》。
⑥ 《孟子·尽心上》。

恶、是非、辞让之心，了解了四端之心就可以了解人的本性，四端之心是善之心。孟子曰："乃若其情，则可以为善矣，乃所谓善也。若夫为不善，非才之罪也。恻隐之心，人皆有之；羞恶之心，人皆有之；恭敬之心，人皆有之；是非之心，人皆有之。"① 认为四端之心可以具化为具体的善行，儒家所宣扬的仁义礼智并不是外在的、强加于人的，而是根源于人性，并由其生发而来的，是人性中本有的。孟子的这种心性论，为儒家倡导的仁义之道找到了理论上的根据。

中国哲学里的"情"是"性"之用，"性"是"接于物"之后所生发出来的现象存在。《礼记·礼运》称："何谓人情？喜、怒、哀、惧、爱、恶、欲七者。"荀子说："性之好恶、喜怒、哀乐，谓之情。"②

不同于孟子的性善论，荀子提出了"人之性恶，其善者，伪也。"③ 的性恶论，他将人性分为"性"和"伪"两部分，性指的是与生俱来的人的生理素质，伪指的是后天人为造就的礼仪法度。"无性，则伪之无所加；无伪，则性不能自美。"④ 伪是建立在性的基础上的，二者相互依存，相互影响。荀子认为道德起源于人性恶，"立君上、明礼义，为性恶也"。⑤ 在自然观上，他坚持"明于天人之分"，"制天命而用之"的唯物主义思想；在社会伦理观上，坚持从人本身去寻求道德的起源。人们的道德观念不是先天生成的，而是后天经过学习获得的，人的不同，在于后天的力量，在于其所生存的环境和人自身的修养。

荀子还将人与动物所共有的好利恶害的自然本性，当做基本的人性。"若夫，目好色，耳好声，口好味，心好利，骨体肤理好愉佚，是皆生于人之情性者也"。⑥ 扩充了告子的食色二欲，把凡属生理方面、心理方面的活动，都划为性的内容，既包括感官的感受和"好恶喜怒哀乐"之情，也包括

① 《孟子·告子上》。
② 《荀子·正名》。
③ 《荀子·性恶》。
④ 《荀子·礼论》。
⑤ 《荀子·性恶》。
⑥ 《荀子·性恶》。

"饥而欲食，寒而欲暖，劳而欲息"① 的欲望等。并认为，人性中起主导作用的是"好利恶害之情"。荀子主张义利在一定程度上的统一，如果条件允许，可以适当满足欲求，条件不允许的时候则加以节制。

荀子常把"性情"连用。"性之好恶、喜怒、哀乐，谓之情。情然，而心为之择，谓之虑。"② 他认为，性的发作叫作情，人对情加以选择叫虑。荀子论性，"生之谓性"，认为性是先天而来的，认同性乃自然成就，一如白纸。荀子论情，是将其置于后天的位置上，所谓先天性恶，实际是先天只有"性"，后天才有"恶"。因此，荀子强调礼仪教化的重要性，是向善的前提。

孟子的性善论强调人先天的因素，荀子的性恶论突出人后天的努力，其实二者只是侧重点不同，先天后天是同等重要的，只强调先天，而不注重后天，就是只有天赋没有努力；只突出后天，而不注重先天，就是只有努力而没有天赋。可见，此两者是相辅相成，不可或缺的。

儒家论"情"，一方面是已然将其普泛化了，就是重视"孝"、"悌"之情，这是人性中最真挚、最深厚、最自然的情感；另一方面，它以普遍的伦理规定内在于"情"，是人性先天的道德内容。《中庸》言及道德性命，就是完全从普泛化的"情"字而言，"天命之谓性，率性之谓道，修道之谓教"，"喜怒哀乐之未发，谓之中；发而皆中节，谓之和。中也者，天下之大本也；和也者，天下之达道也。致中和，天地位焉，万物育焉"。这里的"中和"、"大本"、"达道"就是对"天命"、"性"、"道"的内容的揭示。

"情"是先秦儒家思想体系中的重要范畴之一，只是长久以来，历代学者对"情"的研究，都没有逃离"性"的覆盖，始终掩藏在光环的背后。然而随着中国哲学研究的深入推进，尤其是考古学的发展，使众多出土文献逐一呈现在世人面前，从而"情"慢慢浮出水面，这为先秦儒家思想的研究开辟了崭新的局面。先秦儒家思想，首倡孝悌，重视人情，郭店出土楚简《性自命出》中这样表达其"情"观："凡人情为可悦也。苟以其情，虽过

---

① 《荀子·非相》。
② 《荀子·正名》。

不恶；不以其情，虽难不贵。"由此观之，先秦儒家所说的"情"，是生动的，立体的，其基本含义是"情实"，充满了温情的情感体现。这样真实可爱，率性而为的"情"，使先秦儒家思想立体化为情感哲学。

"情"是先秦儒家道德哲学得以构建的现实基础。孔子从孝悌出发，以亲情为基点，使"情"成为了仁学的普遍性原则。孔子弟子有子曰："君子务本，本立而道生。孝悌也者，其为仁之本与！"① 与人的性情直接关联的孝与悌，不仅是君子闻道求学的首要任务，更是人重要的本性。孝与悌，最最本源地存在于人们的内心情感中。

儒家的性情观在孟子的时代有了进一步的发展，孟子继承了孔子性情为内在普遍存在的思想，在此基础上，深入讨论了情感为"善"的观点，情之本是善的，成为了相对理性的情感。

感物而动，情即生焉。儒家思想对于情感产生的基本看法大致趋同，当人们接触外界事物时，会因为某些原因与内心产生共鸣，从而由心而发，对事物付诸情感，即如大诗人杜甫的名句"感时花溅泪，恨别鸟惊心"，花、鸟本是自然物，供人欣赏的。此时，却因感时恨别，让诗人见了反而触景生情，堕泪惊心。在这种情感体验过程中，心是传感中枢，所有的感知都是心的作用，都是对心的表达，因心对"喜、怒、哀、惧、爱、恶、欲"的感知，最终得以呈现为情感。对于这种"情"，孟子对孔子略显模糊的界定，进行了进一步的阐述。孟子认为"情乃性之才质"，其本质都是善的，并由此提出性善论，在孔子的基础上赋予了情感更多的社会历史属性。如孟子所说的"所以谓人皆有不忍人之心者，今人乍见孺子将入于井，皆有怵惕恻隐之心"②，"恻隐之心"实际上就是对于人心之于情感产生所具有的意义的论述，怵惕恻隐表示人的恐惧哀痛的心理反应，也就是人们在面临紧急或危险的状况时，产生的一种本能的情感反应。在孟子看来，当有人突然看见小孩将要跌倒到井里时，都会自然而然地反应出惊恐和怜悯的情感，这种情感是

① 《论语·学而》。
② 《孟子·公孙丑上》。

发自于人的内心，是因物感情，自然发生的。正因为"人皆有是心"，才认为人心是产生情感的基础。

至荀子，作为先秦儒家思想的代表，却反其道而行，不再就情感而言"情"，而是将"性"与"情"列入并列对举的范畴，赋予"性"与"情"以新的内涵。在荀子看来，"情"是对"性"的进一步指陈，是对"性"的细化。同时"情"与"欲"又紧密相连，出于本能的对外界声色萌生的欲望，所以，《荀子·性恶》中一再重申："人之性恶，其善者，伪也。"这就是说相对于后天礼仪教化之善，先天之生理本然是恶的。

儒家哲学以性情为出发点，又以性情为归宿的理论走向是由儒家人文主义的内涵所决定的。性情思想渗透到儒家哲学的各个层面，释放着儒家思想的原创性光辉。

"大人者，不失其赤子之心者也。"① 现实生活中，还原本我，做个性情中人，固守与生俱来的性情，对生命、生活怀有一颗感恩的心，善待自己，善待他人，享受本色人生。

四、善与恶

善与恶，是伦理文化中的一对重要范畴。"凡古今天下之所谓善者，正理、平治也；所谓恶者，偏险、悖乱也。是善恶之分也已。"② 人类对于善和恶的本质讨论，最早可以追溯到先秦时期，儒家的先哲们对善和恶给出了解释和定义，"可欲之谓善"，善就是"可欲"，就是人的欲望可以得到满足。

中华民族几千年积淀的伦理文化认为，在被动个体自我意识出于自愿或不拒绝的情况下，主动方对被动个体实施精神、语言、行为的任何一项的介入，皆为善。同样在古希腊，人们对于善的认知与我们基本上是一致的。善就是美好的事物，有益的事物，具有幸福的含义。苏格拉底认为，对于任何

---

① 《孟子·离娄下》。
② 《荀子·性恶》。

人有益的东西对他来说就是善，"一切可以达到幸福而没有痛苦的行为都是好的行为，就是善和有益"。

关于善、恶的讨论，不仅在哲学、伦理学上进行，在宗教上也是如此。佛教认为善行是对自己有益的，对他人亦是有益的行为。佛教从"善能利益一切众生，名饶益行"和"我是众生的一员，众生是全体的大我，度人所以为自度，利人所为利我"的辩证认知出发，从根本利益关系上提倡公德心，主张乐善好施，积德行善。而儒家的善恶规则是建立在仁义的基础上的。止恶行善是人类道德之根本。在儒家看来，善就是合乎常理，合乎人群，合乎逻辑。行善就是积德，反之则不然。儒家把善恶问题作为人格修养的核心问题给予高度重视，认为恶是与善相对立的一个概念，善恶观念是产生善恶行为的思想基础。其中最著名的善、恶之辩，是以孟子为代表的善性论，认为"人之初，性本善"。人的天性是善良的，恶观念和恶行为的出现是后天的结果；反之则是以荀子为代表的恶性论，认为"人之初，性本恶"。人的天性是自私的，为了个人私利的满足，从而导致社会上恶观念的产生和恶行为的出现。

儒家的善恶观，不仅是对完美人格的追求，更与政治、社会相关联，把善恶问题纳入社会伦理范畴，主张惩恶扬善，赏善罚恶。在具体做法上，认为要以德治和教化为主，示以公心，强调己所不欲勿施于人，将道德谴责与刑罚并重，认为善不积不足以扬名，恶不积不足以除名。

儒家的先哲孔子，在《论语》中有对人性潜在之善的论述。"天生德于予"，① 孔子认为上天赋予了人至善之德，是与生俱来的。然而，孔子并没有明确的给出善与恶的概念，所关注的主要问题是仁义本身，更多的是对仁的阐述。所谓仁就是"仁者爱人"，"克己复礼为仁"。

仁是孔子思想中最核心的理念，是进行伦理价值判断的最终标准。仁的基本内涵体现在恭、宽、信、敏、惠这五个方面，概括地讲，即为"忠"、

---

① 《论语·述而》。

"恕"二字。忠恕之道，即可谓之善。"为仁由己，而由人乎哉?"① 孔子认为仁是发自内心，自觉自愿的体悟，不受外界控制，是主观觉悟。"仁远乎哉? 我欲仁，斯仁至矣。"② 也是说为仁是人的自觉行为，发乎本心。孔子因为对人性有着善恶并存的潜在认识，所以他在道德教化中将内在的仁和外在的礼置于同等重要的地位，并形成了其以仁匡时济世、以礼明人伦治国家的政治哲学体系的伦理基础。孔子对于恶的认知，使其十分重视后天礼的规范，主张"非礼勿视，非礼勿听，非礼勿言，非礼勿动"③，主张"克己复礼"，通过后天不断地学习，提高自身的修养，从而做到"君子有所为有所不为"，做到"勿以善小而不为，勿以恶小而为之"。人应该养成扬善弃恶的好习惯，从我做起，从小事做起，不断地自我省视和自我批评，从而远离丑恶。

孔子不仅追求个人之善，并由此推广到社会和谐，"修己以敬"、"修己以安人"、"修己以安百姓"④，都是讲由自己的成功影响他人，使善可以小至修身，中至爱人，大至造福社会。"见贤思齐焉，见不贤而内自省也。"⑤ 通过不断地自省，达到至善的精神境界，至善是德的最高境界。由此，方可实现儒家"修身齐家治国平天下"的伟大理想。

如果说孔子对于善与恶还没有明确的定义，那么，孟子则在孔子思想的基础上明确地提出了性善论。"恻隐之心，人皆有之；羞恶之心，人皆有之；恭敬之心，人皆有之；是非之心，人皆有之。恻隐之心，仁也；羞恶之心，义也；恭敬之心，礼也；是非之心，智也。仁义礼智，非由外铄我也，我固有之也。"⑥ "人性之善也，犹水之就下也。人无有不善，水无有不下。"⑦ 认为人心向善，就像水流向下一样，是不变的规律，关键是要有人来引导，君

---

① 《论语·颜渊》。
② 《论语·述而》。
③ 《论语·颜渊》。
④ 《论语·宪问》。
⑤ 《论语·里仁》。
⑥ 《孟子·告子上》。
⑦ 《孟子·告子上》。

子的最高德行就是与人为善。孟子提出要尽心以知善性，要开善端，养善心，保善根。唯有如此，方能避免善的丢失，以成尧舜之德。

另外，孟子认为，虽然人的本性是善的，但是每一个人的行为都有善有恶，并不是只依照本心所作的事就都是善行，后天的实践也是极为重要的。只有意识到了自己所具有的善知良能，并有意识地去努力"求"之，才能够最终得之。

从孔子善恶并存的人性观到孟子的人性本善，再到荀子的性恶论，是儒家学者对善与恶认识的不断加深的过程，这种思想上的继承和发展与时代、社会和政治是紧密相连的，也是儒家伦理道德体系的一个认知的历程，更是先秦儒家为了构建和维系适合统治阶级需求的社会秩序，对人性的善恶在社会生活中的体现做出的与时俱进的探索和判断。

荀子在这场思想战争中，突破思维束缚，与时俱进，充分继承并发扬了孔子对人性中恶的认识，着重强调"人之性恶，其善者，伪也。"① 为什么说人性恶呢？因为人有欲望。"人生而有欲，欲而不得，则不能无求；求而无度量分界，则不能无争；争则乱，乱则穷。"② 人一生下来就有欲望，有欲望就会去追求，追求不到，就会出现纷争，随之陷入困境。所以说，人的本性是恶的。

既然人之初，性本恶，那么只有通过后天的学习努力才能行仁义之事，才能为善。因此，在《荀子·性恶》中，荀子认为人性有两部分：性和伪。性是人先天的动物本能，是恶；伪是人后天的礼乐教化，是善。如果依从先天的恶性，人就会为了满足各种欲望而不择手段，从而导致道德沦丧，社会动乱。圣人知道人性本恶，所以创制礼义道德，"化性起伪"，用伪取代性，使人变善。伪就是后天的礼乐教化，人修习而行善，"人无礼，则不生；事无礼，则不成；国家无礼，则不宁"。③ 强化了礼在社会政治活动中的地位，强调后天环境和教育对人的影响。因此荀子认为，无论是修身、齐家，还是

① 《荀子·性恶》。
② 《荀子·礼论》。
③ 《荀子·修身》。

治国、平天下，礼都是必须秉持的根本，是通往至善之道的桥梁。

荀子作为唯物主义者，他还反对相术，专门写了《非相》篇，认定人的善、恶，不在长相，而在内心。他列举了许多历史人物，有的外表形象并不美，但"仁义功名善于后世"；相反，桀、纣姣美，却"后世言恶，则必稽焉"。可见，荀子是非常注重心灵之善的。

儒家大师的三个代表孔子、孟子、荀子，虽然在对待善与恶的看法上不尽相同，但其思想和方法论上是一致的，他们对于仁本质上的追求并没有很大的差异，只是侧重点不同，表面上看性善、性恶态度虽然相反，但仁的主张一致，强调后天实践一致，并且性善论或性恶论的独断的逻辑论证方法也是一致的，实际上却更加反映了儒家追求仁义的本色。所以说，性善论与性恶论是同样归结为儒家"仁政"理想和"求"与"学"的实践原则，在此一点上二者并没有本质的不同。

人性的善恶观在先秦儒家伦理思想的基础上被后人不断深化发展，有的甚至走入歧途。性三品，是汉唐以来性善性恶之争的主流，最早由董仲舒提出，在他"天人相副"的感应论前提下，将天赋的善与恶在具体的人身上分成了三品，即先天性善、先天性恶和先天有善有恶。这是把孟子的先天性善和荀子的先天性恶连通起来，择其善者而从之，对后来中国社会的发展起到了巨大的作用和深远的影响。

到了唐代，韩愈对性三品有了更进一步的认识，提出了"性之三品，情之三品"的学说，用其衡量人心善恶标准，推进儒学仁义道德教化之过程。他认为唯有弘扬儒家的仁义道德，才能"修身正心诚意"，完善人格修养，达到"齐家治国平天下"的理想境界。

与韩愈有师生之谊的李翱，将"天命谓之性"和"人生而静，天之性也"联系起来，从"静"出发来思考天命之性的范畴，提出"情有善有不善，而性无不善也"，即性善情恶说。

宋代的王安石对先秦儒家的人性善恶观进行了总结，提出了"性者，有生之大本也"，性既然是有生之大本，就应该与社会的善恶评价区分开来，从而性无善恶。王安石不但强调了善恶行为的后天性，而且突出了善恶判断

的可变性，在人们对人性善恶的认识上起到了承前启后的巨大作用。

总之，善与恶作为道德观念上的一对范畴，贯穿于儒家伦理思想的始终，惩恶扬善更是中华民族的传统美德。

五、勇与妄

《说文解字》："勇，气也。"勇是在某种信念驱动下，所体现出的一种无所畏惧的行为及精神，真正的勇可冠之为"精神"二字。《中庸》里，有"知、仁、勇，三达德"的说法，是把三者并列为君子的三种重要品德，在儒家思想中占有重要的地位。关于勇，儒家把重点放在了小勇与大勇的区别上，小勇是指一时冲动的血气之勇，而大勇则是指在正义的指引下的道德之勇。仁者必有勇，而勇者不必有仁，就是指大勇与小勇之别了。

"天行健，君子以自强不息"强调勇毅力行，先秦儒家学者认为刚健是一种最重要的品德，要求刚健而中正，即不妄行，不走极端，能够坚持原则，以"中正"的态度立身行事。这种刚健有为，自强不息的精神也是一种勇的精神，凝聚并增强了中华民族的向心力，培养了中华民族自强自立的精神，提升了中华民族的道德修养，为民族振兴和文化发展作出了重要的贡献。"三军可夺帅也，匹夫不可夺志也。"① "勇者不惧"这就是勇，是人面对困难、危险时的无所畏惧和毫不动摇的坚强意志。

儒家先哲孔子以"知、仁、勇"为三达德，仁是核心，知而知人，勇而行仁，强调不仅要培养道德意识，更要将道德意识付诸行动。"知者不惑，仁者不忧，勇者不惧"② 这三者是君子之道，三者之间仁高于智，而勇则受仁和智的制约。"仁者必有勇，勇者不必有仁。"③ "好勇不好学，其蔽也乱"④，仁者的道德中必然蕴含着勇，而勇者却未必能做到仁，只好勇而不学

---

① 《论语·子罕》。

② 《论语·子罕》。

③ 《论语·宪问》。

④ 《论语·阳货》。

习，不求仁，那么就会导致混乱，因此，勇是在仁与智之下的。

儒家之勇有三大标准：发乎仁，适乎礼，止乎义。仁是贯穿儒家思想道德体系的基本观念。勇原本与恭、信、敏、惠、智、忠、恕、孝、悌等一样是一种美德，是隶属于仁的观念。但孔子多次将勇和智拿出来与仁相提并论，"知者不惑，仁者不忧，勇者不惧"①，"知、仁、勇三者，天下之达德也"②，"好学近乎知，力行近乎仁，知耻近乎勇。知斯三者，则知所以修身"③，由此可见孔子对勇的推崇之意。礼是作为标尺来衡量勇的。"子路问成人。子曰：'若臧武仲之知，公绰之不欲，卞庄子之勇，冉求之艺，文之以礼乐，亦可以为成人矣。'"④ 意为：子路问怎样才算是完人？孔子回答，像臧武仲那样有智慧，孟公绰那样的不贪心，卞庄子那样的勇敢，冉求那样的多才多艺，再用礼乐加以修饰，接受礼的节制，也就可以称为完人了。所以，"勇而无礼则乱"⑤，只有勇是不够的，还要有礼的约束，这样才能达到真正的勇，才会对己、对人、对社会有益而无害。义是对勇的一种约束力。子路曰："君子尚勇乎？"子曰："君子义以为上。君子有勇而无义为乱，小人有勇而无义为盗。"⑥ 孔子深知子路勇有余，因此告诉他应该用义来约束勇。勇如果没有义来约束，那么君子也罢，小人也罢，都有害无益。

勇这个观念到孟子的时候，发生了一个重要的变化，孟子在勇的内涵中加入了仁和智，也就是说真正的勇是应当包含了仁与智的，而且还对勇进行了层次等级的区分。孟子在《孟子·梁惠王下》篇回答齐宣王的问题时，将勇分为"敌一人"的"匹夫之勇"和"一怒而安天下之民"的"文王之勇"，并分别称之为小勇和大勇。大勇可以大到安天下，小勇则小到只能力敌一人罢了。这样就把勇从内圣的道德层面推广到外王的政治层面，如孟子将仁推广到仁政一样。可以说，勇在孟子这里，被强调到无以复加的地位，

① 《论语·子罕》。
② 《中庸》。
③ 《中庸》。
④ 《论语·宪问》。
⑤ 《论语·泰伯》。
⑥ 《论语·阳货》。

成为了把内圣外王相贯通起来的一个核心道德观念。同时，孟子在《孟子·公孙丑上》中还将勇分为了三层，即"勇德"为贵，"勇气"次之，"勇力"为轻。就是说真正的勇，不仅要有"勇力"，还要有"勇气"，最重要的是要有"勇德"。如此才是不畏艰难困苦而恪守道德信念的真正的勇。

先秦儒家最后一位大师荀子，继承了孔子关于作为美德的勇必须依附于仁、义、礼等其他德行的思想，在《荀子·性恶》篇中进一步将勇德进行了分类，认为勇有上勇、中勇和下勇之分。

上勇是以"仁"为行为准则，能够做到"富贵不能淫，贫贱不能移，威武不能屈"。天下大治之时，国有国法家有家规，凡事都有一定之规，为了捍卫国家法度，维护社会正义，敢于挺身而出；天下混乱之时，能够秉持正义，坚守仁心，敢于不畏强权。这样的人，就是上勇。如岳飞英勇抗击金军，尽忠报国；文天祥忠心爱国，为国捐躯，留下了"人生自古谁无死，留取丹心照汗青"的壮丽诗篇；戚继光抗击倭寇，靖海戍边，是伟大的民族英雄。这些历史上的英雄坚守仁义的道德准则，不畏艰难险阻，保家卫国，甚至不惜牺牲自己的生命，这是真正的"勇"，这样的上勇，也就是儒家所说的智、仁、勇的统一。

中勇是温、良、恭、俭、让，为人处世讲求忠信，重义轻利，"见贤思齐焉，见不贤而内自省也"。居庙堂之高，敢于举贤任能，坚持正义，维护公理，爱民忧民；处江湖之远，能够谦逊有礼，恭谨爱人，见义勇为，这样的人，就是中勇。即如贤臣魏征以不畏皇权敢于进谏而留名青史，这也是"勇"，这样的中勇，也是值得尊敬，被世人称赞的行为。

下勇是重利轻义，毫无是非观念，只计较个人得失，不顾民族大义，好勇斗狠，冲动妄为，这样的人，就是下勇，这样的下勇是匹夫之勇，是不值得学习的。

其中，以上勇和中勇为"士君子之勇"，而将下勇分类如下："有狗彘之勇者，有贾盗之勇者，有小人之勇者，有士君子之勇者。争饮食，无廉耻，不知是非，不辟死伤，不畏众强，恈恈然唯饮食之见，是狗彘之勇也。为事利，争货财，无辞让，果敢而很，猛贪而戾，恈恈然唯利之见，是贾盗之勇也。轻死而暴，是小人之勇也。"① 荀子崇尚的是上勇，反对的是下勇。荀子的核心观念是礼法、人伪，因而在他对勇的划分中，我们发现，勇是受到礼法仁智等概念的严格限制的。勇是在仁爱信念的驱使下，所体现出的一种无所畏惧的行为及精神。勇本身所应具有的是仁爱这一道德思想，并符合仁爱的外在表现礼，再由人类社会活动和人际关系中应当遵循之最高原则的义来加以节制，那么这勇才能成为大勇，成为君子之勇！

荀子的认知中，还提到过妄。

关于妄的解释，《易经》的《无妄》卦的主旨是刚健而不妄行，因此有"物与无妄"的说法。《序卦》说："复则不妄矣，故受之以《无妄》"，这无妄就是不妄。在先秦典籍中，妄是狂乱、荒诞、非分、越轨的意思，《左传·哀公二十五年》中记载公文懿子请求驱逐祝史挥的主要理由，便是"彼好专利而妄"，杜预注："妄，不法"，这妄是过分的意思。

荀子认为"闻之而不见，虽博必谬；见之而不知，虽识必妄；知之而不行，虽敦必困。"② 即是说，听说过而没有亲眼见到，虽然听得很多，必定会有许多是错误的；见到了而不能理解，虽然记住了，必定会有许多是虚妄的；知道了而不去施行，虽然知识丰富，也必定会遇到困扰。这里妄和谬对举，是荒诞荒谬的意思。在古人看来，耳闻、目见、心知、力行，是认识事物的四个途径，但以"力行"最为重要。因为"力行"不仅可以检验通过前三种途径所获得的知识，而且还可以进一步促进对所学知识的理解与把握。

荀子把轻举妄动、打架斗殴，也看成是不道德的行为。他对这种行为的危害性做了进一步阐释："斗者，忘其身者也，忘其亲者也，忘其君者也。行其少顷之怒，而丧终身之躯，然且为之，是忘其身也；家室立残，亲戚不免乎刑戮，然且为之，是忘其亲也，君上之所恶也，刑法之所大禁也，然且为之，是忘其君也。下忘其身，内忘其亲，上忘其君，是刑法之所不舍也，圣王之所不畜也。"③

---

① 《荀子·荣辱》。
② 《荀子·儒效》。
③ 《荀子·荣辱》。

这种轻举妄动的殴斗，从小处说会丧身害己，中到连累亲属，大到甚至会危害社会，这种凭"少顷之怒"的殴斗，不仅为"刑法所不舍"，而且"辱莫大焉"。因此，荀子"甚丑之"，认为社会舆论应给予严厉的谴责。

六、修身与教化

素有礼仪之邦的中华民族在儒家伦理文化传承的过程中格外注重个人的品德修养，甚至将其视为齐家、治国、平天下的先决条件。因为千百年来积淀而成的"先天下之忧而忧，后天下之乐而乐"，"苟利国家生死以，岂因祸福避趋之"，"士不可以不弘毅，任重而道远"的这些民族精神，其根源就是儒家伦理道德文化所提倡的人生价值观，是民族精神的体现。

儒学高度重视人自身的提高，以修身为本，强调自身修养的重要性。"自天子以至于庶人，壹是皆以修身为本。"① 指出了人类社会发展的根本途径。强调包括天子在内的所有人都要以修身为本，而一切问题的解决都在于人自身修养的提升。为此，我们将儒家的修身思想进行比较研究，继承和发展其中的思想精髓和理论精华，对我们自身修养的铸造无疑是大有裨益的。

儒家的修身思想主要是围绕仁来展开的，所谓"修身以道，修道以仁"。② 孔子思想的核心就是仁，"如有博施于民而能济众，何如？可谓仁乎"③，"能行五者于天下为仁矣。请问之。曰：'恭，宽，信，敏，惠。'"④ 孔子认为，博施济众，行恭、宽、信、敏、惠五者于天下，这就是仁，也是修身思想的核心内容。

仁是一种主观的道德修养，是一种内在的道德自觉，"为仁由己"⑤，实行仁德，完全在于自己，做好事全凭自己作出决定。既然仁是"由己"的，

---

① 《大学》。
② 《中庸》。
③ 《论语·雍也》。
④ 《论语·阳货》。
⑤ 《论语·颜渊》。

那么为了达到仁，就必须要修身。因此，孔子提倡的礼就是修身的首选，将礼这种外在的制约，通过仁的德行修养，形成一种内在的、自觉的道德规范。"子曰：'克己复礼为仁。一日克己复礼，天下归仁焉。为仁由己，而由人乎哉？'"① 有一次孔子的弟子颜回请教如何才能达到仁的境界，孔子回答说：努力约束自己，一切都照着礼的要求去做，这就是仁。如果能够真正做到这一点，就可以达到理想的境界了，天下的一切就都归于仁了。实行仁德，完全在于自己，是要靠自己去努力的，难道还在于别人吗？这是孔子思想的核心内容，贯穿于《论语》一书的始终。"克己复礼"是通过人们的道德修养自觉地遵守礼的规定，是达到仁的境界的方法。孔子以礼来规定仁，依礼而行就是仁的根本要求。所以，礼以仁为基础，以仁来维护。仁是内在的，礼是外在的，二者紧密结合。孔子认为学习礼，不仅仅是要依礼而行，更重要的是要随时警惕自己不要去做失礼的事，即"非礼勿视，非礼勿听，非礼勿言，非礼勿动"，要做到这"四勿"，就必须"克己"，也就是要随时注意约束自己，克服种种不良习性和私心来战胜自己。

孔子认为，一个人能否成为有仁德的人，关键在于个人是否能够努力修养，他还特别强调人应该做好"克己"、"修己"、"正身"的修养工夫，并以自己的修身历程为例，论述修身的方法和目的。"吾十有五而志于学，三十而立，四十而不惑，五十而知天命，六十而耳顺，七十而从心所欲，不逾矩。"② 这是孔子一生修身的历程；"三人行，必有我师焉：择其善者而从之，其不善者而改之"③，"见贤思齐焉，见不贤而内自省也"。④ 人要在道德修养过程中，不断地向贤德的人学习，经常自我反省，及时发现和改正自己的错误。"躬自厚而薄责于人，则远怨矣"⑤，"己所不欲，勿施于人"⑥。主

---

① 《论语·颜渊》。
② 《论语·为政》。
③ 《论语·述而》。
④ 《论语·里仁》。
⑤ 《论语·卫灵公》。
⑥ 《论语·颜渊》。

张严于律己，宽以待人，不能把自己的意志强加于人。这是儒家修身正己的自律意识。孔子说："为仁由己，而由人乎哉?"①"修己以敬"、"修己以安人"、"修己以安百姓"，②这就是说要做一个君子，首先就要不断地修养自己。修身正己的工夫做得好，内可以持敬，外可以安人、安百姓，甚至安社稷，从而构建一个理想的社会。

修身是一个长期的过程，是一个人毕生坚持不懈的事情。《中庸》说："君子不可以不修身，思修身不可以不事亲，思事亲不可以不知人，思知人不可以不知天。"因为"好学近乎知，力行近乎仁，知耻近乎勇。知斯三者，则知所以修身；知所以修身，则知所以治人；知所以治人，则知所以治天下国家矣。"可见，只有"身修而后家齐，家齐而后国治，国治而后天下平。自天子以至于庶人，壹是皆以修身为本"③。这就是说人只有提高了自己的品德修养，而后才能"齐家、治国、平天下"；从天子到百姓，都要把自身的修养作为根本。在儒家的修身思想中，还特别注重修养中的"慎独"。"是故君子戒慎乎其所不睹，恐惧乎其所不闻。莫见乎隐，莫显乎微，故君子慎其独也。"④儒家认为君子应该在无人监督的时候，也是恭敬谨慎的。所以一个人独处时更要小心翼翼地按道德规范行事，乃是一个人修养的重要方面。

"修养"一词原本是"修身"和"养性"两个不同的概念，正如《孟子·尽心上》中所描述的："存其心，养其性，所以事天也。殀寿不贰，修身以俟之，所以立命也。"直到宋代程颐才将两者结合起来，首次提出了"修养"一说。综观儒家的修身观，孟子与孔子都主张通过弘扬主体性精神加强道德修养，以塑造高尚的道德人格。其实，修身的过程是一个长期坚持，持之以恒的过程，只有意志坚强的人，才能最终得到自身修养的提升，从而达到儒家仁的境界。在孟子的思想里，"人皆可为尧舜"的道德理想将"圣人"平民化，不再是孔子观念中圣人的高不可及，无法达到。这样，孟

---

① 《论语·颜渊》。
② 《论语·宪问》。
③ 《大学》。
④ 《中庸》。

子就给人们提供了一个平台，几乎是零门槛的平台，只要你愿意，然后付诸努力，就能够成就自我，也就是说，通过修身达到道德修养的最高境界。

由此看来，孟子的"圣人"洋溢着浓郁的生活气息，可敬又可亲。孔子和孟子都特别强调"修身在己，成德在我"。认为道德修养在本质上是人自身自我完善的自觉自愿的过程，都强调主观能动性的作用，修身是自我道德的提升。

孟子的道德修养方法是以性善论为基础，以仁义为核心的。"仁，人心也；义，人路也。"① "仁，人之安宅也；义，人之正路也。"② 孟子主张"以义求仁"、"以义成仁"。义是为人处世所应当遵循的基本原则，无论做什么事情，都要始终贯彻以义为标准的思想，从而达到仁之本心和善之本性，达到"富贵不能淫，贫贱不能移，威武不能屈"和"舍生取义"的目的。

孟子从其性善论的思想出发，认为修身的方法有："存心"、"寡欲"、"诚意"和"养气"四个方面。

"存心"，也称之为"求放心"，求丧失掉的本心、良心和善心，即保持自己"善端"的本性不变，保持仁义之心而不失掉。注重存心养性，深造自得，得有不得，而求诸己。人与禽兽的根本区别在于，人有礼义道德，有恻隐、羞恶、辞让和是非之心。这"四心"本来是人人都有。君子之所以比一般人道德高尚，就在于他能"存心"。所以，圣人"何以异于人哉？尧舜与人同耳"③，只要做到"存心向善"，那么人人都有可能成为尧舜。

"寡欲"，就是节制欲望，不受物质利诱而丧失良心，破坏伦常秩序。"养心莫善于寡欲。其为人也寡欲，虽有不存焉者，寡矣；其为人也多欲，虽有存焉者，寡矣。"④ 孟子不主张禁欲也不主张纵欲，而是把欲加以控制，使其在一定限度内。

"诚意"，就是端正修养态度。"居下位而不获于上，民不可得而治也。

---

① 《孟子·告子上》。
② 《孟子·离娄上》。
③ 《孟子·离娄下》。
④ 《孟子·尽心下》。

获于上有道，不信于友，弗获于上矣。信于友有道，事亲弗悦，弗信于友矣。悦亲有道，反身不诚，不悦于亲矣。诚身有道，不明乎善，不诚其身矣。是故诚者，天之道也；思诚者，人之道也。至诚而不动者，未之有也；不诚，未有能动者也。"① 孟子在这里是讲事上、交友、事亲的相互关系。他认为，要处理好这些关系，必须以悦亲为基础。悦亲要真情实意，即"诚身有道"，要做到这一点，就要"明乎善"，即懂得人的本性善，在于良心的自觉。明善才能诚身，进而肯定了自我的道德责任，强调了自我检查和自我批评的重要性。道德修养中的主观能动性，再借助于理性进行自我审视，自我反省，就可以达到"诚"的境界。

"养气"，是孟子提出的又一重要道德修养方法，"我善养吾浩然之气"。孟子认为，天地之间存在着一种"浩然之气"，它不是主观臆想的产物，而是人的仁义道德修养达到一定高度后所呈现的一种正义凛然的精神状态，是对渺小个体和懦弱意志的双重超越。只有不间断地积淀平时的修养，才能使充塞于天地之间的浩然之气油然而生，长存不散，从而为自己培养起一种"至大至刚"的崇高品格。

"天将降大任于是人也，必先苦其心志，劳其筋骨，饿其体肤，空乏其身，行拂乱其所为，所以动心忍性，曾益其所不能"，② 倘若上天要把重要的任务赋予某人，一定要先让他磨砺心志，劳乏筋骨，经历穷苦，忍受饥饿，凡事皆不能如意，这样才可以震动他的心意，坚忍他的性情，增加他所缺少的才能。这也正是一个想要成就事业的人所必须具备的必要条件，那就是在逆境中不但没有被击倒，反而更加奋发自强，能用百折不挠的韧性和持之以恒的毅力将不利的因素转化为成功的种子，走出困境，才能称之为大丈夫！

"修身"，这一伦理范畴是先秦儒家大师荀子提出的，后被纳入《大学》，作为"八条目"的承上启下的关键条目。"八条目"即为"格物、致知、诚意、正心、修身、齐家、治国、平天下"。《大学》中还提出了"大

① 《孟子·离娄上》。
② 《孟子·告子下》。

学之道，在明明德，在亲民，在止于至善"的"三纲领"，作为修身养性的重要准则。

荀子修身对于道德境界的培养和精神品格的提升都有着重要的作用，小自个人，大到家国，修身的影响力无处不在，"仁、义、礼、善之于人也，譬之若货财、粟米之于家也；多有之者，富；少有之者，贫；至无有者，穷。故，大者不能，小者不为，是弃国捐身之道也"①，"请问为国。曰：闻修身，未尝闻为国也。君者，仪也；民者，景也；仪正而景正。君者，槃也；民者，水也；槃圆而水圆。"② 修身养性是一件关系到个人安危、国家存亡的大事，统治者治国的根本也在于自我修身。

荀子认为，修身的首要任务是学习，学习是达到修养目的最根本的手段。学习可以提高认识，使人得到锻炼和完善。"学不可以已。青取之于蓝而青于蓝；冰水为之而寒于水。木直中绳，輮以为轮，其曲中规，虽有槁暴，不复挺者，輮使之然也。故，木受绳，则直；金就砺则利；君子博学，而日参省乎己，则知明而行无过矣。"③ 荀子认为学习是不能停止的，学海无涯，君子通过自身的努力，广泛地学习，每天都要自我反省，这样就会智通神明，行为也就没有什么过错了。学习修身最要紧的是端正学习态度，明确学习目的，勤奋刻苦，用心专一，从而提高自身的修养，"不积跬步，无以至千里，不积小流，无以成江海。骐骥一跃，不能十步；驽马十驾，功在不舍。锲而舍之，朽木不折；锲而不舍，金石可镂……故君子结于一也。"④ 修身要自觉地以人为鉴，取长补短，识人善学，"见善，修然必以自存也；见不善，愀然必以自省也；善在身，介然必以自好也；不善在身，菑然必以自恶也。故，非我而当者，吾师也；是我而当者，吾友也；谄谀我者，吾贼也。"⑤ 荀子认为人性虽恶，但通过后天的教化和学习，可以成为一个有道德的人。因此学习是修身的根本，学习是修身的必经之路。而行则是学习和修

---

① 《荀子·大略》。
② 《荀子·君道》。
③ 《荀子·劝学》。
④ 《荀子·劝学》。
⑤ 《荀子·修身》。

养过程的最高阶级。荀子不仅重视学习，而且强调道德实践的重要性，重视以道德实践和政治实践为主，以学而能行为最可贵，道德实践活动可以提高人的精神境界。《荀子·儒效》中说："不闻，不若闻之；闻之，不若见之；见之，不若知之。学至于行之，而止矣。"修身只有通过学习然后落实到行为上才算获得了真知，达到了目的。"不闻，不若闻之；闻之，不若见之；见之，不若知之。学至于行之，而止矣。行之，明也。明之，为圣人。"可见，在荀子的观念中，学与行是修身最重要的方法，二者相辅相成，融会贯通，最终可为君子，甚至成为儒家理念中的圣人。

修身的关键是诚。诚是真情实意，发自内心的，同时诚又是学与行的基础和内在根据。不诚则不能慎独，不能慎独则不能始终形之于外而见之于行。荀子把道德品质看成是教育和环境的产物，因此其修养方法则多注重学与行，同时荀子既重视自我修身，也重视社会环境的熏陶和教育的作用。"蓬生麻中，不扶而直；白沙在涅，与之俱黑。"① 正因为儒家的这种观念，才会有孟母三迁的故事，可见，环境对于自身修养的重要性。

以儒家为代表的中国传统文化非常注重人的道德修养问题，"自天子以至于庶人，壹是以修身为本"，形成了系统完备的修身理论，至今还闪烁着智慧的光芒。儒家修身论中敬天保民的责任伦理、天下为公的道德情怀和修身正己的自律意识，直至今天，仍然值得我们学习和借鉴。

如果说修身是道德修养内化的过程，那么教化则是道德提升的外在手段。一种文化精神，"教化"是其核心。在西方，教化是由宗教来承担的；在中国，教化则是由儒家哲学占据主流地位。作为中国古代道德文化精神核心的教化之道，最初是由周公奠定的，为中国儒家教化理论奠定了两个理论基础：一是对血缘亲情纽带的重视；二是以情感为道德教化的核心。

承继周公，孔子也把道德的根基奠于亲情之上。高度重视孝悌的教化，目的是通过直接的血缘亲情来维护君君臣臣、父父子子的秩序。突出强调人道情怀即仁作为礼乐的核心价值地位。

---

① 《荀子·劝学》。

仁是儒家最高的道德追求，其本质是爱。孔子之仁主要体现在两个方面，即：其一，人伦关系：父子、夫妻和兄弟等，是建立在血缘亲情之上的伦理关系；其二，天地之仁：仁存在于宇宙万物之中，教化万民，施政治国。因此，孔子认为，道德教化的核心是仁。"孝悌也者，其为仁之本与！"① 是道德意识的始点，把孝亲敬兄的情感推而广之，就能扩展人们的精神空间，成就深厚的道德品质。"见贤思齐焉，见不贤而内自省也。"② 向贤者学习，不断反省自己，提升道德修养。"苟志于仁矣，无恶也。"③ 教化人们克制欲望，立志于仁德。仁是孔子伦理思想的核心，也是孔子提出的最高道德原则和道德评价标准，更是最为重要的道德规范，道德修养的目的。

在孔子的时代，政治混乱，礼崩乐坏，没有了精神的家园，人们在心灵上缺少了皈依感，君主施政治国，也没有理念的支持，社会急需道德规范，而孔子适时提出了德治的观念，宣传道德感化主张，强调以德教化万民。"子为政，焉用杀？子欲善而民善矣。"④ 孔子强调道德感化的作用，认为治理国家不要靠杀戮，要用自己的道德行为去感化人民，执政者作善事，百姓也就跟着作善事。所谓"其身正，不令而行；其身不正，虽令不从"。⑤ 就是强调君主严于律己，能行善事在治理国家中的重要作用。"道之以政，齐之以刑，民免而无耻；道之以德，齐之以礼，有耻且格。"⑥ 说明道德治国应是第一位的，道德教化远比刑罚高明。他认为不加教育便要杀戮叫做虐，不加申诫便要成绩叫做暴。虐和暴都是为政治国的大患，是要不得的。反对暴与虐，提倡"宽猛相济"的统治方法，只要"为政以德"，就能"众星拱之"。

作为至圣先师的孔子，主张"不教而杀谓之虐"⑦，强调教化的作用和

---

① 《论语·学而》。
② 《论语·里仁》。
③ 《论语·里仁》。
④ 《论语·颜渊》。
⑤ 《论语·子路》。
⑥ 《论语·为政》。
⑦ 《论语·尧曰》。

重要性。不加以教育便杀戮叫做虐，教的内容则是注重教育即正面引导，树立好的榜样与典型鼓励"官吏"洁身自爱、廉洁奉公。历史的经验告诉我们，惩办主义不教而诛，不仅不能教育犯错误的人改正错误，反而会伤害他们。古人是通过教育去实现管理目的的。同样，伟大领袖毛主席的管理工作也是通过教育完成的。"团结——批评——团结"，"惩前毖后，治病救人"，这些格言，既是理论，也是成功实践。

孟子继承孔子仁的思想，将"爱亲"的意识加以推广，提出"仁者爱人"的思想。他在发挥孔子"爱人"的思想时，突出地强调了"仁民"说，即以爱百姓为统治者的最高道德。这就是他说的"仁政"。

孟子认为，"仁政"是以其道德学说为基础的。在孟子看来，一个统治者应是一位"仁者"，其政绩应体现爱百姓的品德。

孟子的教化思想同样指向成德之教。成德之教就是让善性通过推广、涵养而成就己德。这就是一个不断提升的教化过程。孟子进一步强调仁在人心中的显露，同时将仁义并举。"鱼，我所欲也，熊掌亦我所欲也；二者不可得兼，舍鱼而取熊掌者也。生亦我所欲也，义亦我所欲也；二者不可得兼，舍生而取义者也。"[①] 孟子认为，当义与利处于相互冲突、无法兼顾的处境时，义的选择就是绝对优先的。孟子将这种思想赋予了更多的政治意义，使理论与实践相结合，达到"知行合一"的效果。

因此，在仁政、富民与教化三者之间，孟子根据战国时期的经验，总结各国治乱兴亡的规律，提出了一个富有民主性精华的著名命题："民为贵，社稷次之，君为轻。"认为如何对待人民，对于国家的治乱兴亡，具有极端的重要性。孟子十分重视民心的向背，通过大量历史事例反复阐述这是关乎得天下与失天下的关键问题。孟子说："夫仁政，必自经界始。"所谓"经界"，就是划分整理田界，实行井田制。孟子所设想的井田制，是一种封建性的自然经济，以一家一户的小农为基础，采取劳役地租的剥削形式。每家农户有五亩之宅，百亩之田，吃穿自给自足。孟子认为，"民之为道也，有

---

① 《孟子·告子上》。

恒产者有恒心，无恒产者无恒心"，只有使人民拥有"恒产"，固定在土地上，安居乐业，他们才不去触犯刑律，为非作歹。孟子认为，人民的物质生活有了保障，统治者再兴办学校，用孝悌的道理进行教化，引导他们向善，这就可以造成一种"亲亲"、"长长"的良好道德风尚，即"人人亲其亲、长其长，而天下平"。孟子认为统治者实行仁政，可以得到天下人民的衷心拥护，这样便可以无敌于天下。

主张"性恶论"的荀子与孟子的观念不尽相同，他不相信人有所谓的"良知良能"，而认为"礼义之道"是个人向"圣人"或"先王"学习得来的，礼既表示政治范畴，又表示道德范畴。荀子非常重视礼，把礼放在首位。礼义并称，提出"隆礼贵义"说。礼，是道德行为的规范，"夫行也者，行礼之谓也。礼也者，贵者敬焉，老者孝焉，长者弟焉，幼者慈焉，贱者惠焉"。① 礼主要起"化"的作用，法主要起"治"的作用。礼是统治的准则。因此，法必须根据礼来制定。"圣人化性，而起伪；伪起，而生礼义；礼义生，而制法度。"② 改变本性的恶，树立人为的善，随着人为的善的树立就产生了礼义，随着礼义的产生就制定了法度。"法者，治之端也。"③ 可见荀子的政治思想是以礼义为主体而又兼重法的。

荀子不但非常强调"礼义教化"的重要性，而且还很重视"隆师亲友"在道德修养中的作用。他提倡要"求贤师而事之，择良友而友之"。因为"得贤师而事之，则所闻者尧、舜、禹、汤之道也；得良友而友之，则所见者忠、信、敬、让之行也"④。也就是说，与"良师益友"相处，所闻所见，都受到道德的教益。相反，"与不善人处，则所闻者欺、诬、诈、伪也，所见者污、漫、淫、邪、贪利之行也；身且加于刑戮，而不自知者，靡使然也"。⑤ 可见，师友对个人的品行具有潜移默化的影响，而且这种影响因师友之间品行的差别而绝不相同。

---

① 《荀子·大略》。
② 《荀子·性恶》。
③ 《荀子·君道》。
④ 《荀子·性恶》。
⑤ 《荀子·性恶》。

荀子还根据对个体发展提供有益意见的多少，区分了师、友、贼三类人。即："非我而当者，吾师也；是我而当者，吾友也；谄谀我者，吾贼也。故，君子隆师而亲友，以致恶其贼。好善无厌，受谏而能诫。虽欲无进，得乎哉？"① 即说批评我而所言恰当的人，是我的老师；赞誉我而所言恰当的人，是我的朋友；献媚阿谀我的人，是害我的谄贼。所以君子尊崇老师而亲近朋友，对于谄贼则深恶痛绝。如果人们能够经常接触良师益友，虚心接受他们的正确意见，远离那些阿谀奉承之人，则必然会获得进德修业上的不断进步。

荀子对教师的重视，除却"礼者，所以正身也；师者，所以正礼也。无礼，何以正身？无师，吾安知礼之为是也"② 这种修身的考虑，也与当时社会盛行私学，百家争鸣的现状息息相关。他说："国将兴，必贵师而重傅；贵师而重傅，则法度存。国将衰，必贱师而轻傅；贱师而轻傅，则人有快，人有快，则法度坏。"③

这一君师并称的思想主张，将儒家的尊师重教思想推到了制高点。后来韩愈"举世不师，故道益离"，苏轼"斯文有传，学者有师"的提出更使这一主张得以传承和发扬光大。尤其是新中国成立后，教师节的确立，教师法的颁布以及科教兴国、教育立国思想战略的制定，从某种意义上都可以理解为儒家的尊师重教思想在新形势下的继承和发展。可见，教化对个人、家国的重要性。

七、和与同

在人的身心、人与人、人与社会、人与自然的关系上，中国传统文化历来主张平衡和谐，"以和为贵"是中国文化的根本特征和基本价值取向。《论语·子路》中"君子和而不同，小人同而不和"正是对和这一理念的具

① 《荀子·修身》。
② 《荀子·修身》。
③ 《荀子·大略》。

体阐述。"和而不同"，就是追求内在的和谐统一，而不是表象上的相同和一致。

和与同的概念，早在《国语》和《左传》中就已有涉及，"和实生物，同则不继"①，"以他平他谓之和"。②"他"，有"不同"的意思，即在不同中寻找相同相近的事物或道理，也就是寻求和的过程。后来，儒家的大师孔子将和与同的概念引申发挥，联系到为人处世和为政治国的领域，将其作为区别"君子"与"小人"的重要特征，并被儒家学者继承和发展，成为儒家学说的重要组成部分。

《论语·子路》篇中，子曰："君子和而不同，小人同而不和。"是说君子在人际交往中，能够与他人保持一种和谐友善的关系，但在对具体问题的看法上，却不必苟同于对方。小人却习惯于在问题的看法上迎合别人的心理，不讲究原则，盲目附和别人的言论，但在内心深处却并不抱有一种和谐友善的态度。"和而不同"是孔子思想的深刻哲理和高度智慧的体现，其中和与同是一对互为对待的范畴。和是指不同事物与因素在差异性与多样性基础上的协调统一，同则是排斥了差异性与多样性的绝对同一。所以，儒家文化中，和的主要精神是"和而不同"，通过协调"不同"，使各个事物都能得到新的发展，形成新的事物，达到新的和谐统一。

换言之，"和而不同"就是要承认"不同"，在"不同"的基础上寻求和，从而达到本质上的相近或相似。孔子讲"和而不同"重在揭示君子与小人对事物的看法不同。儒家把"和而不同"看作是区分君子与小人本质的标准之一。君子虽然与他人思想观念不一样，但能够与他人和睦相处；小人表面上与他人思想观念一样，但不能够与他人和睦相处。君子在内心求取相同的内容，而小人求的是表面的现象，这正是君子与小人追求的理想不同，处事的态度不同。

因此，"和而不同"是中国传统君子文化的重要组成部分，也是中国儒

---

① 《国语·郑语》。
② 《国语·郑语》。

家伦理文化中的重要精神特征之一，更是当今时代发展的重要思想来源。

孔子的思想体系中，有很多理念历时千年仍然长盛不衰，能够与时俱进，结合时代的发展需要，发挥其积极的指导作用和实用的现实价值。其中，"己所不欲，勿施于人"被《世界人类责任宣言》确定为全球治理的"黄金规则"；而"君子和而不同"作为中华民族优秀传统文化的精髓，在我们不断认识世界、改造世界的时代，对发展中国特色社会主义与构建和谐社会起到至关重要的作用，其深刻的内涵和思想价值得到了更多的丰富和发展，从而为世界多元化的形成提供积极的启示意义和卓然的指导价值。

尤其是改革开放以来，中华民族伟大复兴，经济建设与道德法制齐头并进，列为同等重要的大政方针，2005 年中国国家主席胡锦涛在联合国大会首次提出了构建和谐世界的理念。构建社会主义和谐社会，把提高构建社会主义和谐社会的能力作为加强党的执政能力建设的重要内容，是党的十六大和十六届三中、四中全会提出的重要任务，是当前抓住和利用重要战略机遇期，实现全面建设小康社会宏伟目标的必然要求，同时也体现了我们党对中国优良传统文化的继承和发扬。近年来，随着"和而不同"与十七大提出的深入贯彻落实科学发展观相结合，与积极构建社会主义和谐社会相联系，更加深了对和与同理念的深入研究和普遍关注，从而使传统文化与时代精神相互观照，发挥其积极的指导意义。这里所谓的和谐社会，是人类孜孜以求的一种美好社会形态，是依循民主法治、遵从公平正义、相信诚信友爱、充满生机活力、安定有序、繁荣发展、人与自然可以和谐相处的社会。构建社会主义和谐社会是我们党顺应历史发展，为推进中国特色社会主义伟大事业作出的重要战略举措，是全面落实科学发展观的必然要求，这样由中国共产党领导，全国人民共同建设、共同享有的和谐社会，从某种意义上说就是"和而不同"的社会。

由"和而不同"到"协和万邦"①，对中华民族几千年的融合发展起到了至关重要的作用，通观人类发展史，人类由原始氏族发展为部落、部落联

———————
① 《尚书·尧典》。

盟、酋邦、国家，是不断融合发展的，这是历史的总趋势，人类必然会走向大同时代。中国文化中"协和万邦"的理念促进了民族的涵化、融合和"大一统"国家的建立，是中国文化的特有思想，对人类文明具有永久性价值。胡锦涛总书记在南非比勒陀利亚大学发表重要演讲时也说："中华民族历来爱好和平，主张强不凌弱、富不侮贫，主张协和万邦。"可见，"协和万邦"是我们的老祖先留给我们的宝贵精神财富，"协和万邦"这一古老的智慧明灯，必将引领着中国构建和谐社会，乃至引领着人类社会走向大同的世界。

自古以来，中华民族就崇尚"和"的文化，主张为政仁和、为人谦和、民风纯和、家庭和睦，和始终是中华民族的精神追求，是中国传统文化的精髓所在。"和而不同"是我们党把马克思主义与中国的具体实践相结合，通过吸收祖国优秀传统文化所产生的理论精髓。因此，深刻辩证领会"和而不同"思想内涵并运用于指导社会实践，对于贯彻落实科学发展观、积极构建社会主义和谐社会、实现全面建设小康社会新目标，都具有重大的现实意义，进而与国际社会一道，共同推动构建一个持久和平、共同繁荣的和谐社会。

随着现代社会的不断发展，人们对和与同的研究逐步深化，从不同角度上诠释了它的含义。这为我们更好地解读《礼记·礼运》中提出的大同思想提供了更广阔的思考空间。"礼运大同"以其独特的概括性、包容性、超越性揭示了许多经久不衰的深刻命题，形成了一股社会变革中批判封建主义、判断资本主义、追求社会主义的民族文化洪流。在中国特色社会主义发展过程中，它又实现着实践转型，成为其中的主导性话语。

《礼记·礼运》中说："大道之行也，天下为公。选贤与能，讲信修睦，故人不独亲其亲，不独子其子，使老有所终，壮有所用，幼有所长，鳏寡孤独废疾者，皆有所养。男有分，女有归。货恶其弃于地也，不必藏于己；力恶其不出于身也，不必为己。是故谋闭而不兴，盗窃乱贼而不作，故外户而不闭，是谓大同。"

由此可知，儒家大同的思想中总体来说是摒除私有制，每个人都是为社会劳动，而不是为一己私欲。对内，社会福利空前高涨，生老病死都有社会共同承担，大家各尽其能，各安其位，所有收获都平均分配，没有等级，没有剥削，社会安定团结，秩序井然，而那些担任社会公职的人员，则是真正的人民公仆，由大众推选而成。对外则"讲信修睦"①，与邻国友好往来，没有战争和国际阴谋，和平共处，共谋发展。

上述儒家的大同世界，正如《礼记正义》中说："天下为公，谓天子位也，为公谓揖让而授圣德，不私传子孙，即废朱、均而用舜、禹也。"这是一种全民公有制，无论是至高无上的权力，还是日常生活的财物，都是全体社会公民共同所有的，没有剥削与被剥削阶级，只有公平推选，合理任用，各尽其才，各司其职。人与人之间和谐相处，平等互助，坦诚相待，没有尔虞我诈，没有利害关系，没有战争，天下承平，人们过着丰衣足食，安居乐业的幸福美满生活。在大同世界里，人们不必为衣食担忧，因为拥有完善的社会保障体系，"老有所终，壮有所用，幼有所长，鳏寡孤独废疾者，皆有所养"。任何人都能得到社会的关怀，任何人都主动关心社会。

大同世界作为一种理想的社会形态，可以说是长久思想积淀，融会贯通而成的，大多思想几乎与现代社会的理念互通。和谐社会与大同世界，从某种意义上看，都是理想社会模型的追求，只是所处阶段不同，也许有一天，人类社会真的可以进入《桃花源记》中所描述的理想乐土。

中华民族传统文化百家争鸣，百花齐放，其中尤以先秦儒家文化为表率，几乎贯穿中华文明的始终。先秦儒家伦理道德思想作为儒家文化的核心之一，以仁义道德为人类行为的准则，在儒家先贤孔子、孟子和荀子的深入贯彻和努力推广之下，不断发扬光大，逐渐形成了具有广泛凝聚力和向心力的中华民族精神，其影响之深远，意义之重大，足可以穿越时空的界限，对今时今世的政治文化发展仍具有重要的指导意义。

泱泱中华，礼仪之邦，伦理文化，源远流长。

---

① 《礼记·礼运》。

第六章　先秦儒家伦理文化的道德修养方法

　　在我国古代伦理思想史上，最早提出"修养"一词的是宋代的程颐，他说："修养之所以引年，国祚之所以祈天永命，常人之至于圣贤，皆工夫到这里，则自有此应。"① 意思是说修身养性之所以能延年益寿，国运之所以能通过祈求天佑而长久保持，普通人之修习而成为圣贤，都是工夫下到了这一地步，就自然会有这样的回报。在这里，"修养"的意思是修身养性，这一含义也一直沿用至今。然而在中国伦理思想史上最早提出修养思想的人却是孔子。孔子在《论语》中阐述了许多关于修养的思想，常常提到"修德"、"克己"、"正身"、"修己"等概念，如"道之以德，齐之以礼"②，"克己复礼为仁"③，"修己以安人"④，"其身正，不令而行"⑤ 等，这些概念虽然提法不同，但其内在含义都是指通过个人都努力和外界因素的帮助，来修养自己，也就是按照"礼"的规范来约束自己。孟子在孔子修养思想的基础上，对修养思想有所发展，并提出了"修身"和"养性"的思想，既继承了孔子的思想成果，也启发了后来的思想家，其中最具代表性的就是荀子，他在《荀子》一书中，经常提到"修身"一词以及他所主张的修身方法和原则，并单独列出《修身》一章，比较系统而全面地阐述了儒家对修身养性的主张。

---

　　① （宋）朱熹著，（清）江勇集解，查洪德注译：《近思录》，中州古籍出版社2004年版，第63页。

　　② 《论语·为政》。

　　③ 《论语·颜渊》。

　　④ 《论语·宪问》。

　　⑤ 《论语·子路》。

一、孔子的道德修养方法

（一）"为仁由己"的修养方法

在儒家道德修养方法中，"为仁由己"具有非常重要的地位和作用。而要理解"为仁由己"修养方法的真正内涵，首先就要理解儒家思想中仁的含义。

在《论语》中，有多次对仁的论述。在这些论述中，孔子对仁的界定根据学生所遇到的具体情况而有所不同，例如"仁者爱人"①，"仁者不忧"②，"克己复礼为仁"③，"仁者，其言也讱"④，"仁者先难而后获"⑤，"能行五者于天下，为仁矣"⑥，"刚、毅、木、讷近仁"⑦ 等。

可见，在《论语》中，孔子并没有直接阐发什么是仁，而是告诉人们怎样做才能接近仁、达到仁。但是，我们可以从中归纳出几点：

1. 仁是一种内心情感

樊迟问仁。子曰："爱人。"⑧ 仁作为一种内心情感，其基础是"爱人"，而"爱人"的原始情感是"孝悌"。孔子说："孝悌也者，其为仁之本与?"⑨ "弟子，入则孝，出则悌，谨而信，泛爱众，而亲仁。行有余力，则以学文。"⑩ 在此，孔子认为"爱人"首先要爱自己的家人，在父母家人面前就要孝顺父母，遵从兄长；出门在外，要听从师长，言行要谨慎，要诚实守信，要广泛地爱众人。爱自己的家人，是一种以血缘为纽带的原始情感，同

---

① 《论语·颜渊》。
② 《论语·子罕》。
③ 《论语·颜渊》。
④ 《论语·颜渊》。
⑤ 《论语·雍也》。
⑥ 《论语·阳货》。
⑦ 《论语·子路》。
⑧ 《论语·颜渊》。
⑨ 《论语·学而》。
⑩ 《论语·学而》。

时也成为人与人相处的一种情感始点。事实上，此处的"仁"不仅表达了一种热爱自己父母、兄弟姐妹和家人的情感，同时也要求人们"泛爱众"。也就是把对家人的"小爱"扩展和转化成对朋友、对其他人甚至是对世间万物的一种"博爱"。"厩焚。子退朝，曰'伤人乎?'不问马。"马厩着火，孔子问人不问马，也是儒家"爱人"思想的经典体现之一。后来孟子的"恻隐之心"①、"老吾老，以及人之老；幼吾幼，以及人之幼"② 都是继承了孔子的"爱人"思想。

2. 仁是一种道德准则

子曰："老者安之，朋友信之，少者怀之。"③ 孔子的志向是让老年人安心，被朋友们信任，让年轻的子弟们都得到关怀。可见，孔子这样的志向是接近仁的。这也是孔子对其心目中的理想社会的一种描述和期望。那么这样的愿望如何才能实现呢? 要靠每一个人都自觉地向仁靠近并努力修养仁德。孔子说："人而不仁，如礼何?"④ 又说："里仁为美。择不处仁，焉得知?"⑤ 孔子告诫人们要与仁德的人居住在一起，才是明智的。子曰："仁者安仁"⑥，"君子无终食之间违仁，造次必于是，颠沛必于是"⑦。由此，我们可以说，修养仁德，从人类最原始的情感出发，也就是从"孝悌"到"泛爱众"便形成了一种道德准则。孔子又说："为仁由己，而由人乎哉?"⑧ 也就是说修养仁德要全靠个人自身的努力，不能靠别人。试想，如果人人都能够按照这样的标准去做，首先孝敬父母、尊重自己的兄弟姐妹，出门在外尊敬长者、爱护他人，同时热爱自然，那么一定会出现家庭和睦、社会安定和谐、人与自然和谐发展的祥和局面。这也说明儒家思想中，非常重视人的地位和作用，在修养仁德的过程中重视个人的努力，这是儒家人文思想的集中

---

① 《孟子·公孙丑上》。
② 《孟子·梁惠王上》。
③ 《论语·公冶长》。
④ 《论语·八佾》。
⑤ 《论语·里仁》。
⑥ 《论语·里仁》。
⑦ 《论语·里仁》。
⑧ 《论语·颜渊》。

体现。

"爱人"的体现则是"忠恕":"己欲立而立人,己欲达而达人"①,"其恕乎!己所不欲,勿施于人"②。就是说仁德的人,自己想要在社会上立足,也要让别人在社会上立足;自己想要获得成功,也要让别人获得成功。自己不愿意的,就不要强加给别人。孔子从正反两方面来告诉人们如何成为一个有仁德的人,这既是道德修养成仁的途径,同时也成为几千年来人们修身养性的道德准则之一。

3. "仁"是一种治国之道

子曰:"为政以德,譬如北辰居其所而众星拱之。"③ 这是孔子主张的"为政以德"的治国原则。而德的深层内涵和最高标准则为仁。俗话说:"正人先正己。"孔子认为作为一个贤明的君主,要治理国家、管束百姓,首先要"正身"。子曰:"其身正,不令而行;其身不正,虽令不从。"④"苟正其身矣,于从政乎何有?不能正其身,如正人何?"⑤ "道之以德,齐之以礼,有耻且格。"⑥"政者,正也。子帅以正,孰敢不正?"⑦ "上好礼则民莫敢不敬"⑧ ……这都说明了作为君主,要首先成为一个具有仁德的人,要用仁爱的心和治国方略去统治自己的国家,才能使臣民们拥护和爱戴,才能使自己的统治延续下去。后来,孟子将孔子的这种思想发展为"仁政"思想,而"仁政"思想也被许多统治者所接纳和采用。

颜渊问仁。子曰:"克己复礼为仁。一日克己复礼,天下归仁焉。为仁由己,而由人乎哉?"⑨ 在此,孔子提出"为仁由己"思想。颜渊向孔子请教怎样做才是符合仁的,孔子回答说,克制自己,一切都按照礼的要求去

---

① 《论语·雍也》。
② 《论语·卫灵公》。
③ 《论语·为政》。
④ 《论语·子路》。
⑤ 《论语·子路》。
⑥ 《论语·为政》。
⑦ 《论语·颜渊》。
⑧ 《论语·子路》。
⑨ 《论语·颜渊》。

做，这就是仁了。一旦这样做了，天下的一切就都归于仁了。实行仁德，完全在于自己，难道还在于别人吗？仁是儒家伦理思想和政治思想的核心部分，而其终极目标则是培养"圣人"和"君子"。在这里，"克己复礼"是孔子对仁的主要诠释。孔子认为只要人们能克制自己，主要是克制自己的不良习惯和贪婪的欲望，使自己的行为符合礼的要求，就是做到了仁德。一个人能否成为具有仁德的"圣人"或"君子"，关键在于个人是否愿意努力向仁，正所谓"我欲仁，斯仁至矣"。① 按照孔子的规定，礼就是规范，是仁的内在依据，仁是礼的外在表现。也就是说要按照社会的伦理原则和规章制度来规范自己的言行，便是做到了仁。"克己复礼"就是人们通过修身养性自觉遵守礼的规定。孔子认为，只要人们的言行都能向仁靠近，那么就会出现更多的"圣人"和"君子"，人与人之间的关系就会更加和谐，社会也因此更加安定。一个"己"字，充分重视到并说明了人自身在道德修养过程中的重要作用，这也说明培养高尚的道德要充分发挥人自身的主体性和主观能动性，"为仁"应该是"圣人"、"君子"们的主观需要。孔子同样主张在做事情和修身养性的过程中，出现问题要在自己身上找原因，如"君子求诸己，小人求诸人"②，"不患无位，患所以立。不患莫己知，求为可知也"③，"不患人之不己知，患其不能也"④，"君子病无能焉，不病人之不己知也"⑤ 等。

儒家思想历史悠久，源远流长，在几千年的发展和完善中逐渐形成了诸多系统的教育方法，"为仁由己"思想就是其中之一，它反映了儒家思想中深刻的人本主义色彩，为人们修养仁德成为"圣人"、"君子"提供了可能性和基本的方法指导，成为"圣人"、"君子"们道德修养的重要途径。"为仁由己"思想在今天也具有十分重要的理论研究价值和实践意义。

首先，"为仁由己"思想要求我们在道德修养过程中注重实践的作用。儒家教育思想历来注重实践。"'为仁由己'向我们展现的是儒学的实践理

① 《论语·述而》。
② 《论语·卫灵公》。
③ 《论语·里仁》。
④ 《论语·宪问》。
⑤ 《论语·卫灵公》。

性精神。"① 而道德修养是一个将社会要求的道德行为规范经过"内化——外化——反馈调节和重新教育"的过程并逐渐养成良好的行为习惯的实践过程，在此过程中，实践的作用的是尤为重要的。②

其次，道德修养要重视人的主体性作用。孔子所讲的"为仁由己"具有鲜明的主体意识。孔子说："性相近也，习相远也。"③ 也就是说人生来本性是相近的，只是由于后天的习染不同才互相有了差别。所以要想成为具有仁德的人，就需要后天的学习和修炼。而修身养性是人们的一种自主修炼的实践过程，在这一过程中，就需要修身主体首先具有强烈的修身欲望，其次具有高度的自律能力、自我反省能力和自我教育能力。只有这样，主体才能使自己逐渐成为具有仁德的人，接近"圣人"或"君子"的道德境界，成为对社会有用的人，进而实现其自我价值和社会价值的统一，即"人皆可以为尧、舜"。④

最后，"为仁由己"思想促使社会安定和谐。在市场经济条件下，商品化和信息化高度发达，人们的生活方式发生了极大改变，个性化发展的趋势日渐高涨，这就使得道德评价标准趋于多元化甚至利益化，难免使社会主义和谐社会的构建面临诸多困难。这就需要人们面对利益和诱惑时，在复杂的社会环境中坚守道德底线，克制自身的不正当言行和欲望，严于律己，自觉遵守法律以及道德规范和原则，这不仅关系到个人的道德修养问题和发展问题，更关系到整个社会的道德价值取向和社会安定和谐，对于构建社会主义和谐社会具有重要的实践意义。试想，如果人人都能从我做起，从小事做起，严守国家法律和社会道德准则，以社会主义荣辱观严格要求自己，坚持人与自然和谐发展，那么我们走进社会主义和谐社会的日子还会远吗？

（二）立志、"学思行用"、"有恒和上达"的修养过程

在道德修养的过程中，明白了"为仁由己"的道理还远远不够，重要的是要在整个道德修养过程中"一以贯之"，首先要立志向善，明确自己的道

① 《"为仁由己"与社会和谐》，《光明日报》2008 年 1 月 5 日。
② 冯丽丽：《论孔子"为仁由己"的教育思想及其现代价值》，《学理论》2011 年第 1 期。
③ 《论语·阳货》。
④ 《孟子·告子下》。

德理想，并充分为之付出努力；其次要在道德修养的过程中不断地学习和思考，使学习和实践紧密结合，才能逐渐修炼到预设的道德目标；最后，还需要有坚持不懈的精神。在这个修养的过程中，人要严格自律，不断反省自己的缺点和不足，使自己的不正当言行和欲望得到适当、有效的控制，才能达到"圣人"、"君子"的道德境界或者说成为一个具有仁德的人。

立志，就是说要为自己的道德修养确立一个明确的目标，以便明确自己的努力方向，在此基础上充分发挥自身的主观能动性，修养仁德。这是孔子对人们精神层次上的要求。孔子十分重视人的志向和意志力在修身养性中的作用，他说："三军可夺帅也，匹夫不可夺志也。"① 同时孔子也认为立志是一个人修身的起点，并且整个修身的过程也不是一朝一夕就可以完成的，他说："吾十有五而志于学，三十而立，四十而不惑，五十而知天命，六十而耳顺，七十而从心所欲，不逾矩。"② 由此，我们可以知道，孔子认为修养仁德要经过长时间的学习和修炼，是一个循序渐进的过程，而思想和言行的高度一致和融合才是道德修养的最高境界，达到这一境界的人，就会自觉去遵守道德规范了。

孔子教育自己的学生要立志向仁。他说："君子无终食之间违仁，造次必于是，颠沛必于是"③，"志士仁人，无求生以害仁，有杀身以成仁"④，这是他在教育自己的学生要想成为君子就要做到无论是在匆忙紧迫的情况下还是在颠沛流离的窘迫中都不要离开仁德，在关键时刻甚至要用生命去捍卫仁德。

在漫长的修身养性的过程中，难免会遇到各种诱惑和困难，但是只要一心向仁，持之以恒，就会将困难置之度外。针对这一问题，孔子认为人应该追求更高的精神境界，不宜对物质需要要求太多，他说："士志于道，而耻恶衣恶食者，未足与议也。"⑤ 在这一方面，孔子最欣赏的学生就是颜回，他赞扬颜回说："贤哉，回也！一箪食，一瓢饮，在陋巷，人不堪其忧，回也

① 《论语·子罕》。
② 《论语·为政》。
③ 《论语·里仁》。
④ 《论语·卫灵公》。
⑤ 《论语·里仁》。

不改其乐。贤哉，回也！"① 他还说："饭疏食饮水，曲肱而枕之，乐亦在其中矣。不义而富且贵，与我如浮云。"② 他还教育他的学生说："人无远虑，必有近忧。"③

孔子认为，在修身养性的过程中，除了严格要求自己克服各种诱惑和困难外，还要十分注重学习在修养仁德过程中的作用。同时还要非常重视思考的作用，应该做到"学思并重"。关于这一点，孔子有句脍炙人口的名言，足以说明学和思之间的关系，即"学而不思则罔，思而不学则殆"。④ 就是说只是读书学习而不去思考问题，就会惘然无知而没有收获；只空想而不去读书学习就会陷入疑惑。所以孔子认为只有学思结合，才可以使自己成为既有仁德又有学识的人。对于这一点，孔子是有切身感悟的，他对他的学生说："吾尝终日不食，终夜不寝，以思，无益，不如学也。"⑤ 孔子还尤其强调只是一味的爱好仁德却不加以学习和实践，就难免会出现各种流弊，反而会对修养仁德产生各种消极的影响，他对子路说："好仁不好学，其蔽也愚；好知不好学，其蔽也荡；好信不好学，其蔽也贼；好直不好学，其蔽也绞；好勇不好学，其蔽也乱；好刚不好学，其蔽也狂。"⑥ 由此可见，"学思并重"的道德修养方法在道德修养过程中是十分重要的。

上文已经说过，修养仁德不仅需要立志向仁，还要坚持学习和实践相结合，更要具有坚强的意志和持之以恒的精神。前文提到孔子自己一生中修身向仁的过程，可以说，他是用尽了他一生的时间去学习、践行和坚持自己的志向，最后才能成为圣人。孔子曾多次表扬他的学生颜回，他说："回也，其心三月不违仁，其余则日月至焉而已矣。"⑦ 颜回去世后，孔子十分痛心，说："惜乎！吾见其进也，未见其止也。"⑧ 这也说明了修养仁德需要不断地

① 《论语·雍也》。
② 《论语·述而》。
③ 《论语·卫灵公》。
④ 《论语·为政》。
⑤ 《论语·卫灵公》。
⑥ 《论语·阳货》。
⑦ 《论语·雍也》。
⑧ 《论语·子罕》。

刻苦学习，需要具有坚强的人格意志才能达到具有仁德的精神境界。子曰："岁寒，然后知松柏之后凋也。"[1] 这是孔子在教育他的学生在修养仁德的过程中要像松柏一样坚强，顶得住各种考验，锻炼自己百折不挠的意志，始终坚持自己的志向，并不断为之努力，只有这样才能最终实现自己的志向，进而修炼成具有仁德的"圣人"和"君子"。

（三）中庸的修身标准和境界

中庸是儒家思想体系中的一个基本范畴，是孔子思想精华之所在，同时也是贯穿孔子整个思想体系的"一贯之道"。中庸不仅仅是道德修养的一种基本方法，同时也是孔子的处世之道和面对人生的一种态度，具有深远意义。

中庸来源于古代的尚中思想，最早见于《论语·雍也》："子曰：'中庸之为德也，其至矣乎！民鲜久矣。'"在此，孔子把中庸视为"至德"，即至高无上的道德。然而，孔子虽最早提出"中庸"这一概念，却没有对其作出确切的解释，而"中庸"一词在《论语》中也仅仅出现这一次。后来子思发展了孔子的中庸思想，著《中庸》一书，流传于世，但也并没有明确"中庸"一词的含义。但是，在《论语》中，孔子却将中庸的思想贯穿其中，并成为他"一以贯之"的修养之道。我们从中细细体味和深入挖掘后，不难得出，孔子所说中庸即"执中"、"中用"、"中和"。也就是说要"执两而用中"，做到"不偏不倚"。

1. 扣其两端

子曰："吾有知乎哉？无知也。有鄙夫问于我，空空如也。我扣其两端而竭焉。"[2] 意思是，我有知识吗？其实没有。有一个乡下人问我，我对他所说的问题本来一点也不知道。我只是从这个问题的两个极端去思考，这样对此问题就可以全部搞清楚了。"两端"也就是"两头"、"两极"，是事物或者问题的两个方面。在孔子看来，任何事物都有相互矛盾的两个方面，而解决问题最有效的方式就是抓住事物的两个方面进行分析，使事物的两个方面

---

① 《论语·子罕》。
② 《论语·子罕》。

相辅相成，相互制约，达到一种平衡，即"执两而用中"。《论语》中就有很多这样的例子：

"学而不思则罔，思而不学则殆。"① 孔子认为，学和思在学习和道德修养中是一对相互对应的关系，在学习知识和道德修养中处理好二者的关系，使二者相互促进，达到"中和"，才能对人的成长有所帮助，如果偏废其一，就会使人迷惘、陷入疑惑。

"质胜文则野，文胜质则史。文质彬彬，然后君子。"② 这一则的意思是说，质朴多于文采，就像个乡下人，流于粗俗；文采多于质朴，就流于虚伪、浮夸。只有质朴和文采配合恰当，才是个君子。这是孔子文质思想的经典体现之一。在这里，孔子把"文"和"质"视为对立的两个方面，认为二者不可分离，互相依存，质朴与文采是同样重要的。

"《关雎》，乐而不淫，哀而不伤。"③ 意思是说：《关雎》这首诗，快乐而不放荡，忧愁而不哀伤。孔子认为这首诗把快乐和忧愁这两种相互对立的情绪用得恰到好处，不论乐与哀都不过分，才使这首诗具有更深的意境和艺术价值。

类似的例子还有很多，如"君子博学于文，约之以礼"、④ "奢则不孙，俭则固"、⑤ "温故而知新"⑥ 等，孔子提出了多对相互对立的品行，旨在告诫人们做事情要从事物的本身的矛盾双方出发，找出解决问题的适当办法，不能以偏概全，只见树木不见森林。

值得赞颂的是，孔子不但在教育学生、观察和评价事物的时候善于使用这种"扣其两端"、"执两而用中"的方法，他自己在道德修养的过程中也一直坚持中庸的方法，他的学生赞扬他说："子温而厉，威而不猛，恭而安。"⑦ 可见，中庸是孔子道德修养的准则，也是他为人师表所为学生作出的

① 《论语·为政》。
② 《论语·雍也》。
③ 《论语·八佾》。
④ 《论语·雍也》。
⑤ 《论语·述而》。
⑥ 《论语·为政》。
⑦ 《论语·述而》。

典范。孔子能够达到中庸的道德境界，也正是孟子称其为"圣人"的最主要原因。

2. 过犹不及

《论语·先进》中记载："子贡曰：'师与商也，孰贤？'子曰：'师过也，商也不及。'曰：'然则师愈与？'子曰：'过犹不及。'"子贡问孔子：子张和子夏二人谁更好一些呢？孔子回答说：子张过分，子夏不足。子贡说：那么是子张好一些吗？孔子说：过分和不足是一样的。在这里，孔子提出了"过犹不及"，他认为"过"和"不及"是人们思想和行为的两个极端，都是不好的，孔子提倡的是"无过无不及"，即恰到好处。对此，孔子提倡"中行"，因为他看到了在"过"与"不及"之间存在着"中"，只有达到了这个"中"，才是适度的，是最恰当的，也就是正确的。"子曰：不得中行而与之，必也狂狷乎！狂者进取，狷者有所不为也。"① 这句的意思是，孔子说：我找不到奉行中庸之道的人和他交往，只能与狂者、狷者相交往了。狂者敢作敢为，狷者对有些事情是不肯干的。在此，孔子认为"狂"与"狷"是两种对立的品质，狂者流于冒进，敢作敢为，而狷者流于退缩，不敢作为。而"中行"就是在"狂"与"狷"之间的一种恰当的度，既不偏于狂，也不偏于狷，是符合中庸之道的。

这是一种适度的、中和的处世之道。在这一点上，孔子赞成的态度是和。子曰："礼之用，和为贵。"② 这是孔子和谐思想的体现。孔子认为，中就是和，所以，人们也常常将中与和二字联称为"中和"，取义为中用、和谐。中与和具有一定的内在联系，儒家思想的最高道德准则和道德目标是仁，而仁追求的就是人与人、人与社会、人与自然甚至与世间万物的和谐。前面我们讲过仁与礼的关系：仁是礼的内在要求，礼是仁的外在规范。由此，礼作为实现最高道德目标的规范，就规定着不同的人在处理不同关系中的道德标准，进而规范着人们的言行，而这种规范的最终目标也同样是在寻

① 《论语·子路》。
② 《论语·学而》。

求和谐，因此，孔子讲"礼之用，和为贵"。由此我们可以得出，孔子所提倡的中庸思想，就是要求人们在处理复杂的社会关系时，要"无过无不及"，准确把握事物的度，促使事物稳定。在此基础上，再对事物进行分析，进而解决问题，整个过程中还要坚持"中和"。这在《论语》中也具有诸多体现，如：

"子曰：君子和而不同，小人同而不和。"① 意思是说：君子讲求和谐而不同流合污，小人只求完全一致而不讲求和谐。

"子曰：君子周而不比，小人比而不周。"② 意思是说：君子合群而不与人勾结，小人与人勾结而不合群。

"子曰：君子矜而不争，群而不党。"③ 意思是说：君子庄重而不与别人争执，合群而不结党营私。

可见，孔子认为君子的言行要以和为目标，坚持"以和为贵"。但是，孔子所提倡的和并不是没有立场的随波逐流，也不是没有原则的苟同，而是要在坚持礼的基础之上的和谐。也就是说，作为君子，其言行要在社会允许的道德规范的范围之内坚持自己的立场和观点，不能为了追求和谐而盲目协同于他人。同时，孔子也十分厌恶那些没有观点和立场的"老好人"，他说："乡愿，德之贼也。"④ 意思是说没有道德修养的伪君子，就是破坏道德的人。

3. 权变时中

中庸思想之所以千古流传，不仅在于它告诉人们做事情要扣其两端、坚持适度的原则，更为可贵之处在于，中庸思想不是简单的让人们静止地坚守，而是要求人们根据时间、地点和条件的变化来灵活处理，权衡利弊，与时俱进，不断求得"中"，以达到和的目的。

"子曰：君子之于天下也，无适也，无莫也，义之与比。"⑤ 意思是说：

---

① 《论语·子路》。
② 《论语·为政》。
③ 《论语·卫灵公》。
④ 《论语·阳货》。
⑤ 《论语·里仁》。

君子对于天下的人和事，没有固定的薄厚亲疏，只是按照义去做。

"子曰：可与共学，未可与适道；可与适道，未可与立；可与立，未可与权。"① 意思是说：可以一起学习的人，未必都能学到道；能够学到道的人，未必能够坚守道；能够坚守道的人，未必能够随机应变。

这些例子都说明，坚持中庸，并不是一成不变，要根据客观事物的发展变化的情况而变化，才是符合中庸之道的。因此，"权变"才是达到"中庸"的重要途径。在孔子看来，能够按照仁、礼和义的要求做事情，并且能够分析客观事物、根据客观事物的发展变化而对自己的做法作出适当调整的人，才算得上是真正掌握了中庸之道的人，也是真正具有大智慧的人。可见，孔子对中庸之道具有深刻的领悟，这一点通过分析《论语》中的章句我们也不难得出。《论语·先进》记载："子路问：'闻斯行诸？'子曰：'有父兄在，如之何其闻斯行之？'冉有问：'闻斯行诸？'子曰：'闻斯行之。'公西华曰：'由也问闻斯行诸'，子曰，'有父兄在'；求也问闻斯行诸，子曰：'闻斯行之'。赤也惑，敢问。子曰：'求也退，故进之；由也兼人，故退之。'"这一则的意思是，子路问："听到了就行动起来吗？"孔子说："有父兄在，怎么能听到就行动起来呢？"冉有问："听到了就行动起来吗？"孔子说："听到了就行动起来。"公西华说："仲由问'听到了就行动起来吗'？您回答说'有父兄健在'，冉求问'听到了就行动起来吗'？您回答'听到了就行动起来'。我被弄糊涂了，敢再问个明白。"孔子说："冉求总是退缩，所以我鼓励他；仲由好勇过人，所以我约束他。"这一事例反映了孔子十分重视把中庸的思想贯穿于他的教育实践中。在这里，他要求自己的学生既不要过于冒进，也不要过于退缩，要进退适中。这一进一退是孔子对于"闻斯行诸"问题，针对冉求和仲由的不同性格特点作出的不同的回答。

类似的例子也同样体现在他的弟子们及统治者向孔子"问仁"、"问孝"、"问政"时，孔子均针对求教的人的不同资质、地位、立场和情况审时度势，作出了恰当的回答，使求教的人有所受益而不致陷入疑惑。同时，

---

① 《论语·子罕》。

这也生动地反映了孔子因材施教的教育方法。因材施教在孔子的教育方法中具有举足轻重的地位，对后世的教育也产生了深远的影响，对今天的教育事业的发展也起到了诸多积极的作用。这正是因为孔子因材施教的教育理念中蕴含了深刻的中庸思想，尤其是"权变"的思想。因材施教要求教育者针对受教育者的不同情况而对教学内容和教学方法做出适当的调整，使其适合于受教育者的受教育程度和接受水平，进而取得良好的教育效果。这真正体现了儒家中庸思想中的"权变时中"。

以上，从扣其两端、过犹不及和权变时中三个角度简单阐述了孔子的中庸思想。总的来说，中庸思想承认客观事物具有相互对立统一的两个方面或两个极端，主张面对矛盾要首先分析事物的两个极端，要扣其两端，执两而用中，不可偏向其中任何一方；同时，在道德修养和处理问题的过程中要坚持适度的原则，做到"无过无不及"；最后，还要根据时间、地点和条件为转移，做到"权变时中"。

古往今来，有许多人对中庸思想有误解，他们把中庸理解为简单而机械的折中主义，这是极端错误的。中庸思想是在仁、礼、义的基础上追求和谐，并不是合二为一的简单数学公式。中庸思想承认事物间的联系，蕴含着深刻的辩证法思想，而折中主义却是片面地、孤立地、静止地看问题，是形而上的。中庸思想所主张的"中"是适度、是"无过无不及"，是和谐，并不是折中主义所指的"中间"的"中"。因此，在学习和实践中，应该正确认识中庸之道，把中庸之道与各种错误倾向区分开来。

中庸思想是儒家思想体系中的重要组成部分，也是孔子思想中的精华部分。中庸是一种道德修养方法，是儒家的处世哲学，是至高的道德境界，同时，中庸思想更是正确认识事物和处理问题的有效的方法，具有重大的方法论意义。即使在建设中国特色社会主义的今天，中庸思想也具有十分重大的现实意义。

第一，中庸思想为人们的道德修养指明了方向。我国具有5000年的文明历史，被称为"礼仪之邦"，中庸思想提倡所提倡的"以和为贵"，要求人们在处理人与人之间的关系时，做到"和而不同"、"群而不党"，但却不能成为无原则的"乡愿"。所以中庸思想并不是追求无原则的一团和气，而是要求人们做事情在坚持自己的道德原则的前提下顾全大局，求同存异，以求得家庭和睦、人际关系良好、社会安定和谐、国家长治久安。这就为人们的道德修养提出了明确的方向。

第二，中庸思想有利于丰富教育方式方法，促进教育事业和人才强国战略的发展。说中庸思想具有巨大的方法论意义，其依据之一就是将中庸思想所提倡的因材施教运用于教育中。在全球化日益发展的当今社会，在多元化教育理念的冲击下，面对不同层次、不同性质的学生，作为教育者能否选择适当而有效的教育方法，已成为教育工作能否达到预期教育目的的关键。而因材施教的教育方法已经在实践中接受检验，并广泛地被社会各界的教育者所重视。实践证明，只有根据受教育者自身特点采用恰当的教育方法，才能使教育工作事半功倍，才能有效地培养出适合中国特色社会主义建设事业的各个领域的专门人才，真正地落实科教兴国战略和人才强国战略，为社会主义建设提供德才兼备的接班人。

第三，中庸思想有利于人们正确认识中国特色社会主义。中国特色社会主义，简而言之，就是适合中国国情的社会主义。当前，有人对中国特色社会主义有所误解，不能深刻认识到中国特色社会主义的深刻内涵，不理解我国的"一国两制"、"社会主义市场经济"等概念，事实上这些人是没能理解社会主义和资本主义两种社会制度的实质，陷入了极端主义的错误倾向。中庸之道提倡扣其两端而"中行"，提倡适度。中国特色社会主义既不是完全机械地照抄照搬别国建设社会主义的经验，也不是全盘西化，而是在坚持我国处在社会主义初级阶段的国情的基础上所选择的适合我国社会主义发展的最佳道路。社会主义国家在建设过程中总结出来的成功经验我们可以用，资本主义国家的有利因素同样可以为我所用，而衡量这一切的标准就是"三个有利于"。因此，中庸思想为中国特色社会主义的发展战略的提出提供了丰富的理论基础和方法借鉴。

第四，中庸思想中蕴含着深刻的辩证法思想，有利于我们深刻理解辩证法的基本精神。中庸思想所主张的"执两而用中"、"过犹不及"和"权变时中"，事实上是承认事物都是有矛盾的，每一矛盾的双方是相互依存、相互制约的，在处理问题时要坚持适度原则，维持事物的稳定，同时不能墨守成规、一成不变，一切都要以时间、地点和条件为转移。这其中包含了丰富的辩证法思想，对于我们学习和理解马克思主义哲学思想和理论武器具有重大意义。马克思主义是我国社会主义建设的指导思想中的重要部分，尤其是马克思主义哲学及其方法论为社会主义建设提供了坚实的理论基础和强大的力量之源。坚持中庸思想，有利于更好地理解马克思主义唯物辩证法的基本精神，挖掘其深刻内涵，为社会主义现代化建设提供更多的方法保障。

第五，中庸思想有利于构建社会主义和谐社会。中庸之道追求的是一种和谐的理想社会的状态，主张以和谐思想来处理人与人、人与自然甚至是国与国之间的关系。这在我们提倡构建社会主义和谐社会的今天，具有重要意义。这与我国构建和谐社会所提倡的"民主法治、公平正义、诚信友爱、安定有序、人与自然和谐相处"[①] 的目标在某些方面具有内在的一致性。由此可见，和谐思想在我国文明史上源远流长、历久弥新。当今，我们要积极利用中庸思想中的积极因素，为构建社会主义和谐社会夯实基础，添砖加瓦，不断推进构建社会主义和谐社会的进程。

二、孟子的道德修养方法

孟子是继孔子之后儒家学说的重要代表人物之一，在两宋时期被尊称为"亚圣"。孟子的思想大多是源于孔子，但是在道德修养所要达到的境界上，孟子的主张与孔子有所不同，孔子认为"圣人"的境界很难达到，如果能够加强修养，达到"君子"的境界就可以了。而孟子却说："圣人之于民，亦类也"[②]，认为"圣人"的人格境界并非高不可攀，每个人都有成为"圣人"的可能，只要加强修养，潜心修炼，"人皆可以为尧、舜"[③]。孟子的这种思

---

① 《中共中央关于构建社会主义和谐社会若干重大问题的决定》，2006 年。
② 《孟子·公孙丑上》。
③ 《孟子·告子下》。

想源于他的性善论，他认为人生来就有四个"善端"，所以，只要后天加以修养以保存这四个"善端"，并加之反省内求的修养方法，以求"存心"、"寡欲"、"诚意"、"养气"，就能够成善达仁，达到道德修养的最高境界，即成为"圣人"。

（一）"四心"与"四德"

孟子的"四心"与"四德"思想，即他所说的人之"四端"①。《孟子·告子上》中记载："恻隐之心，人皆有之；羞恶之心，人皆有之；恭敬之心，人皆有之；是非之心，人皆有之。"意思是说人都有恻隐之心、羞恶之心、恭敬之心和是非之心。又载，"无恻隐之心，非人也；无羞恶之心，非人也；无辞让之心，非人也；无是非之心，非人也。恻隐之心，仁之端也；羞恶之心，义之端也；辞让之心，礼之端也；是非之心，智之端也。人之有是四端也，犹其有四体也"。② 意思是，没有同情心的人，不能算是人；没有羞耻心的人，不能算是人；没有谦让之心的人，不能算是人；没有是非之心的人，不能算是人。同情心是仁的发始；羞耻心是义的发始；谦让心是礼的发始；是非心是智的发始。人有这四种发始，就好像有四肢一样。

孟子说："人皆有不忍之心。"③ 这种思想源于孟子的性善论，"孟子道性善，言必称尧舜"④，孟子认为人性是善的，而且这种善即人之"四端"是人生来就具有的，"仁义礼智，非由外铄我也，我固有之也，弗思耳矣"⑤。因此，"人之所不学而能者，其良能也；所不虑而知之者，其良知也"⑥。因此，孟子主张道德修养要"内求"，认为"万物皆备于我矣，反身而诚，乐莫大焉"⑦，同时他认为对于善念，"求则得之，舍则失之，是求有益于得也，求在我者也"⑧。

---

① 《孟子·公孙丑上》。
② 《孟子·公孙丑上》。
③ 《孟子·公孙丑上》。
④ 《孟子·滕文公上》。
⑤ 《孟子·告子上》。
⑥ 《孟子·尽心上》。
⑦ 《孟子·尽心上》。
⑧ 《孟子·尽心上》。

在此，孔子提出人有恻隐、羞恶、辞让和是非"四心"，同时认为它们分别是仁、义、礼、智的发始。也就是说"四心"不同于"四德"。"端"即是发端、开始的意思，也就是说人生来就有善的发端，随着人的成长、阅历和修养，就会对人对事产生各种感情，便具有了恻隐之心、羞恶之心、辞让之心与是非之心，进而通过不断学习和实践，最终才能达到拥有仁、义、理、智这"四德"的道德境界。所以孟子说："孩提之童无不知爱其亲者，及其长也，无不知敬其兄也。亲亲，仁也；敬长，义也；无他，达之天下也。"①

关于人们如何修炼才能将"四心"修炼成"四德"，孟子说："凡有四端与我者，知皆扩而充之矣，若火之始然，泉之始达。"② 意思是说，凡是有这四个发始的人，自己的知识就能扩充起来，就像火刚被点燃，就像泉水刚刚流出。孟子认为，虽然人生而具有各种善端，但是如果后天不去注意扩充它，那么这些善端就会随着时间的推移和环境的改变而逐渐消失，就会使人原本具有的善变为"不善"，即"求则得之，舍则失之"，同时，孟子也提出了扩充这些善端对人对己所具有的重要意义，他说："苟能充之，足以保四海；苟不充之，不足以事父母"③。意思是，真要是能扩充，就一定能够安天下；如果不去扩充，最终连父母也赡养不了。所以，若要安身立命，甚至要实现"安天下"的远大志向，就应该加强道德修养，努力扩充自身的善端，并将其修炼成德。而且在孟子看来，人人都可以成为道德高尚的人，他说："何以异于人哉？尧舜与人同耳"④，"口之于味也，有同耆焉；耳之于声也，有同听焉；目之于色也，有同美焉。至于心，独无所同然乎？心之所同然者何也？谓理也，义也。圣人先得我心之所同然耳。故理义之悦我心，犹刍豢之悦我口"⑤。通过这段话，孟子是想告诉人们，像尧舜那样的圣人原本也是与普通人一样的，对于人的口、耳、眼，大多具有相同的爱好和功

---

① 《孟子·尽心上》。
② 《孟子·公孙丑上》。
③ 《孟子·公孙丑上》。
④ 《孟子·告子下》。
⑤ 《孟子·告子上》。

能，但是人们的心所相同的地方应该是理，是义。而圣人早就懂得了人们的心所相同的地方，所以用礼义来感悦人们的心灵，就如同用家畜的肉来让人感到口味很美一样。在此，孟子旨在告诉人们，圣人之所以能够成为圣人，是他们把自身具有的善端不断扩充的结果，如果普通人也按照那些被称为圣人的人的做法去修炼道德，也能成为圣人。

所以，孟子认为道德修养应该是有志于修炼"四德"之人的主观愿望，人们应该自觉注意扩充自身的善端，在这一点上，孟子的主张与孔子主张的"为仁由己"思想有许多相同之处。孟子说："舜之居深山之中，与木石居，与鹿豕游，其所以异于深山之野人者几希；及其闻一善言，见一善行，若决江河，沛然莫之能御也。"① 意思是说，舜居住在深山之中，和树木石头做邻居，和野鹿野猪为伴，他和在深山中的野人几乎没有什么差别；但是当他听到一句好的言语，见到一桩好的行为，就像江河决口一样，汹涌澎湃，无人可挡了。孟子认为，舜生活在这样的环境中，依然能够成为人们心目中的圣人，主要是靠他主观上的不懈努力，一心向善，并扩充其善端，才能够成善成德。这也是孟子主张"内求"的原因所在。

同时，孟子认为，扩充善端，也不能忽视客观环境的作用。"今夫水，搏而跃之，可使过颡；激而行之，可使在山。是岂水之性哉？其势则然也。人之可使为不善，其性亦犹是也。"② 意思是说，现在有水，拍击使它飞溅起来，可以高过额头；阻遏使它倒流，可以把它引到山上。这难道是水的本性吗？是形势迫使它这样罢了。之所以可以让人去做不善的事情，其本质和水的情况是一样的。孟子还说："富岁，子弟多赖；凶岁，子弟多暴，非天之降才尔殊也，其所以陷溺其心者然也。"③ 意思是说，丰年，年轻人大多懒惰；灾年，年轻人大多横暴。这不是由于天生资质不同所造成的，是由于受客观环境的影响而造成的。《孟子·滕文公下》记载了一个楚国的大夫让他的儿子学习齐国话的故事："一齐人傅之，众楚人咻之，虽日挞而求其齐也，

---

① 《孟子·尽心上》。
② 《孟子·告子上》。
③ 《孟子·告子上》。

不可得矣；引而置之庄岳之间数年，虽日挞而求其楚，亦不可得矣。"① 意思
是说，一个齐国人教他，许多楚国人喧扰，就是每天抽打他，逼他学说齐国
话，也是学不会的；但如果把他安置在齐国繁华的地方住上几年，虽然每天
抽打他，让他讲楚国话，也是不可能的。这几个例子都说明了，人在修善成
德的过程中，除了要充分发挥自身的主观能动性之外，还要十分重视客观环
境对人性的影响。关于这一点，我想孟子本人应该是有切身感受的，正是由
于当年明智的孟母三次搬家，为孟子选择好的邻居，才为孟子创造了一个有
利于他学习知识、修养仁德的生活环境，才使得孟子成为"亚圣"，使其思
想世世代代流传下去，造就了一代又一代的圣人、君子、大丈夫。

（二）反省内求的道德修养方法

在道德修养方面，孟子主张"反求诸己"的道德修养方法。孟子认为，
既然人的本性是善的，而且"万物皆备于我矣"，所以在现实社会中，那些
不能修身成为圣人的人，原因在于他们不注重心性的修养，为外在的功名利
禄所诱惑，从而丧失了"人之不忍之心"，才会一生平庸，没有作为。孔子
说："内省不疚，夫何忧何惧?"② 孟子继承了孔子的"内求"的道德修养方
法，他说："爱人不亲，反其仁；治人不治，反其智；理人不达，反其
敬——行有不得者皆反求诸己"③。意思是说，如果我爱别人，可是别人不亲
近我，在这种情况下就要反问自己的仁心是否够；我管理别人，可是别人不
服从我或者没有管理好别人，那就应该反问自己的智慧或者才能是否足够；
我以礼待人，却不能使别人同样以礼待我，就应该反问自己是否对别人不够
恭敬。总之，对于任何达不到预期效果的行为，都应当首先从自己身上找原
因。又说："仁者如射：射者正己而后发；发而不中，不怨胜己者，反求诸
己而已矣。"④ 在道德修养方面如同比赛射箭一样，射箭时要先端正自己的姿
态然后才能放箭，如果没有射中，不要埋怨那些胜过自己的人，要从自身找

---

① 《孟子·滕文公下》。
② 《论语·颜渊》。
③ 《孟子·离娄上》。
④ 《孟子·公孙丑上》。

原因。孟子以其性善论为基础，发展了孔子的"为仁由己"思想，同时受到曾子"日三省吾身"①思想的启发，主张道德修养要"存心"、"寡欲"、"诚意"、"养气"，即从自身所具有的善端出发，通过道德修养保存善心，并养心寡欲，持志养气，忠诚于自身的善端，最终就通过自身的不断努力而成为圣人。

1. 存心

孟子认为，人生而具有"不忍之心"，而且"仁义礼智，非由外铄我也，我固有之也，弗思耳矣"②，因此，每一个人都具有成圣达仁的可能性。所以，道德修养的首要任务就是要"存心"，也就是要将自己与生俱来的各种善端的本性保持住。在此基础上，才有可能修善成德。他说："君子所以异于人者，以其存心也。君子以仁存心，以礼存心。"③意思是，君子与一般人的差距是由于居心不同。君子把仁放在心中，把礼放在心中。他还说："存其心，养其性，所以事天也"④，"君子所性，仁义礼智根于心"⑤。

在此，孟子明确提出要把仁、礼放在重要的位置上。也正是在仁、义、礼、智的基础上，孟子才建立起了一套完整的道德自律体系。他说："仁，人心也；义，人路也"⑥，"夫义，路也；礼，门也。惟君子能由是路，出入是门也"⑦。显然，孟子认为仁是最高的道德理想和境界，而通向仁的必由之路是义，而要通向仁、义，就要经过礼这个大门。因此，礼从属于仁和义。所以说，"存心"即保存善端，是通向仁的基础和前提。

2. 寡欲

孟子主张道德修养过程中要做到寡欲，他说："养心莫善于寡欲。其为人也寡欲，虽有不存焉者，寡矣；其为人也多欲，虽有存焉者，寡矣。"⑧意

---

① 《论语·学而》。
② 《孟子·告子上》。
③ 《孟子·离娄下》。
④ 《孟子·尽心上》。
⑤ 《孟子·尽心上》。
⑥ 《孟子·告子上》。
⑦ 《孟子·万章下》。
⑧ 《孟子·尽心下》。

思是说，修养心性最好的办法就是减少物质欲望。如果为人欲望不多，善性即使丧失，也不会很多。如果为人欲望很多，善性即使保存，也不会很多。孟子认为，在修养善端、通向仁德的过程中，要做到寡欲，但他所提倡的寡欲，并不是消极的无欲无求，而是主张让人们尽量去减少那些不正当的欲望，也就是心中要多存仁、义、礼、智，而减少其他的欲望，以求得专心向善、向仁。孟子说"人有不为也，而后可以有为"①，还说："鱼，我所欲也。熊掌亦我所欲也；二者不可兼得，舍鱼而取熊掌者也。"② 在这里，孟子主张的寡欲，是要求人们不要被外在的功名利禄所诱惑，要潜心向仁，把更多的欲望和需求放在仁、义、礼、智这些精神层面上，以"养心"，以"存心"，以成仁成德。

3. 诚意

孟子从仁、义、礼、智出发，在其性善论的基础上还提出了"诚"的观念，他说："悦亲有道，反身不诚，不悦于亲矣。诚身有道，不明乎善，不诚其身矣。是故诚者，天之道也；思诚者，人之道也。至诚而不动者，未之有也；不诚，未有能动者也。"③ 意思是，让父母高兴也有它的方法，即反省自身是不是诚实的，否则是不能让父母高兴的。要使自己成为一个诚实的人，也有方法，即不明白什么是善，就不能使自己诚实。所以诚是天的规律，追求诚是做人的原则。真正发自内心的诚实还不能使人动心的，还不曾有过；不诚心，是不能感动别人的。又说："反身而诚，乐莫大焉。强恕而行，求仁莫近焉。"④ 意思是，反省自身，忠诚实在，没有比这更大的快乐了。执著地依照仁爱之心去做事，求得仁德没有比这更直接的了。在此，孟子意在说明，道德修养过程中对自己诚实的重要性。

孟子认为，"意"由"心"所生，只要能够做到"诚"，便可以使"意"不偏离"心"，即不偏离人原有的善端，所以，坚持"诚"，也就是"养

① 《孟子·离娄下》。
② 《孟子·告子上》。
③ 《孟子·离娄上》。
④ 《孟子·尽心上》。

心"、"存心",因此,也是通过"反求诸己"来加强道德修养的一种有效方法。

4. 养气

孟子十分注重保养人的良好的精神状态,即"养气",培养人的"浩然之气"和"大丈夫"气节。这主要是指保持一身正气、深明大义、不与世俗同流合污、不向邪恶势力屈服的凛然正气。孟子说"我善养吾浩然之气"①,并称这种浩然之气"至大至刚,以直养而无害,则塞于天地之间。其为气也,配义与道;无是,馁也。是集义所生者,非义袭而取之也。行有不慊于心,则馁矣"。② 意思是说,这种浩然之气特别大也特别强,用正义培养它,而且不要伤害它,就会充满天地之间。这种气要与义与道配合;如果不这样,就会萎缩。这种气是由义日积月累所产生的,不是个别的仗义行为所取得的。如果做了有愧于心的事,它就萎缩了。孟子还说:"居天下之广居,立天下之正位,行天下之大道;得志与民由之,不得志独行其道。富贵不能淫,贫贱不能移,威武不能屈,此之谓大丈夫。"③ 为天下的仁人志士提出了作为"大丈夫"的行为标准。

孟子所提倡的这种正直豪迈的人间正气,鼓舞和教育了众多炎黄子孙,也是中华民族的民族精神中不可或缺的一部分,正是因为有了这种"浩然之气",才有了那么多"留取丹心照汗青"的悲壮和伟大,在今天,我们同样要培养这种正气和大无畏的精神,以弘扬中华民族的传统文化。

三、荀子的道德修养方法

(一) 化性起伪

人性论问题是先秦思想家所争论的一个热点问题。人性问题和天道问题一样,同是先秦时代思想史领域争论的中心问题。从目前的研究来看,最早

---

① 《孟子·公孙丑上》。
② 《孟子·公孙丑上》。
③ 《孟子·滕文公下》。

对人性进行研究和认识的是孔子。他说："性相近也，习相远也。"① 但人性的具体内容是什么，孔子并没有进一步展开。而荀子则以他的"化性起伪"学说，为后来的道德修养研究提供了思路和视野。

荀子以前关于人性论问题的争论，主要集中在回答三个问题上：其一，人性是指人的自然属性还是社会属性；其二是围绕人性的善恶问题，其三是关于人性能否改变的问题。荀子在总结和反思前人思想的基础上，系统地提出了"人之性恶"②、"凡知人之性也"③、"化性而起伪"④ 等一系列命题，形成了他独特的人性论学说——"性恶说"。

荀子的思想继承了孔子和孟子的儒家性质，又具有他个人的色彩。荀子强调人性恶这是与以往性善论所不同的。荀子人性学说中最有代表性的观点是他的"化性起伪"的观点：有关人性改造论的问题。荀子提出独特的"化性起伪"学说是以"人性恶"为理论基础的。荀子提出"化性起伪"学说是为了改造人天生的"性恶"的本性。那么究竟什么是人性呢？荀子说："生之所以然者，谓之性。""性者，天之就也。""不事而自然，谓之性。"⑤ 荀子的人性论，是其强调"天人之分"立论，自然导引出"性伪之分"的命题，他以为人性是天然的，而后天的善恶表现是人为的，故称之为"伪"。

"人之性恶，其善者，伪也。"⑥ 这句话是荀子人性论的基本观点。荀子认为人的道德观念和道德品质的形成不是天赋的，而是后天人为的结果。荀子说："性也者，吾所不能为也，然而可化也。"⑦ 这句话是想说明人性就是"天之就也"，是与生俱来的，所以说"吾所不能为也"，不是后天人为可以改变的。荀子认为性是先天的不能后天随性而变，然而他认为人性却是"可化"的，即是可以改造的。"虑积焉，能习焉，而后成，谓之伪。"⑧ "伪"

① 《论语·阳货》。
② 《荀子·性恶》。
③ 《荀子·解蔽》。
④ 《荀子·性恶》。
⑤ 《荀子·正名》。
⑥ 《荀子·性恶》。
⑦ 《荀子·儒效》。
⑧ 《荀子·正名》。

虽然不是本来所有，但是却可以被改造。

荀子认为，人性是恶的，但人性与动物有着本质的区别，人性是可以通过教化而改变的，人在本质上具有理解和运用礼义法度的素质，这就为人们"以伪至善"提供了可能性。荀子的"化性起伪"学说是针对人性教化而谈的，所以他非常强调人能自觉地将自己的人性进行自我化迁，化恶转善，达到"化性起伪"的结果。而"化性起伪"主要靠以下三种方式来实现。

第一，是靠礼义的引导，法度的约束。荀子提出了"化性起伪"这一观点的同时也提出："圣人化性，而起伪；伪起，而生礼义；礼义生而制法度。然则礼义法度者，是圣人之所生也。故圣人之所以同于众，其不异于众者，性也。所以异众者，伪也。"① 这种做法就是起到了"化性"的目的。也就是通过后天的努力改变各自本性中恶的一方面。荀子提出的与以往以及一般人不同的地方，也就在于他能够提出与众不同的观点。化性而起伪，改变人性，造就治世，是荀子的主要思路。

第二，是靠师者的教导。荀子认为，为了改造恶性，"必将有师法之化"，"必将求贤师而事之"，也就是说，"所闻者尧、舜、禹、汤之道也"，"身日进于仁义而不自知者，靡使之然也"② 。《儒效》篇也有："人无师法，则隆性矣；有师法则隆积矣；而师法者，所得乎积，非所受乎性，不足以独立而治。"这句话是说：人没有固定的教育方法，人性中本性恶的一面就会凸显出来；有了老师的指导，就会增加自己的收获。老师的指导是来自于后天学习的积淀，不是源于先天的人的本性。先天的本性不能达到改造恶的目的。所以荀子将师法称之为"人之大宝"③ 。

第三，是靠学习与环境的影响。《儒效》篇有："注错习俗，所以化性也。"又有："习俗移志、安久移质"等句，荀子指出环境能够影响人的思想，风俗习惯等环境因素会影响人的素质和品德的形成。因此，荀子指出：不同的文化环境会形成不同的人格特质和品性。故此，荀子说："居楚而楚，

---

① 《荀子·性恶》。

② 《荀子·性恶》。

③ 《荀子·儒效》。

居越而越，居夏而夏，是非天性也，积靡使然也。"因为人性随后天环境可以发生多重变化，所以荀子主张通过后天的教育来获得知识和品德。荀子又说："性也者，吾所不能为也，然而可化也；积也者，非吾所有也，然而可为也。注错习俗，所以化性也。"① 人是可以经过教育和自身的努力以达到自我教育和自我良好的修养。每个人的学习和修养除了自己的历练以外，还要在集体的环境中才能真正检验。个人不能脱离集体而存在。每个人都是社会的一员，都应该在集体中成长。

荀子提出"化性起伪"学说的主旨是教人学会改恶向善。荀子主张人自身要通过后天的学习来提升自身的素养。因而，荀子说："涂之人也，皆有可以知仁义法正之质，皆有可以能仁义法正之具。然则，其可以为禹，明矣。"② 修炼品德和素养除了要营造良好的社会环境，还需要发挥人自身的主观能动性。荀子认为，任何人都有可能通过修养成为品德高尚的人，关键在于他是否能坚持道德的积累和品德的修养。人只有通过学习、认识、不断地实践和修养，用道德的尺度来规范自己，才能升华自身的人生底蕴。

（二）"求于心，反身而诚"的道德修养方法

1. 善假于物

荀子虽然认为人的本性是恶的，但通过外在的教化，个人通过学习和修养也可以成为一个品德高尚的人。荀子十分重视学习，在他看来，学习是"化性起伪"、去恶归善的唯一途径。学习是提高修养的关键因素。因此他在《劝学》开篇便提出："学不可以已。青，取之于蓝，而青于蓝；冰，水为之，而寒于水。木直中绳，𫐓以为轮，其曲中规，虽有槁暴不复挺者，𫐓使之然也。"这是在强调学习是不能停止的，荀子用了"青于蓝"和"冰寒于水"这两个事例形象的说明了后来者居上的事实。学习应不断地扩展和加深。"故木受绳则直，金就砺则利，君子博学而日参省乎己，则知明而行无过矣。"这句话是说：木材之所以经过加工以后能变直，刀剑在砺上磨过就

---

① 《荀子·儒效》。
② 《荀子·性恶》。

会变得锋利，是因为君子学习渊博的知识，并且能经常注意反省自己的行为，那么这个人的思想就会改进，进而，在今后的人生旅途中少走些弯路。

荀子主张学习这种方式可以让人改过从善，而且还能扩展人的知识面，使人性纳入正轨，使人的思想行为都无过失。荀子说："吾尝终日而思矣，不如须臾之所学也。"荀子认为整天埋头冥想还不如短暂的学习实践收获来得多。这就像抬起脚尖远望不如亲自登上高山望得远一样。"君子性非异也，善假于物也。"君子的天性和普通人没有什么不一样，只是君子善于借助外界的条件和工具来充实自己而已。

荀子认为学习是不可以完结的，人只有通过不停地学习，才有可能改变自己的本性，从而达到仁德修养的要求，成为至善至美之人。荀子认为客观环境会对人思想有重要影响，因此君子提高自身的道德修养须得借助外物来实现。"善假于物"的思想是其"化性起伪"学说的延伸。"善假于物"学说是善于利用外界的事物增强本领和才干，提高人的道德素养。这个观点说明：学习是后天的结果，是后天经验积累和历练而达成的，这也是君子和小人的区别之一。他认同"圣人"、"君子"都是人的努力学习、逐渐积累的产物，由此他提出"途之人可以为禹"，而途人到圣人的这种积累在很大程度上取决于"善假于物"。"善假于物"可以使人能凭借外物更透彻地洞察到事物的本质。教师在修养方面所起的从外界的引导作用应该就是君子善假于物的具体体现。

善假于物的思想是荀子"制天命而用之"德育思想的进一步拓展。这种观点是对人的价值的极大肯定和尊重，也充分地发挥了人的主观意志的作用，对培育人格、转变社会风气具有深远的影响。荀子认为学习不仅包括知识的积累，也兼顾德行的修养。荀子认为学习的最终目的是让人改恶从善，正如荀子所说："学者以圣王为师，案以圣王之制为法；法其法，以求其统类。"①

2. 知不若行

荀子继承了儒家重视行动的观点，提出了"行之则明"的道德的自我修

---

① 《荀子·解蔽》。

养方法。从具体的道德修养方面来看，荀子主张学习、思考、行动都重要。从实际修养方法来看，学习是感性认识，思考是学习的延伸。荀子不但重视学习的重要性，而且把学习的最终目的归结到行动，这也就是要求能把在书本上学到的知识应用于社会实践中去。荀子把是否行即是否践行道德实践当做"君子"与"小人"的重要区别尺度之一。荀子认为一个人的道德修养是可以通过积累而提高的，学习是一个从量变到质变的过程。他说："故不积跬步，无以致千里，不积小流，无以成江海。"① 说的也就是这个道理。他十分倡导学以致用，非常重视实践的作用，强调认识的目的在于实践。一个人在道德修养的经历中，仅仅依靠学习和思考是不全面的，最关键的是行动。而且强调自己言语要和行动一致。孔子所说的"君子耻其言而过其行"，② 表明如果只是停留在思考和言语的层面，那行动必然是盲目的，充其量也就是对道德认知的检验。用已有的道德观念应亲身去实践，儒家称此为"道德践履"。

荀子主张把行动作为取得修为、成为君子的重要途径。他说："凡禹之所以为禹者，以其为仁义法正也。然则，仁义法正，有可知可能之理。然而，涂之人也，皆有可以知仁义法正之质，皆有可以能仁义法正之具；然则，其可以为禹，明矣……今使涂之人者，以其可以知之质，可以能之具，本夫仁义之可知之理，可能之具，然则其可以为禹明矣。"③ 行动的过程有两个方面：一方面是指与言语相对的行动，另一方面是指对道德认知和道德原则的践行。这里所讲的行动是指第二个方面，即在现实生活中的社会道德实践活动。荀子还认为：一个人的道德素养是否坚定而崇高，不能仅看其外在的言辞，更应着重看他的现实行动。一个品德修养高的人，不仅思想意识要符合常规的道德标准，而且更要把这种观念转化为行动。一个完善的人，总是学而思，思而行。

荀子是一位非常重视行动的学者，在《儒效》篇他指出："不闻，不若

---

① 《荀子·劝学》。
② 《论语·宪问》。
③ 《荀子·性恶》。

闻之，闻之，不若见之，见之，不若知之。知之不若行之，学至于行而止矣。""故闻之而不见，虽博必谬；见之而不知，虽识必妄；虽敦必困。不闻，不见，则虽当，非仁也，其道百举而百陷也。"① 这些都反映了荀子重视行动。这也印证了行动是学习和思考的最终目的和归宿。

"入乎耳，著乎心，布乎四体，形乎动静。端而言，蠕而动，一可以为则。"② 这句话是说：任何外界的事物都是先经历感性认识而后是理性认识，这也就是说"入乎耳"；此外是感性认识所得来的资料须经过加工和理解才能升华到理性认识阶段，即"著乎心"；最后是把理性认识经过践行即实践的检验进入到实践层面，即"布乎四体，形乎动静"。所以无论是道德修养方法，还是学习策略，关键在于行动，"彼，求之而后得，为之而后成，积之而后高，尽之而后圣"③；"道虽迩，不行，不至；事虽小，不为不成"④，说的就是这个观点。学习的最终要达成的就是行动，反之，无论拥有再多的书本知识也是枉然和盲目的。总之，荀子把行当成人们学习和修养所追求的最终目的。

3. 以心知道

荀子重知，以知治性是他修养论的又一特色。沉重的历史和纷乱的现实，使他看到了太多由于"心术之患"和"蔽塞之祸"而造成的"祸心"和"乱行"。因此，他以"主其心而慎治之"作为人生修养的根本之计。"治之要在于知道"，人只有知道，才能可道、守道、化道。要知道，就必须"虚壹而静"，解除"心术之公患"⑤。荀子重视学和行，但并不否认理性思维的作用。"以心知道"就是重视人的理性思维在人发展过程中的作用。"以心知道"是就道德修养方法而言的；道，是指社会道德规范。社会道德规范的知识是靠后天的学习而得来的。但想要更好的掌握和应用是要靠每个人用心去感悟和反思才行。只有心灵的契合才能达到情感的共鸣。这正如荀

① 《荀子·儒效》。
② 《荀子·劝学》。
③ 《荀子·儒效》。
④ 《荀子·修身》。
⑤ 《荀子·解蔽》。

子所说:"心之所可,中理,则欲虽多,奚伤于治? 欲不及,而动过之,心使之也。"①

"人何以知道? 曰:心。心何以知? 曰:虚,壹而静。""心者,形之君也,而神明之主也;出令而无所受令,自禁也,自使也;自夺也,自取也;自行也,自止也。"② 荀子这样说就把情感与理性的矛盾显现出来。这种观点是把理智和情感对立的斗争性提出来了;在认识论领域属于唯理论范围,在道德修养方法上也忽视了情感的作用而过分重视理性思维的作用了。后来荀子的研究也偏重于这方面。荀子认为实行仁德不是勉强的,更不是靠压制自身的情感,要正确认识和掌握事物的规则需要以理制情。孔子说"七十从心所欲不逾矩"这与荀子的"以心知道"的观点是有异曲同工之处的。因为只有心灵的平静与自由才有可能成为君子和圣人。

荀子与孟子"养心"的修养方法不同。孟子的养心是脱离外界的事物,将自己的内心修养独立于外界事物。孟子只是关注自己的内心世界,强调清心寡欲。从内在的修为来说不能靠压制情欲而提高修养的,而是保持理智、清醒的正视自身的情欲,用理性来思考和分析。这种思考和分析是指人要时常反思自身的道德行为,检查自我在日常生活中的言语得失以及行动是否适当,经常对不当的道德行为进行校对和更正。即通过理性来克制感性,提高自身的道德修养。荀子特别注重个人的自我省察和个人道德的自我修炼。这种修炼是从心灵出发,反省自身,运用理性分析提高修养。

4. 修身

注重道德修养是博大精深的孔子、孟子思想理论体系中的主干成分之一。他们将道德的自我修养,或者说是自我德育,称之为"修身",且特别强调主体自我德育的重要性。

社会的道德规范只有通过一定的修养方式,才能内化为道德主体的自觉行为。而这种主体的自觉行为须得经过修身才能转化为道德情感和道德行

---

① 《荀子·正名》。
② 《荀子·解蔽》。

为。荀子非常重视修身的作用，荀子关于修身的论述要比孔子和孟子都多。荀子的修身观点其实质就是完善自身的人格。荀子认为修身的关键是"诚"。《大学》中提出道德修养可分为八个条目即："格物、致知、正心、诚意、修身、齐家、治国、平天下"，在这里修身是中心环节。《礼记·中庸》把"修身"放在治理天下的九条原则之首。

荀子说："人无礼，则不生；事无礼，则不成；国家无礼，则不宁。"① 这句话是说礼是修身、齐家、治国的基石。修身的首要任务是学习。学习是为了提高自身的修养，而不应该急功近利："古之学者为己，今之学者为人。君子之学也，以美其身；小人之学也，以为禽犊。"② 修身的归宿是行动，荀子认为行动是品德修养的最高追求和目标。

荀子十分看重修身在一个人成长过程中的作用。荀子认为统治者治国的根本在于修身。正如他所说："请问为国。曰：闻修身，未尝闻为国也。君者，仪也；民者，景也；仪正而景正。君者，槃也；民者，水也；槃园而水园。"③ 修身的关键因素是真诚。真诚是真情实感，实有于内，而不自欺欺人。同时真诚又是学习、思考和行动的源泉。不真诚则不可能独立学习和思考。不能独立学习和思考就不能把内在的修为转化为行动。人们应该充分重视社会环境的熏陶和教育的作用。荀子在劝学篇说："蓬生麻中，不扶而直；白沙在涅（黑土）与之俱黑。""干越、夷貉之子，生而同声，长而异俗，教之使然也。"形成良好社会环境的关键在于师者如何管理的问题。"礼者，所以正身也；师者，所以正礼也。无礼何以正身？无师，吾安知礼义之为是也。"《修身》中又说："故有师法者，人之大宝也；无师法者，人之大殃也。"这是荀子在强调老师的重要意义在于教会学生如何学习，更在于老师能够率先垂范，也就是身正的重要性。"夫师以身为正仪，而贵自安者也。"④ 所以在师生关系中正身修身起着重要的作用，在家庭教育中更是如此。

---

① 《荀子·修身》。
② 《荀子·劝学》。
③ 《荀子·君道》。
④ 《荀子·修身》。

四、孟子、荀子对孔子道德修养方法的继承和发展

孔子学、思并举，孟子重内向的思，荀子重外向的学。孟子、荀子对孔子道德修养论的不同发展代表了我国先秦时期开始形成的两种不同的修养路径，它们既有联系又有区别，对于我国后世伦理道德思想的发展有着深远的影响。

（一）孟子对孔子道德修养方法的继承和发展

孟子与孔子的思想的不同之处在于孔子的核心思想是仁，而孟子更侧重于讲义；孟子在继承孔子仁思想的前提上又提出了性善论。

孟子认为：善良是每一个人真实的内心世界中都具有的心理。这种善意存在于善良人的内心深处。善良是与生俱来的，善也是出于每个人的天性的。孟子将这种具备的善良的素质称为人的"良知"和"良能"。《孟子·告子上》中说："恻隐之心，人皆有之。"对于善良的心每个人都具有。只要是经过修为都是可以达到的，每个人都具有这种挖掘善意的能力，只要是朝着这个方向努力总会成功的。孟子认为，这种追求善意的人心是仁义之本。具体可以从以下几个方面来分析孟子对孔子道德修养方法的继承与发展。

1. 在道德修养的人格追求上，孔孟都特别强调"修身在己，成德在我"

每个人在进行道德修养过程中其目的就是培养自己崇高的道德人格。孔子的理想人格是"圣人"而后是"君子"。同时孔子认为只有尧舜这样的明德之人才算是圣人，一般人是很难成为圣人的。

孟子与孔子又有所不同，孟子关于道德修养的论断是与性善论相一致的。他强调人的本性善，在善这方面众生是平等的。孟子认为"圣人"的品德是通过个人的修为而可以达到的。每一个普通人都具有将成为圣人的可能，这个转化的关键在于人们是否真心想成为是否为之去不断实践。只要愿意并为之努力，那么"人皆可以为尧舜"①。这就为道德修养提供了可能性。

---

① 《孟子·告子下》。

孟子认为"人之初，性本善"，每个人都有四个"善端"，故此，人人都能成为圣人。因此，圣人境界主要是"存心保善"，"寡欲养心"，而这关键是在于"修身在己，成德在我"。

孟子注重自我修养，"养气"说与"寡欲"说是孟子道德修养方法论的重要内容。孟子所谓"养气"的过程，即使人的感性行为转化为由理性支配的过程，其"养气"说的实质意义是在强调理性在人类道德生活中的意义。孟子关于"养心"与"寡欲"关系的认识，包含了如何对待义利关系的观点，故此引发了后世的理欲之辨。能够有勇气一直坚守自己信念的仁者和智者最终会成为圣人，所以想真正成为有修养的人必须得有恒心、耐心及持之以恒的决心才行。

2. 从道德修养的途径来看，孔子倾向外在的实践锻炼，孟子倾向内在的性情修养

孟子的"反求诸己"在一定程度上是继承了孔子"为仁由己"的道德修养方法。侧重点不同的是孟子更注重内在的修养。孟子则从他的性善论出发，提出了和孔子不同的道德修养途径。孟子认为任何人的善意都是天生的，而不借助于外界的力量。因而，道德修养的重点只在于增强内心的修养。孟子注重的是"反省内求"的道德修养方法。求的内容是"爱人不亲，反其仁；治人不治，反其智；礼人不答，反其敬——行有不得者皆反求诸己"①；孔子从仁爱的观点出发，注重调和人与人之间的关系，他认为一个人如果能够做到对待别人宽厚，对待自己严格，就会较少地与别人发生冲突。这也就是孟子所说的人人都要"反求诸己"，通过自省寻找个人身上的不足和缺点。因此，他经常教导学生要时常审查自己的言语和行动是否有不得当之处，如此才能提供自身的修养。故此孟子提出了"我知言，我善养吾浩然之气"②的道德修养方法，这显出了孟子对于修养的独特理解。孟子对于修养主要强调修养在于养"气"，这是修养的根本所在。孟子提出"吾养吾浩

---

① 《孟子·离娄上》。
② 《孟子·公孙丑上》。

然之气",① 认为每个人都要有勇气来使自己具备正义凛然的气质。浩然之气简单说就是指人们的道德精神高度升华，达到天人合一的境界时，所具有的至大至高、至刚至勇的气度和非凡的精神能量。浩然之气实现的根本方法首先是树立养浩然之气的目标。

3. 从具体的修养方法上看

第一，孔子重自省与孟子重慎独。孔子在道德修养上最重自觉。他说："知之者不如好之者，好之者不如乐知者。"从知之，到好之，再到乐之就是自觉性不断发展，道德意志和道德信念不断形成的过程。从道德修养方法的角度来分析发展自觉性的一个重要环节是内省。"君子求诸己，小人求诸人。"② 一个人能否成为有仁德的人，不是取决于他人，而是完全取决于自己，关键就在于个人能否自觉地进行道德修养。

孟子主张"反求诸己"，凡事都要问问自己的内心。故此他说："爱人不亲，反其仁；治人不治，反其智；礼人不答，反其敬。行有不得皆反求诸己。"③ 他认为，倘若一个人遇到他人不公正的对待时，一方面他要进行自我反思，从言语到行动严格地审视要求自己；另一方面，他还提倡严于律己，宽以待人，原谅曾经误会和不理解他的人。

孔孟道德修养的相同之处也是孔孟道德修养的一个突出特点：慎独。"莫见乎隐，莫显乎微，故君子慎其独也。"④ 慎独就是指道德修养的高度自觉，它表明真正的道德修养来不得半点儿虚假。正如孟子所言："芷兰生于深林，非以无人而不芳。"孟子重视慎独，认为越是当一个人身处无人之境时，他越要重视自己的品德修养。孟子还认为自我反省必须在同人接触的过程中，反复地进行。而轻率的态度，简单的方式则是孟子所不赞成的。

第二，学、思、行都是孔孟的道德修养的基本方法。学与思是行的前提，行是学和思的目的和归宿。孔子和孟子都重视学习对道德修养的作用，

① 《孟子·公孙丑上》。
② 《论语·卫灵公》。
③ 《孟子·离娄上》。
④ 《礼记.中庸》。

更强调道德修养要坚持学习和思考相结合，同时将学习和思考的观念应用于道德实践中去。

　　学，主要是学文，即学习书本知识，学习古代典籍，包括《诗》、《书》、《礼》、《乐》、《春秋》。孔子的学，还指向别人学习。孔子说："多闻，择其善者而从之；多见而识之；知之次也。"① 孔子自己就很重视学习，也很善于学习。他说："三人行必有我师焉。择其善者而从之，其不善者而改之。"思就是思考。孔子提到君子应该有九思，分别是："视思明，听思聪，色思温，貌思恭，言思忠，事思敬，疑思问，忿思难，见得思义。"② 这是主张通过思考和反省的方法，细心检查个人的言行是不是符合道德。孟子也继承了孔子思考这一观点，进而提出了"反省内求"的道德修养方法。

　　道德修养的高低必须要见诸行动，孔子注重实践，认为"行重于言"，孔子所崇尚的君子应当是"讷于言而敏于行"③。孔子对君子的道德实践看得很重，认为"行重于言"。荀子主张人要想获得丰富的道德认知，就需要每天进行自我反思，进行自我道德教育。荀子还继承了孔子重视行动这一观点，强调人应该在道德实践中逐步提高道德修养，由此他论述道："故不登高山，不知天之高也；不临深溪，不知地之厚也。"④ 这也就是说只有在实践基础上获得的认识，才能明确指导人们去进行道德实践。

　　第三，改过迁善、锻炼意志是孔孟道德修养的重要方法。任何一个现实中的个体都不是十全十美的。因此，孔子对于犯过错误的人应该学会如何面对自己的缺点和不足。只有"过而不改，是谓过矣"。⑤ 孔子不看重一个人是否犯过错误，而是看他能否在犯错之后自己是否真心悔过，争取以后少犯错误或者不犯错误。唯有如此才会提升自己的修养境界。孟子也同样鼓励每个人改过自新。孟子也认同人们应该正视自己的错误并且能够耐心接受他人对自己错误的批评和指正，他特别表扬子路"闻过则喜"的观点，提倡

---

① 《论语·述而》。
② 《论语·季氏》。
③ 《论语·里仁》。
④ 《荀子·劝学》。
⑤ 《论语·卫灵公》。

"与人为善"，以求得修养的完美。

顽强的意志力是提高修养的重要前提，孔子和孟子都十分重视培养意志力。孔子更提倡人应当有恒心，他曾经引用"南人"的话来说明："人而无恒，不可作巫医。"① 这句话是说作为品德高尚的人，应当有恒心。孟子对于道德修养的培育曾有过这样经典的论述："必先苦其心智，劳其筋骨，饿其体肤，空乏其身，行拂乱其所为，所以动心忍性，曾益其所不能。"② 孟子的观点是只有那些经过生活历练的人，并在困难中保持自己内心的道德操守，最终才可以成为真正的君子。这样的君子才可以为社会作出贡献，成为对社会有用的人。

（二）荀子对孔子、孟子道德修养方法的继承和发展

先秦最后一位儒学大师荀子批判地吸收前代儒家学说以及其他诸子学说，来建构自己的学术体系。

1. 荀子对孔子道德修养方法的继承

首先，由学而进，学思并重。孔子爱好学习，已经到了以学习为乐事的地步，从不把学习看成压力或烦恼。他说："学而时习之，不亦说乎?"③ 他还说："知之者不如好之者，好之者不如乐之者。"④ 孔子所谓学习，不只是学习文化知识，更重要的是学习如何做人。荀子更是非常重视学习，他在《劝学》中说："吾尝终日而思矣，不如须臾之所学也"；"君子博学而日参省乎己，则知明而行无过矣。"其次，荀子还继承了孔子内省的道德修养方法。内省，是我国传统道德中一个基本的修养方法。这种方法强调道德修养的自觉性，孔子说："见贤思齐焉，则不贤而内自省也。"⑤ 孔子强调内省，人们要经常检查自己的言行，自觉地改正自己的错误，甚至在无人监督的情况下，也要按道德规范去做，达到慎独的境界。他又说："三人行，必有我

---

① 《论语·颜渊》。
② 《孟子·告子下》。
③ 《论语·学而》。
④ 《论语·雍也》。
⑤ 《论语·礼仁》。

师焉；择其善者而从之，其不善者而改之。"① 君子应该是首先是凡事能自我反思，其中改过是人们进行道德修养的重要方法。荀子也十分重视慎独在道德修养中的作用。荀子下面的话更加充分地揭示了慎独的内涵。"善之为道者，不诚，则不独；不独，则不形；不形，则虽作于心，见于色，出于言，民犹若未从也；虽从，必疑。天地为大矣，不诚则不能化万物。圣人为知矣，不诚则不能化万民。父子为亲矣，不诚则疏。君上为尊矣，不诚则卑。"② 所谓"诚"、"独"，就是指的内心高度的自觉性，"形"则是指外在的行为表现。这里荀子是通过"诚"、"独"来达到慎独的境界。

最后，荀子继承了孔子的知行统一的道德修养方法。孔子非常重视行动，认为道德修养不仅要在言语和思考中体现，同时更为重要的是在行动中去检验，来完善自身的修养。他主张学习、实践、接近有仁德的人来培养自己良好的品德。荀子更是强调知行合一的道德修养方法。"不闻，不若闻之；闻之，不若见之；见之，不若知之。学至于行而止矣……故闻之而不见，虽博必谬；见之而不知，虽识必妄；知之而不行，虽敦必困。不闻不见，则虽当，非仁也，其道百举而百陷也。"③ 这些观点体现了荀子重视行动的态度，也就是说学习的最终目标是"行"。

2. 荀子对孟子道德修养方法的继承

第一，荀子与孟子都强调后天的道德修养。虽然荀子与孟子在人性问题上，一个主张性善一个主张性恶。但荀子继承了孔子、孟子修身的重要性的思想，并且主张修身在治理国家中的作用。荀子坚持"修身则道立"，他说："知所以修身，则知所以治人；知所以治人，则知所以治天下国家矣。"④ 孟子主张仁政，强调的是仁爱道德。荀子提出了礼法的重要性，说明了礼在一个人品德修养过程中的作用。关于道德修养的一些具体途径上问题上，孟子、荀子两人没有什么根本区别，荀子和孟子都强调后天修养的重要性。

---

① 《论语·述而》。
② 《荀子·不苟》。
③ 《荀子·儒效》。
④ 《礼记·中庸》。

第二，孟子和荀子都认为道德修养的培育以礼义为本。孟子认为的核心思想是义，同时认为义是人善之本。孟子曾和梁惠王的对话中提到："王！何必曰利？亦有仁义而已矣。王曰，何以利吾国？大夫曰，何以利吾家？士庶人曰，何以利吾身？上下交征利而国危矣。"① 荀子继承了孟子的义利思想更强调礼在道德修养中的作用。荀子则提出礼是后天产生的，因为荀子认为主张性恶论，人须得学习礼义，以礼义为本来达到"化性起伪"的结果，然后才有"积礼义而为君子"。②

第三，孟子、荀子都认为在修身中，养心要诚。《中庸》一文中提到了诚的重要性："诚者，天之道也；诚之者，人之道也。"孟子的诚的思想其实是注重内心的真诚，他的"养气"思想就蕴含了诚的思想。由于人只有遵从内心的真实诚意去践行道德行为，才有可能产生积极的意义。从现有材料看，荀子对诚的论述比孟子更多、更详细。荀子也注重在道德修养过程中诚的重要作用，同时荀子也重视"养心"基础上的诚，他说："君子养心，莫善于诚。致诚，则无他事矣，惟仁之为守，惟义之为行。诚心守仁则形，形则神，神则能化矣。"③ 只有诚才能坚守自己的道德操守，才能以礼义为做人的根本准则，以提升自身的道德修养境界。

3. 荀子对孔孟道德修养方法的发展

荀子的道德修养方法独具特色，并且与孔子和孟子有所不同。不同之处在于孔孟所谈修养是为了培养圣人君子是为统治阶级服务的，而荀子则是侧重平民的日常修养而不带有政治色彩。在中国古代伦理学说史上，对于人性问题和修身养性问题的认识向来是联系在一起的，中国古代的哲学家、伦理学家偏重于从人的本性上去研究人的修养。

第一，荀子从性恶论出发，十分强调外在教化的作用。荀子是我国古代最著名的性恶论者。在本质上都是抽象的、先验主义的地主阶级人性论，但是他们有颇多的差异：其一，孟子道"性善"是指人类都具有先天的仁义道

---

① 《孟子·梁惠王上》。

② 《荀子·儒效》。

③ 《荀子·不苟》。

德和与生俱来的"良知"、"良能",反对言利,耻谈物质的欲;荀子道"性恶",是指人类本性就是"恶"的,人与生俱来就有耳目声色之欲,因而,顺其发展就有好争夺、好淫乱之心。其二,孟子的性善论强调人有对其进行教育与学习的可能性。只要多做"内省"的工夫,把先天的"善端"扩充之、发挥之,就可以达到道德高尚的标准;荀子的性恶论,则强调人有加以教育与学习的必要性,必须经过教化与礼法,达到"化性起伪",改造人性,它有较明显的唯物主义倾向。如果说孟子的性善论强调发挥先天的伦理"善端"的话,那么荀子的性恶论则强调后天对人性的改造作用。其三,虽然孟子与荀子都从伦理道德标准方面提出和论证人性善恶问题,但是孟子的性善论是其仁政学说的哲学基础;而荀子的性恶论则是其礼治与法治学说的哲学基础。荀子以对"构木"的矫治和对"钝金"的磨砺为例来比喻教化的作用。值得一提的是,荀子还非常重视乐教对人道德修养的作用。荀子在《乐论》篇曾提到:"乐者,圣人之所乐也,而可以善民心。其感人,深;其移风俗易,故,先王导之以礼乐,而民和睦。"[1]

第二,荀子提出"隆礼贵义"思想以此引领道德修养方法。荀子继承了孔子仁、孟子义的思想,提出了"隆礼重法"。道德是一种精神的力量。仁是孔子学说中最核心的概念。礼让、和善是做人道德修养、立身行事和构建和谐社会的准则。荀子既然在天人关系中强调人的作用,那么他必然在寻求治世策略中从"人"的因素入手去考虑问题。而人治的关键在于礼作用的发挥,荀子重礼,同时继承与发展了孔子复礼归旨,而批判思孟学派的道德之礼。荀子还发展了孔子的"克己复礼为仁"的修养方法,提出了"隆礼说",他把礼作为修养的核心。荀子的礼实际上是对孔子仁道德修养的进一步延伸和拓展。荀子要比孟子和孔子的道德修养更贴近现实,"隆礼贵义"思想是荀子想更切实地使每个人都能对修养有所接近,从而更好地践行道德行为。孔子提倡:"仁者爱人","己所不欲,勿施于人"。《荀子》书中,几乎无处不论礼,无处不谈礼,礼是一切事物的准绳和一切行为的规范。它统

---

① 《荀子·乐论》。

率着教育和学习的内容，可以说礼是荀子道德修养方法的核心，并且从礼的角度对道德修养的具体实践方法做出阐释，同时还对人修养过程中的主次做了明确的规定。

第三，内修外行是完善自我修养的重要途径。荀子强调内外兼修："君子务修其内，而让之于外；务积德于身，而处之以遵道。"① 所谓内修就是"化师法，积文学，道礼义"②；所谓外行，就是"谨注错，慎习俗，大积靡"。在内修与外行的关系上，他尤重笃行。荀子说："不闻，不若闻之；闻之，不若见之；见之，不若知之。学至于行之，而止矣。"③ 在闻、见、知、行中，行处于最后阶段和最高层次。"行之，明也，明之为圣人。""故，闻之而不见，虽博必谬；见之而不知，虽识必妄；知之而不行，虽敦必困。不闻，不见，则虽当，非仁也，其道百举而百陷也。"④ 可见，荀子赞同内修外行是完善自我修养的重要途径。

---

① 《荀子·儒效》。
② 《荀子·性恶》。
③ 《荀子·儒效》。
④ 《荀子·儒效》。

第七章　先秦儒家伦理文化的重要观点

　　中华民族，这个具有 5000 多年历史的文明古国，承载着千年已久的厚重历史，散发着醉人的悠韵古香。如果要问中华民族为何到今日仍如此气势恢弘，浩浩荡荡，我想其势不可挡的中华民族精神是铸就这辉煌篇章的"灵魂"。中华民族精神一向以中国传统文化为载体，而儒家伦理文化是中国传统文化的重要组成部分。我们有理由说，中华民族精神的源头可以追溯到以孔子、孟子、荀子为代表的先秦儒家伦理文化。而先秦儒家伦理文化的经久不衰，就在于它能够通过其有力的思想理论观点，予人以思考，给人启迪，净化人的心灵，陶冶人的情操，因此，深入研究先秦儒家伦理文化对后世的影响以及对现世的价值，我们就必须追源溯流，去深刻领会先秦儒家伦理文化的重要观点。

一、人性善恶说

　　儒学是中华民族传统文化的主干，而儒家伦理学说又是中华民族几千年传统美德的集中体现。在道德修养方面，儒家的关于人性善恶说为我们提供了宝贵的理论财富。研究儒家人性学说，品咂其中耐人寻味之精华，无疑是理解和对待人的问题的基本态度和立场，它直接决定着人们研究儒家伦理文化的致思方向和关切目标。

　　所谓"人性"特指人之"性"，其意在指人天生的资质或天赋素质。但必须强调的是古人所讲的"人性"与现代人所讲的"人性"是有所不同的。中国古代人性问题所要解决的主要是人的天赋素质的内容及其发展变化,即主要探讨人的发展问题,而现代人性问题则主要关注人有何共性、有何本质等问题。

我国古代的人性问题起源于先秦儒家,是由孔子明确提出的。"论语"中关于性的表述共有两处,一是"夫子言性与天道,不可得而闻之"。"论语"中的第二处提及性是在:"性相近也,习相远也。"

进一步挖掘孔子之性,我们就必须全面理解孔子之仁。徐复观认为仁即自觉的精神状态,仁是人不断追寻一种内在超越,从而达到人与天的合一,也就是道德追求的最高境界。对于孔子而言,人分为三种:生而知之者为上智,学而知之者和困而知之者为中人,困而不学者为下愚。孔子之所以将人分等划级,意在于强调教育对于人性塑造的作用。只有通过教育,才能够使中人在不断学习的过程中接近上智,上智作为一种理想境界,为中人树立了一种道德理想主义的信仰,并使之成为中人追求的人生目标。孔子以这种对人性的假设,为人存在的意义和价值证明,并赋予人以人生目标的追求意义。这就成为教育必然性的理论基础。

孔子在论述仁的思想过程中,始终给予礼以同等的关注。礼与仁之间存在什么关系呢?孔子认为:"克己复礼为仁。"此处孔子所言之礼,已经不再是纯粹的周礼,而是对周礼进行改造后的礼。他认为周礼之所以不能深入人心,就是因为它缺少使人内心深处信服的依据,即缺少仁的道德追求。所以我们可以得出这样的结论:上天赋予人德性就是赋予人以仁,在此基础上才能够实现"有教无类",而此处之"类",其实并不包括上智和下愚,因为上智生而知之,而下愚则困而不学,二者均不可移也。

孔子的人性观,简而言之,就是仁,即现实生活中可以教化的个体人所具有的追求内在超越的自觉的精神状态。但在此,孔子对人性的善恶并没有做出明确判断。因而,孟子和荀子分别对孔子学说从不同角度发扬光大,在人性问题上做出了明确的阐述,虽然他们在这一问题上有明显的分歧,但实质上并非不能沟通。

　　孟子主张人性本善，认为仁乃为人与生俱来，存于心，只要努力扩充"四端"，就可以"尽心、知性、知天"。所谓"四端"，即"恻隐之心，仁之端也；羞恶之心，义之端也；辞让之心，礼之端也；是非之心，智之端也"。① 可以说"四端"学说是孟子性善论的依据，也是孟子学说的根基所在。孟子的最大贡献就在于第一次明确提出了人性本善论，突破孔子以往的隐晦，这一普遍性的道德命题也成为中国传统心性学的核心命题，并随之塑造和影响了整个民族的心性和精神。更为根本的是，孟子还为这一认知提供了心性基础和理论指证，他做出的"人人皆可以为尧舜"的存在性预言，是对人可以成为圣人的可能性这一命题的一种肯定。与孔子相比，孟子的思想更加明晰明确，这与当时先秦思想的渐臻成熟和时代精神的发展息息相关。当然，孟子与孔子一样，对人仍然进行了层次界定，有"大人"、"小人"之分，这包括其自身对"劳心"、"劳力"② 以及"小贤"、"大贤"的分辨。③

　　先秦最后一个大儒当数荀子，从荀子之崇孔子看，他以儒家自居无疑。荀子传《诗》、《书》、《易》、《礼》、《春秋》，并对子张、子夏、子游氏之后学，以及思孟之思想皆有涉猎。郭沫若曾猜测荀子于稷下学宫听过孟子等的讲学。荀子之集大成由此可见一斑。但是，就人性论来说，荀子却并没有为先秦儒家思想作出明确追溯式的总结。众所周知，荀子标榜性恶说，荀子认为人性恶，但是人可以通过后天的努力，改变这一自然本性，进而使自己成为圣人，此说以其对恶的强烈感念而在先秦心性史中颇具冲击力。荀子主张与告子所言有共通之处，告子曾认为"生之谓性"，即所谓"食色性也"，把人之自然情欲作为人之本性，可见二者都认为"生之所以然者谓之性"，只是告子认为这样理解的性本无善恶之分，而荀子则进一步把情欲与心性联系起来，从而推出"从人之性，顺人之情，必出于争夺"的结论。就此，荀子得出结论："人之性恶。"事实上，荀子所言的性恶论的目的本来就是服务

① 《孟子·公孙丑上》。
② 参见《孟子·滕文公上》。
③ 参见《孟子·离娄上》。

于统治阶层，为了"兴圣王贵礼义矣"，当荀子表达了人人俱有"可学而能，可事而成"的能力时，人们接受教化师法就自然成了必然命令，因此，这里便体现了荀子与孟子截然不同的思想观念。

通观荀子的思想，荀子把辨别选择是非的能力交付于心。这样，心就不再是孟子那里所讲的可以直接发用道德的"本心"。当认知道德的心和道德本心不再同一的时候，认知的心何以能实践就成了一个问题，这也是后来康德一直探索的问题。所以，荀子只能认为：然则可以为未必能也，虽不能，无害可以为。就是说，虽然就潜能上说，人皆可以成圣人，但是，事实上，能否如此则在外不在内。因为，一般人并不是圣人，因此，鉴于荀子坚持自然本性论，所以在思想天的时候，在天人合一的传统思维格局下，荀子的天观向自然之天倾斜也就是必然的。这一思想其实与老子"天地不仁，以万物为刍狗"的思想非常接近，皆否认天的道德性，从而接近在"自然而然"的意义上理解天。尽管如此，我们仍然要对荀子的性恶论有更深入的研究与解读。

有人认为，先秦关于人性论的总结者是孟子，因为虽然荀子的心性论为最晚提出，但荀子的心性论并没有真正继承孔子特别是孟子开创的道德形而上学或曰所谓"实践理性"，其所倡导的性恶论完全与先秦儒家观点相背离，因此，荀子却并不是先秦儒家心性论的总结者。但是我们有必要强调，性善与性恶之分表面看似水火不容，但事实上，荀子所主张的性恶论与前人所阐述的人性的根本并无本质上的出入。孟子总结出了孔子关于人性中善的一面，把人的道德性作为人之本性。故曰人性本善，孟子并为之提供了心性证明，荀子表面与孟子所主张完全背离，但性善性恶实际上殊途同归，孟子主张性而善，企图证明伦理道德的原则是天生合乎人的本性的；荀子主张性恶，企图证明伦理道德原则是必不可少的。性善论证明伦理道德原则实现的可能性，性恶论证明伦理道德原则的必要性。命题虽然相反，但实际作用与目的是相一致的。正如后世张载所言："儒者则因明致诚，因诚致明，故天人合一，致学而可以成圣，得天而未始遗人。"古往今来，许多人在对待先秦儒家关于"人性善恶"问题上，往往看不到或者否定这种内在联系的存在，这其实是一个误区，所以，对先秦儒家关于人性善恶问题理论上的梳理与调和，是非常有必要的。

先秦之后自汉代起，儒家关于人性的讨论已经由原来立足于普遍进行一般善恶问题的评价，向善恶不均衡化的特殊性一面转化。汉唐学者关于人性问题的基本论调主要是"性三品"说，着重从人的社会地位的高低出发来规定人性的善恶，使人性由先天的平等走向不平等，这也与先秦孔孟对人等级的划分这一具有局限性的理论基础不无关系。宋明时期，理学家大都认同性善论的基调，但在善恶评价上则力图将普遍性与特殊性结合起来，宋明人性理论的特点就在于使"性"与"气"分离，"性"起源于天命，最早是由《中庸》提出的，气禀的思想则始于王充，因此，在人性学说发展过程中，便有了孟子"不曾发出气禀一段，所以启后世纷纷之论"[1] 的说法。而北宋张载首先从气本论出发来说明人性问题，也开始了中国人性理论发展的一个新的阶段。在这之后，从明末清初至近代，中国的思想家们在人性问题上有一个共同的趋向，那就是超越了儒门孟子、荀子之争辩，而取告子等人的性无善恶说，根据自己的自然人性论立场，对以程、朱为代表的宋明理学人性论进行了批判，在批判中表达自己人性论主张，性无善恶之说在此时便占据了主导地位。总之，中国有关人性的思想是十分丰富的，也正是由于儒家对于人性的阐释使得中国古代教育呈现出独特的风貌与景象。

先秦儒家关于人性善恶的讨论主要限定在人性天赋这个大的框架之内，虽然从根本上来说并不是十分科学的，对人的素质的探讨也并不全面，但其所言语的意义就在于，这些理论以简约的语言点出人生之"大道"，而促使后世子孙或自觉、或警醒、亦或是欣然地，一一去实践，从而形成中华民族之魂。先秦儒家人性之辩给予我们的，是一个人生的动态系统，我们不可以片面地去理解，不可以断章取义。古圣先贤的思想精华之所以令我们尊重与敬仰，就是因为它们可以融入我们的血液，当血液流动的时候，我们能感受到它们带给我们的欢欣与鼓舞！

---

[1] 《北溪字义》。

二、天人合一说

天人合一思想作为一个明确的命题是由北宋著名哲学家张载最先提出来的:"儒者则因明致诚,因明致诚,故天人合一,致学而可以成圣,得天而未始遗人。"① 天人合一这一思想是中国文化史上长期占主导地位的思想,被中国古代哲学家视为其所追求的最高理想境界。

天人合一的思想可以追溯到商代的占卜,这一思想在西周也有明显体现,但大多都将天人的关系局限在一种神人的关系范畴内。而从春秋时期起,天人之间关系的定位发生了变化。周内史叔兴说"吉凶由人"。后郑国子进一步阐述:"天道远,人道迩,非所及也,何以知之?"这些显然表现出来人们已经开始对有人格意义的神产生了质疑,将一种简单朴素的贬天命、重人生的思想表露出来。也就是大体从春秋时期起,天人关系的重心已经不是单纯地描述人与神之间的关系,天已经开始从神位降位于现实世界。而这种转换,在中国传统儒家文化当中则表现为强调人与义理之天、伦理道德之天的天人合一。

作为儒家的创始人,孔子对天有着很深的敬意,但他并不将天视为神的化身。在孔子那里,天已经从宗教神学的上帝转变成具有生命意义和伦理价值的自然界。孔子视天为道德权威性之根本,其言:"天生德于予,桓魋其如予何?""天之未丧斯文也,匡人其如予何?"意为:道德文章皆为天之所予我者,我受命于天,任何大难都无可奈何于我。我们说孔夫子为圣人,就是在于他有极强的行动能力与极高的人格魅力。神,往往更接近天,而圣,往往更近于地,孔子在强调人在天地之间的地位之时,将天地人并称为"三才",充分地肯定了人可"下长万物,上参天地","天地之性人为贵"。在孔子那里,天不再为虚幻莫测之物,天所传达的是一种终极的人生态度,一种极为朴素的生命情感、伦理价值。子曰:"天何言哉? 四时生焉,百物生

---

① 《正蒙·乾称》。

焉，天何言哉！"① 亦表达了苍天在上、静穆无语、四季轮回、万物丛生的一种无言的、终极的生命关怀。此处的"生"不仅仅是生物学意义上的生，也表达了一种伦理价值意义的"生"。同时，论及人与自然的关系，孔子虽然没有直接提出"爱物"的理论，但他的爱物思想在儒家经典著作中经常有所体现，"仁者乐山，知者乐水"②，我们可以感受的不仅是一种审美角度的和谐，又有伦理角度的自然关怀。在孔子那里，"天人合一"所传达的是一种从容不迫的气度，一种道德践履，一种中国人的人格理想与生命追求。如果说孔子的天人合一的思想还处于最初级的人生探索阶段，其思想仍有西周人神关系的痕迹，那么孟子对天人合一理论的阐述则将其带入了更为广阔的一个领域。

孟子所论及的"天"基本已经脱离了神的含义，他所指向的"天"可以是人们无所掌控的命运之天，比如孟子说："莫之为而为者，天也；莫之致而至者，命也。"③ 天命是人力做不到达不到而最后又能使其成功的力量，是人力之外的决定力量，但孟子并不认为这是神的力量，因为其所谓的"天"更多的则是指道德之天。"尽其心者，知其性也。知其性，则知天矣。"④ 也就是说，人性在于人心，因此尽心养性则能知性。因此在孔子那里，天人合一所表达的是人与道德义理之天的合一。孟子的儒家天人合一思想的核心是在其提出人性"四端"之后才明确奠定的，"恻隐之心，仁也；羞恶之心，义也；辞让之心，礼也；是非之心，智也"。仁义礼智四者，被称为"四端"，人心生而四端，故人性本善。人之善性既是"天之所与我者"，又是"我固有之"，所以天人合一。

针对天人合一这一论断，荀子提出了其不同于孔子、孟子的观点，即"明于天人之分"和"制天命而用之"的著名论调。在荀子看来，天人各有其职，人应尽力完成自己的职能，并不要一味听天由命，荀子说："大天而思之，孰与物畜而裁之？从天而颂之，孰与制天命而用之？"⑤ 意在表明不要

① 《论语·阳货》。
② 《论语·雍也》。
③ 《孟子·万章上》。
④ 《孟子·尽心上》。
⑤ 《荀子·天论》。

盲目地顶礼膜拜，要积极参与对天的改造。同时，天人相分，天同样不可以干预人事，"天能生物，不能辨物也；地能载人，不能治人也"。① 在这里荀子主要想突出的是人类可以通过自己的主观能动性来改造自然，人与自然和谐相处。从这样的两方面看，虽然荀子与孔子和孟子的天人合一表面有差异，但在不同程度上与伦理学上的自然关怀角度是一致的，与环境和谐的思想相契合。

先秦时期儒家关于天人合一思想的表述还有很多，其中《易传·文言》中所提出的"与天地合其德"的著名论点就是其中之一。其言："夫大人者，与天地合其德，与日月合其明，与四时合其序，与鬼神合其吉凶。先天而天弗违，后天而奉天时。"这里所言的与天地合其德，是指人与自然相互协调，同存共荣。《易传·系辞上》说，圣人行事的准则是"与天地相似，故不违；知周乎万物而道济天下，故不过；旁行而不流，乐天知命，故不忧；安土敦乎仁，故能爱；范围天地之化而不过，曲成万物而不遗，通乎昼夜之道而知"。其所表达的天人协调的思想可以堪称是中国古代天人关系论述全面精湛准确的观点。

在这之后，天人合一思想一直不断发展，许多大家也纷纷阐明自己的理论观点，这其中有对先秦儒家天人合一思想的继承，也有对其思想的转化，其中比较著名的如汉代的董仲舒，他所阐述的天人合一的思想，包含极大的神秘主义成分，并且提出了"人生而不平等"的论调，将孔孟的伦理道德思想转化成了贵贱主从的人伦关系学说，尽管如此，其将人与自然联系起来进行考察，指出了天人之间存在一种相互作用、相互制约的关系，这与我们今天所倡导的环境伦理中"不违背自然规律"观点的意义是相似的。到了宋明时期，天人合一的思想发展到了顶峰，其所论述的观点是以对孟子之学为起点，并且对孟子的天人合一思想作了重大发展。也就是在这个时期，天人合一的命题被哲学家张载明确提出来。总体而言，天人合一的思想在各个朝代与不同学派都有其各自的模式与主张，但就天与人之间具有统一性的问题

———————————

① 《荀子·礼论》。

上，彼此之间有着明确的共识，都是以人和自然的和谐作为旨归，而这一点也就深深契合于现代环境伦理的精神。

先秦儒家天人合一的理想境界，如若落实到人类现实生活层面，就应该凝练为如《礼记·礼运》篇中所言的"天下为公"、"世界大同"的社会理想。在西方，柏拉图的"理想国"、莫尔的"乌托邦"、马克思的"共产主义"，这些社会理想都对当时社会乃至后世奠定了坚实的社会发展基础，描绘出了一派理想社会蓝图，而作为先秦儒家的"天下为公"、"社会大同"的思想，其本质也与上述这些理论观点相契合，都一定程度地反映了人类的共同追求与理想，具有相当意义的普遍性与正义性。同时先秦儒家在实践"天下为公"、"世界大同"的道路上，更切合实际地提出了"为政以德"，提倡仁政的思想。孔子生动形象地比喻"苛政猛于虎"，极力反对暴政，这些主张对当时社会存在的诸多弊病起到了良好的诊疗功效。

中国先秦儒家伦理文化的天人合一思想是中华传统文化的重要组成部分，对后世影响深远。尽管在先秦时期，天人合一的思想发展得并不成熟，也并不完善，甚至在今天看来仍然有许多需要去摒弃的东西，但我想它的精髓就在于把天之大、地之厚的精华融入到人的内心，使天、地、人融为一个完美的整体，使人对世间万物有敬畏、有顺应、有默契，因而变得无比强大。"心在天，行于地"，我想这就是天人合一带给我们的意境，是我们所追求的人生境界：既有广阔天空可以自由翱翔，不妥协于现实中很多障碍；又有脚踏实地的能力，能够在这片沃土上从容不迫，无限拓展，这就是我们的天人合一。

三、刚健有为说

中华民族自古以来就是一个"刚健有为"、"自强不息"的民族。《周易》里有言："天行健，君子以自强不息。"天的运行强健，所以理想人格的气质应当是自强不息的。可以说，"刚健有为"、"自强不息"生动地概括了中华民族的文化精神。而这种文化精神从更普遍的意义上来讲，反映的是中国传统人生哲理的深层精神追求。"刚"的品德乃刚健有为、自强不息精神的首要体现，可谓刚强不屈挠；"健"者，则为一种凛然之气，这种"气"有一个重要的特点就是具有主动性，能够积极否定、革故鼎新的创造与改革精神；"有为"者，谓儒家所倡导的积极进取，非消极退步，与"无为"意义相反。综上所述，可见刚健有为的精神，实质上是主张自强不息、有所作为的精神。孔子晚年对弟子讲述自己的心志时说："其为人也，发愤忘食，乐以忘忧，不知老之将至云尔。"① 曾子也曾言："士不可以不弘毅，任重而道远。仁以为己任，不亦重乎？死而后已，不亦远乎？"② "刚健有为"所传达的是一种积极入世、主动进取的精神。很长时间以来中国传统文化均被定义在伦理形态上，而"刚健有为"的思想作为伦理文化的典型代表，可谓当之无愧。

先秦诸子对"刚健有为"精神的理解就在于一种持之以恒、坚忍不拔。《周易·大传》提出刚健有为的思想。"需，须也，险在前也。刚健而不陷，原义不困穷矣。""大有，其德刚健而文明，应乎天而时行。""大畜，刚健笃实辉光，日新其德。""乾，健也，坤，顺也"；"天行健，君子以自强不息"。《周易·大传》在表达了之前所阐述到的"刚，乃刚强不屈之意；健，则是主动进取之意"的同时，还表达了更深刻的内涵，这就是："健"乃阳气之本性，"顺"乃阴气之本性，二者之间，阳健处于主导地位；"刚健"是君子的品德，君子乃是效法天，故应自强不息。由此，"刚健有为，自强不息"就成为中国人不断进取、持之以恒、永不懈怠的民族精神。

先秦时期，孔子就对"刚健有为"思想进行了肯定与发挥。《论语》中记载："子曰：'吾未见刚者。'或对曰：'申枨。'子曰：'枨也欲，焉得刚？'"③《论语》中又言："刚、毅、木、讷近仁。"④ "三军可夺帅也，匹夫不可夺志也。"⑤ "士不可以不弘毅"。⑥ "发愤忘食，乐以忘忧，不知老之将

---

① 《论语·述而》。
② 《论语·泰伯》。
③ 《论语·公冶长》。
④ 《论语·子路》。
⑤ 《论语·子罕》。
⑥ 《论语·泰伯》。

至云尔。"① 孔子一方面肯定"刚健有为"是一种优秀品质，另一方面又把"刚健有为"上升到一种独立人格境界，一种积极进取的人生追求与生活态度。

孟子则对"刚健有为"思想进行了具体化。孟子说："其为气也，至大至刚，以直养而无害，则塞于天地之间。"② 孟子又说："居天下之广居，立天下之正位，行天下之大道；得志，与民由之；不得志，独行其道。富贵不能淫，贫贱不能移，威武不能屈，此之谓大丈夫。"③ 孟子将"养浩然之气"作为培养人生追求的重要方法，并把"大丈夫"精神即"刚健有为"、正直充盈的独立人格精神确立为人的行为准则，可以说是一种创造性的发挥。孟子也曾描述："天将降大任于是人也，必先苦其心志，劳其筋骨，饿其体肤，空乏其身，行拂乱其所为，所以动心忍性，曾益其所不能。"④ 这正是历代儒生们生平的真实写照。而这种自强不息、刚健奋进的精神又鼓舞和指引了无数的政治家、思想家、科学家乃至庶民百姓奋然前行、顽强拼搏、坚毅生存。

荀子"刚健有为"的哲学思想则揭开了中国传统文化中最为灿烂的一页。他提出"制天命而用之"的人定胜天的伟大思想，充分肯定了人的主观能动作用，对"刚健有为"思想是一次飞跃与拓展。荀子的《劝学》也深刻体现了中国传统文化中的"刚健有为"精神。"劝学"的"学"，并非完全现代意义上的"学习"，也就是不单单指获得知识，更深层次是指通过修养、锻炼、积累、以达到学识渊博、融会贯通、道德完善的人格目标。荀子在《劝学》中虽然谈论了诸多的治学之道，例如"旧日参省"、"善假于物"、"锲而不舍"。从这些治学之道中可以看出中国传统文化"刚健有为精神"。

先秦儒家"刚健有为"的思想，不仅是人自身价值与力量的肯定，同时也是人们处理天人关系和各种人际关系的总原则，是对积极的人生态度的最

---

① 《论语·述而》。
② 《孟子·公孙丑上》。
③ 《孟子·滕文公下》。
④ 《孟子·告子下》。

集中的理论升华与价值提炼。这也是儒家主要讲求入世，以天下为己任的深刻根源。先秦时期，是一个社会大变革、大动荡的时代，诸子"皆由世之乱而思有以拯救之"，怀以报国之情，纷纷周游列国，著书立说。而儒家"食无求饱，居无求安，敏于事而慎于言，就有道而正焉"的济世情怀令千百万年来中华民族仁人志士所动容并以此为座右铭激励人生。"西伯拘而演《周易》；仲尼厄而作《春秋》；屈原放逐，乃赋《离骚》；左丘失明，厥有《国语》；孙子膑脚，《兵法》修列；不韦迁蜀，世传《吕览》；韩非囚秦，《说难》、《孤愤》；《诗》三百篇，大抵圣贤发愤所作为也。"① 这段名文的传诵，就深刻反映了中华民族愈是遭受重创、愈是奋起抗争的坚强意志与顽强精神。

自强不息、"刚健有为"的中华民族精神，不仅贯穿于儒家经典之中，而且也流淌在中华民族子子孙孙为家为国、民族兴旺而生生不已的奋斗精神当中。于是也就有了之后陆游"一身报国有万死，双鬓向人无再青"的大义凛然②，司马迁"常思奋不顾身，而殉国家之急"③ 的忧国之思，儒家哲学说到底，其实是在培养一种"践道者"，培养诸多能够担当社会使命的阶层，在"刚健有为"思想影响下，无数儒生胸怀"修身、齐家、治国、平天下"的博大志向；劳动人民具有的吃苦耐劳、奋发图强、富有愚公移山的精神；仁人志士的"先天下之忧而忧，后天下之乐而乐"、"人生自古谁无死，留取丹心照汗青"、"鞠躬尽瘁、死而后已"的伟大精神；革命先烈不计丝毫个人得失、为新中国的成立而英勇捐躯的行为，无不是对"刚健有为"精神的光辉写照。

在先秦，儒家主张"刚健有为"，墨家"非命"、"尚力"，法家认为当时是"争于气力"之世，主张耕战立国，走富国强兵的道路，都倡导积极行动、有所作为。而当时道家则主要讲求忘世，强调清静无为，精神超脱，以柔克刚，安时处顺。如老子主张"致虚极，守静笃"④，庄子及其后学更提

---

① 《史记·太史公自序》。
② 陆游：《夜泊水村》。
③ 司马迁：《报任少卿书》。
④ 《老子》第十六章。

出了"心斋"、"坐忘"等理论，要求忘掉人己、物我等一切区别对待，停止一切身心活动，以达到"形如槁木，心如死灰"①的境地；佛家则讲求出世，强调万事皆空，虚静无为，涅槃寂净，自度度人。而在这之后的许多学者针对强调"以静制动"、"以柔克刚"思想的佛道之说予以否定，例如，明清之际的王夫之，就大力倡导"珍生"、"健动"学说。王夫之说："圣人尽道而合天德。合天德者，健以存生之理；尽人道者，动以顺生之几。"② 又说："惟君子积刚以固其德，而不懈于动。"③ 他认为"健"是生命的本性，"动"是生命的机能，"动"还是道德行为的枢纽，因此，君子应"积刚以固其德，而不懈于动"④，即以"健动"为人生的最高原则。颜元对"健动"原则也有深刻体会，他说："三皇五帝，三王周孔，皆教天下以动之圣人也，皆以动造成世道之圣人也。五霸之假，正假其动也。汉唐袭其动之一二，以造其世也。晋宋之苟安，佛之空，老之无，周程朱邵之静坐，徒事口笔，总之皆不动也，而人才尽矣，圣道亡矣，乾坤降矣。吾尝言：一身动则一身强，一家动则一家强，一国动则一国强，天下动则天下强。"⑤ 这段话充分表达了"刚健有为"、自强不息的精神对于促进文化繁荣和国家富强的意义所在。

如果用我们今天的话来概括刚健有为的思想，那就是：达观人世，以天下之兴亡为己任；自尊、自信、自立、自强；不畏困难与挫折，勇于创新；积极主动进取，富有独立人格精神；胸怀坦荡、品行端正、刚直不阿；爱国爱民、有崇高的人生追求。儒家"刚健有为"的思想数千年经久不衰。在今天看来，儒家文化洋洋洒洒，体系博大，良莠杂陈，正面因素与负面因素相互纠结。比如，我们讲到"刚健有为"思想的积极主动意义时，也要自觉剔除其中的"三纲五常"、"五伦"的糟粕，因为它在很大程度上又"使人不成其为人"。正如"治经如剥笋"，层层剥去笋壳，清理掉消极落后负面的成分之后，"笋肉"自然会凸显出来。我们认为，自强不息、吃苦耐劳、愚

---

① 《庄子·齐物论》。
② 《周易外传·无妄》。
③ 《周易内传·大壮》。
④ 《周易内传》卷三上。
⑤ 《颜习斋言行录》。

公移山、生生不已、主动进取等张扬着"刚健有为"积极思想的精神，就是儒家文化中最深层的基本内核也正是儒家文化经久不衰的根本原因。

先秦儒家"刚健有为"伦理思想对素有文明古国、文化之都之称的中国来说，其意义非同寻常。我国经济建设中最大的优势也是最大的制约因素就是人口。人力资源丰富而科技文化落后是经济建设中最突出的一个矛盾，如何发挥人的主动精神，调动人的积极性、创造性，增强人们的凝聚力，是我国经济建设和发展中的当务之急。因而，倡导自强不息、"刚健有为"的精神，并赋予其以科学、民主、法制、文化的新内容，就会为经济建设创造最有利的条件。同时，社会主义精神文明建设不能脱离中国传统文化，特别是像"刚健有为"这样的精粹部分。市场经济条件下拜金主义、享乐主义、利己主义的泛滥，也充分论证了优秀的传统文化对于丰富和健全人们的精神生活，确立社会主义崇高人生理想的重要性。经过现代诠释、提升之后的"刚健有为"思想，完全可以古为今用，成为社会主义新文化的重要组成部分。人的现代化是社会现代化的前提，同时又是社会现代化的最终目的。人的现代化是现代人对传统的一种超越，这种超越绝不是切断同传统的关系，而是批判地继承。刚健有为，自强不息，孜孜不倦，注重品德修养，不畏挫折，勇于进取，积极主动，正是人的现代化的内在要求，也是社会现代化的题中应有之义。

四、浩然之气说

先秦儒家伦理观点中，有一种精神思想万年不息，体现在历史发展的各个阶段与人生的各个方面，这就是"浩然之气"。"浩然之气"一词，通常用来形容一种刚正宏大的精神，乃为一种朗朗人格，没有一丝谄媚之色，"浩然之气"一词语出《孟子·公孙丑上》，是先秦儒家大思想家孟子创造的一个词语，是一个富有创新思维的哲学概念。它对2000多年来中华民族思想道德的传统，产生了深远的影响。

据《孟子·公孙丑上》记载，一日，孟子弟子公孙丑问孟子，说：

"敢问夫子恶乎长?"

曰:"我知言,我善养吾浩然之气。"

"敢问何谓浩然之气?"

曰:"难言也。其为气也,至大至刚;以直养而无害,则塞于天地之间。其为气也,配义与道;无是,馁矣。是集义所生者,非义袭而取之也。"

译为现代汉语:"请问老师,您的长处是什么?"孟子说:"我善于培养我的浩然之气。"公孙丑又问,"什么叫浩然之气?"孟子说:"这很难描述清楚。如果大致去说的话,首先它是充满在天地之间,一种十分浩大、十分刚强的气。其次,这种气是用正义和道德日积月累形成的,反之,如果没有正义和道德存储其中,它也就消退无力了。这种气,是凝聚了正义和道德从人的自身中产生出来的,是不能靠伪善或是挂上正义和道德的招牌而获取的。"

由此看来,孟子语中的"浩然之气"乃是一种"至大至刚"的昂扬正气,是以天下为己任,勇于担当道义,无所畏惧的气节,既是一种人生准则,也是一种道德修养。"浩然之气"者,以"富贵不淫,贫贱不移,威武不屈"为行为标准,诚信无欺,见利思义,视气节操守重于生命,更无视于生命以外的金钱、财富、虚名。正如同孟子所言,一个人若有浩气长存的精神力量,就能够直面外界一切诱惑、威胁,做到处变不惊,镇定自若。

依据先秦儒家思想体系,人们实际生活中的大智大勇无不受一种人生的基本原则所支配。孔子"志于道,据于德,依于仁,游于艺",其基本原则就是忠恕之道。孔子有一句经常被引用并可以和孟子的"浩然之气"相互贯通的经典之语,就是"三军可夺帅也,匹夫不可夺志也"。这里的"匹夫之志"就是"忠于道"之志,与孟子"配义与道"的"气"相呼应。除此之外,孔子还将儒家气节思想进行了深化,这主要体现在孔子回答子路问强的一段对话中。子曰:"南方之强与? 北方之强与? 抑而强与? 宽柔以教,不报无道,南方之强也,君于居之。衽金革,死而不厌,北方之强也,而强者居之。故君子和而不流,强哉矫! 中立而不倚,强哉矫! 国有道,不变塞焉,强哉矫! 国无道,至死不变,强哉矫!"强者之强又称北方之强,表现为"衽金革,死而不厌",靠的是匹夫之勇,靠的是无所畏惧,靠的是敢拼命，以勇猛与武力取胜。"故君子和而不流，强哉矫！中立而不倚，强哉矫！国有道，不变塞焉，强哉矫！国无道，至死不变，强哉矫！"就是和而不流。和，就是随和，平和，温和，不孤高，不自大，不顽固；所谓不流，就是不同流合污，我们可以理解为在平和的同时能坚持自己的原则。这里孔子所阐发的"浩然之气"，是由内而外的，是一种内心的力量，一种坚持的力量，一种不移的力量，一种恒定的力量，而只有具备了如此种种力量，才称得上是《孟子·滕文公下》中的"富贵不能淫，贫贱不能移，威武不能屈"。而作为继承并发扬了孔子思想的儒家"亚圣"——孟子，虽然有"后车数十乘，从者数百人，以传食于诸侯"，但仍不忘怀于"大丈夫"之志，其所依据的原则也是"浩然正气"所揭示的"道义"。正如孟子曰："舜发于畎亩之中，傅说举于版筑之间，胶鬲举于鱼盐之中，管夷吾举于士，孙叔敖举于海，百里奚举于市。故天将降大任于是人也，必先苦其心志，劳其筋骨，饿其体肤，空乏其身，行拂乱其所为，所以动心忍性，曾益其所不能。"① 总体分析看来，先秦儒家所谓的"浩然之气"，是体现"孔孟之道"基本思想的"气节"，"气"乃为主体层面本能的一种气质，"节"则为行动层面上的一种表现。二者相辅相成，所铸就的就是坚不可摧、无物可敌的"浩然之气"。

在身处于春秋战国这一封建社会大变革、大动荡时期，思想受先秦儒家"浩然之气"深刻影响之下，诸多先秦勇士、志士以及洁身自好之士涌现于世。公元前284年，燕将乐毅率五国联军攻打名将鲁仲连的祖国——齐国，半年内攻下齐国70余城。五年后，齐将田单以即墨为根据地，欲收复这些城池。在收复部分城池后来到聊城，遭遇燕将强烈抵抗，围城年余而未下。田单派人请来鲁仲连，在鲁仲连帮助下，燕军不战而溃，聊城被齐国收复。田单建议齐王为鲁仲连加官封侯，鲁仲连坚辞不受。之后鲁仲连又为平原君解邯郸之围，平原君欲加封于他，皆婉拒。平原君又欲以千金为他祝寿，鲁仲连只是笑答："所贵于天下之士者，为人排患释难解纷乱而无取也，即有

---

① 《孟子·告子下》。

取者，是商贾之事也，而连不忍为也。"① 可见，鲁仲连乃为注重节操之人，其全心为国服务、为人解忧、从不视功名利禄为先。而春秋时期的子罕辞宝不失节的作为也是"浩然之气"的生动写照。宋国人曾将一美玉献于子罕，子罕不受，献玉人说："这块玉石我曾给玉匠鉴定过，认为是宝贝，所以进献给您。"子罕言：你视玉为宝贝，我视不贪物作为宝贝，倘若你将玉献给我，我接受了你的玉，我们两个人就都各自丧失了自己的宝贝。不如各自保有自己的宝贝吧。可以说，先秦时期的士者亦或诸子百家的思想家都在不断探索着自己的人生价值，其内涵与儒家的"浩然之气"所蕴含之意或有程度上的差别，或有本质上的不同，但其所呈现出的状态皆从不同侧面折射出儒家一派关于"气节"的内涵。

自古以来，"浩然之气"就被人们所视为壮志报国之根本，歌颂气节操守的诗句层出不穷，"三生不改冰霜操，万死常留社稷身"；②"名节重泰山，利欲轻鸿毛"；③"但令名节不堕地，身外区区安用求"；④"珍重晚来风景好，黄花老圃殿高秋"；⑤"树坚不怕风吹动，节操棱棱还自持"；⑥"粉身碎骨浑不怕，要留清白在人间"⑦……冯梦龙曾有诗："不共春风斗百芳，自甘篱落傲秋霜"⑧，还有"迎风桃李颜难驻，耐雪松篁为转长"⑨；"莫笑老夫轻一死，汗青留取姓名香"⑩……这些诗句魂化为"浩然之气"精神的基本音调，如清泉细流，绵延不绝。

"节"是先秦儒家传统人格道德的一个范畴。现在我们也常用"守节"、"节操"、"晚节"等辞来评品人。其实"节"的本意就是指竹节。《周易·

① 《史记·鲁仲连列传》。
② 顾可久：《谒先师顾洞阳公祠》。
③ 于谦：《无题》。
④ 李白：《静夜思》。
⑤ 杜牧：《遣怀》。
⑥ 于谦：《北风吹》。
⑦ 于谦：《咏石灰》。
⑧ 冯梦龙：《醒世恒言·卢太学诗酒傲王侯》。
⑨ 瞿式耜：《咏梅呈牧师》。
⑩ 《庚寅十一月初五日》诗之三。

说卦传》中说:"其于木也,为坚多节。"① 这才把"节"和坚硬的意思联系起来。由此,先秦诸子便将"气节"引入人格美的范畴。《荀子·君子》中有:"节者,生死此者也。"意思是说至死不改初衷,让人们深感"气节"所蕴含的遗世独立之品性。也正因为竹所具的特殊内涵与独特气质,常被点缀于园林,竹景成为园林艺术的主要意境之一,周、春秋时就便开始盛行种竹活动,如周穆王所种的"渭川千亩竹"。而在这之后屈原也在《楚辞》中也多处用"死节"、"变节"之辞,就此人们便常把守节作为最高的人格道德准则。宋代隐士林和靖,野居杭州孤山,梅妻鹤子,不染红尘。常以"重名节如泰山,轻生死如鸿毛"自励。卡耐基曾经说过:"成功的人,都有浩然气概,他们都是大胆的,勇敢的,他们的字典上,是没有'惧怕'两个字的。"而民族英雄文天祥、岳飞等英雄豪杰,也正是由于这种至死不渝的节操令无数人动容。此外,与"节"相似的人格道德观念还有"贞"、"直"等。而这些人格美特征正好能在竹的自然物性中体现出来。因而许多视看重"气节"的文人士大夫也爱咏竹、画竹和种竹,以此来表现自己的志向、人品②。南朝梁刘孝先《咏竹》:"竹生荒野外,梢云耸百寻,无人赏高节,徒自抱贞心。"③ 这是较早地发现竹"节"美的咏竹诗。唐代诗人白居易曾作《养竹记》,盛赞"竹本固,竹性直,竹心空,竹节贞"的品行。女诗人薛涛,虽身卑艺妓,也在《酬人雨后玩竹》中咏竹:"晚岁复能赏,苍苍劲节奇。"宋代王安石在《与舍弟华藏院此君亭咏竹》中以"爱竹只应怜直节"、"人怜直节生来瘦,自许高材老更刚"抒怀。苏轼爱竹也是爱其"晚节先生道转孤,岁霜唯有竹相娱"。④ 历代诗文中尚竹"节"名句很多:"裂竹见直纹,破竹见贞心。""亭亭月下竹,挺挺霜中节。""虚心足以容,坚节不挠物。""謇謇凌云志,霜余节更存。""寒梢虽数叶,高节傲霜风。"宋代文艺理论家魏庆之在《诗人玉屑》中认为,当时人们惯用"金玉比忠烈,松竹

---

① 邓球柏:《白话易经》,岳麓书社1993年版,第522页。
② 王长金:《竹的审美价值及其拟人美特征》,《浙江林学院学报》1991年第2期。
③ 《先秦魏晋南北朝诗》,上海古籍出版社1978年版。
④ 《竹坞》。

比节义"①。

咏竹独特气质品性最具风格者，当推清代书画家郑板桥。其《竹石》中形象描述道："咬定青山不放松，立根原在乱岩中。千磨万击还坚韧，任尔东西南北风。"② 终篇无竹影，但字句不离竹之品性，整个意境看似叙竹，实则述人，将竹卓然不群的傲然挺立之态及其不为世俗名利所动的正义之气表达得熠熠生辉。

先秦儒家的"浩然之气"经历了历代中华民族的文化创造，已经生长成为中国这块国土上具有社会行为规范作用和道德感召力的精神力量，已经作为一种普遍的社会伦理思想，存留于我们民族的文化心理结构之中，渗透在我们的血液之中，构成中华民族生生不息的内在灵魂。而中华民族也正是因为拥有坚不可摧的凛然正气，秉持"乐以天下，忧以天下"的情怀，才得以纵横驰骋，历久而不坠。

五、厚德载物说

"天行健，君子以自强不息；地势坤，君子以厚德载物"，句出于《周易》中的卦辞。虽然作为一本占卜读物，随着岁月的推移，《周易》的占卜工具性逐渐淡出人们的视线，但其所表达的思想内涵对世人影响愈加深刻。天的运动刚强劲健，相应于此，君子应刚劲有为，奋发图强；地的气势厚实和顺，君子应增厚美德，有容乃大。古代中国人认为天地之大，包容万物。天在上，地在下；天为阳，地为阴；天为金，地为土；天性刚，地性柔。天地合而万物生焉，四时行焉。天地即为宇宙。在八卦中乾、坤均列其中，乾在上，坤在下；乾在北，坤在南；乾为阳刚，坤为阴柔。"天行健"句乃为乾卦的象辞，而与之对应的"地势坤"句则为坤卦象辞。君子之为以乾坤相应为标准，从对乾坤两卦物象的阐释中引申出人生哲理，即君子要如天之高

---

① 魏庆之：《诗人玉屑》，上海古籍出版社 1978 年版，第 20 页。
② 郑燮：《郑板桥文集》，巴蜀书社 1997 年版。

大刚毅而自强不息，地之厚重广阔而厚德载物。

后世也常将"上善若水，厚德载物"结合在一起，从词意和语境上更趋于协调，产生了一种更含意蕴的和谐之美。"上善若水"语出《老子》："上善若水，水利万物而不争。处众人之所恶，故几于道。"其实所表达的意义也在于告诉世人：最美好的品格，高尚的情操，应像水一样。水之至柔至善，甘于就下，托起万物；水滋养万物、造福万物却与世无争；水总是处于人们所不愿处的地方洁身自好，故达到美好境界，归于自然法则。老子认为，有道德的上善之人，有像水一样的柔性。水性柔顺，明能照物，滋养万物而不与万物相争，有功于万物而又甘心屈尊于万物之下。正因为这样，有道德的人，效法水的柔性，温良谦让，广施恩泽而无所求。

孔子曾大加赞美水的"品德"。说它奔流不息，惠及一切生物，好像有德；流必向下，不逆成形，或方或长，必循理，好像有义；浩大无尽，好像有道；激流百丈山间而无所畏惧，好像有勇；安置与何处没有高低不平，好像守法；量见多少，不用削刮，好像正直；无孔不入，好像明察；发源必自西，好像立志；取出取入，万物就此洗涤洁净，又好像善于变化。水有这些好德处，所以君子好水。如果有水一样的纯净，水一样的澄明，水一样的源远流长，水一样的大智若愚，这样的人必是心性至善至深之人，人与人交往也应秉持如此之心性，于是也有了后世"君子之交淡如水，小人之交甘如醴"的说法。"厚德载物"，由"天行健，君子以自强不息；地势坤，君子以厚德载物"引申而来。这两句话前呼后应阐述了才能与德行之间的对应关系："天行健"，意为苍天在上，以强有力的不可抗拒的运行法则影响世界；"君子以自强不息"，则表示有才能的人应该不断追求、进取、强壮自己。这句话是阐述强者应当通过不断地努力来获得超凡的济世才能。当我们真正理解这句话后，才能领略叹服周文王牢狱中苦度七载，仍然豪气冲天地将"天行健，君子以自强不息"这一万古回荡的壮语豪放而出时的情怀与动容。有了一千句的深刻理解，对于后一句"地势坤，君子以厚德载物"就容易理解了。易辞云："坤厚载物，德合无疆。"意思是说，大地以宽广深厚承载万物，故能以好的品行造福万物无所不包容。"君子以厚德载物"

这句与前一句紧密联系，用大地的宽广厚实来比喻人的胸怀气魄，意思是说，君子应像大地一样以宽广深厚的好品行来承载万物，包容万物，滋养万物，造福万物。这句话与"天行健，君子以自强不息"相对应，意在告诫君子不但要有与众不同的济世才能，还要有高尚敦厚的品德，具有造福万众的奉献精神。由此可见，"天行健，君子以自强不息"，表现了中华民族顽强进取、蓬勃向上的精神风貌；"地势坤，君子以厚德载物"，则展示了中华民族胸怀宽广、无私奉献的高尚品格。"上善若水，厚德载物"，应该是一种博大宽广的胸怀，一种至真至纯至美的境界，更是一种超然飘逸的君子风度。

自西学东渐以来，人们对先秦儒学的思想主题和精神气质的判断便出现了争辩。尤其是黑格尔在《哲学史讲演录》中的一段话着实令我们陷于一时的尴尬境地。在这段话中，黑格尔讲到孔子本人，"只是一个实际的世间智者，在他那里思辨的哲学是一点也没有的——只有一些善良的、老练的、道德的教训，从里面我们不能获得什么特殊的东西"。在黑格尔看来，孔子所阐释的只能是一种道德哲学而已，先秦儒学也只能是一套"道德训律"，不能称为中国哲学的典型代表。根据流传出来的先秦儒家理论的文本来看，我们不能纯粹地说黑格尔的论断毫无根据，但事实上，我认为先秦儒家2000多年前对人类与人类社会发展的客观规律的真理性提示，无论在什么时候、什么地方，只要人类与人类社会存在，先秦儒家所揭示的关于人与人类社会的诸多道德训律，就仍然不可颠覆，甚至是超越时代与国界的，先秦儒学所倡导的道德，其探求的实质是人的精神价值问题，根本旨趣是在于人如何为人，如何成人。黑格尔依据西方哲学传统标尺来标测中国哲学，一定会有所出入，作为西方的哲学大师，黑格尔未必能完全读懂孔子，即便如此，黑格尔对先秦儒家的道德观仍然是肯定的，甚至是怀有敬佩之情的。

先秦儒家特别重视人的精神世界，先秦儒家所倾向的精神世界，主要是指精神世界的道德价值。作为社会生活的两个方面即物质生活和精神生活，二者是不可或缺的。但先秦儒家对社会的精神生活尤为重视。孔子说："君子谋道不谋食。耕也，馁在其中矣；学也，禄在其中矣。君子忧道不忧贫。"① 还说："君子食无求饱，居无求安，敏于事而慎于言，就有道而正焉。"② 孔子一生将追求真理，追求至德境界视为首要，提出："朝闻道，夕死可矣。"③ 对于高尚道德情操和精神生活，孔子是极力赞扬的，如他赞誉其最得意门生颜回："一箪食，一瓢饮，在陋巷，人不堪其忧，回也不改其乐。"④ 孔子也曾自言："饭疏食，饮水，曲肱而枕之，乐亦在其中矣。"⑤ 这便是为宋儒津津乐道的所谓"孔颜乐处"。

孟子对精神境界的追求，不亚于孔子。孟子言："仁，人之安宅也；义，人之正路也。"⑥ 人的精神生命将如何安顿？必然安顿于仁的世界。所谓仁的世界，也就是道的理性的价值世界，而进入这一世界，必须经由义路之正途才能到达。由此，孟子把人的生命活动分作两类，一为"求在我者"，一为"求在外者"。"求在我者"属于精神世界的道德行为；"求在外者"是"求无益于得也"。⑦ 在孔孟看来，人的精神世界其最高价值均应体现为道德价值，作为知识价值的真，文艺价值的美，无不与道德价值相合一，即便是宗教也不例外，亦是道德价值的体现。孔子言："文，莫吾犹人也。躬行君子，则吾未之有得。"⑧ "君子学以致其道。"对《诗》、《礼》、《乐》的学习，并非追求其纯粹的美，是要完善个体生命精神的"兴、立、成"，到达精神世界的理想境界。

纵观先秦时期诸子百家，在关于儒家与道家的比较问题上，尽管先秦儒家与道家有诸多思想分歧，但在德的问题上在很大程度上是一致的，即都主张"德"的基本含义是"得道"。只是先秦儒家更强调"得道"的主体，并将"得道"的主体视作"君子"。先秦儒家认为，"君子"因"得道"而成

① 《论语·卫灵公》。
② 《论语·学而》。
③ 《论语·里仁》。
④ 《论语·雍也》。
⑤ 《论语·述而》。
⑥ 《孟子·离娄上》。
⑦ 《孟子·尽心上》。
⑧ 《论语·述而》。

为有资格担当维护社会秩序、创法立制、百姓甘愿服从之人，正所谓"君子以厚德载物"是也。其实，在先秦儒家的话语体系中，德显然是关涉政治的根本性问题。孔子曾引《诗经》之言曰："嘉乐君子，宪宪令德，宜民宜人，受禄于天。保佑命之，自天申之"，后曰："故大德者，必受命。"① 德作为政治问题，先秦儒家将对德的理解作为对"道"的贯彻和把握。季康子曾问政于孔子："如杀无道，以就有道，何如？"孔子答曰："子为政，焉用杀？子欲善而民善矣。君子之德风，小人之德草，草上之风，必偃。"② 也就是说，君子有德行，就掌握了为政的方向与准则，也就有了"道"。先秦儒家所理解的"政治"从根本上而言即是强调德治。德当然涉及个人的道德问题，德离不开"修己"，而"修己"在于"安民"，政治中人因此也必须克制自己的物欲。孟子言："大人者，不失其赤子之心者也。"③ 这是养性寡欲的结果，是"胸中正"的结果。"养心莫善于寡欲。其为人也寡欲，虽有不存焉者，寡矣；其为人也多欲，虽有存焉者，寡矣。"④ "人之于身也，兼所爱。兼所爱，则兼所养也。无尺寸之肤不爱焉，则无尺寸之肤不养也。所以考其善不善者，岂有他哉？于己取之而已矣。体有贵贱，有小大。无以小害大，无以贱害贵。养其小者为小人，养其大者为大人。"⑤ 只可惜，现实生活中，能永葆"赤子之心"者甚少。先秦儒家还将"生"与"德"联系起来，"生"即是一种"德"，"天地之大德曰生"。⑥ "生之德"则凸显于个体生命意义与价值实现中，而这也是社会秩序创立以及维护的根本力量和保证之所在。所以孔子一再强调"德"、"礼"为"治"，有"耻"且"格"，"德"治是与个体生命内在的精神价值密切相关的。

"不患位之不尊，而患德之不崇；不耻禄之不伙，而耻智之不博。"⑦

---

① 《中庸》。
② 《论语·颜渊》。
③ 《孟子·离娄下》。
④ 《孟子·尽心上》。
⑤ 《孟子·告子上》。
⑥ 《易·系辞》。
⑦ 《后汉书张衡列传》卷五十九。

"厚德载物"所传达的思想是朴素的，是温暖的，亦是和谐的，这样境界是理想，是目标，既高远，但触手可及。也许我们每一个人，无法成就如孔孟般超出平凡的个体，但在行走于人生的路途中，心怀"厚德载物"之情感，我们就会更接近梦想中的殿堂。

六、三人有师说

"三人有师"语出《论语·述而》："子曰：'三人行，必有我师焉：择其善者而从之，其不善者而改之。'"就是说：三人同行，这其中一定有我的老师。我会选择他们好的地方来学习，他们的不足之处我会对照自己来改正自己的缺点。文人池田大作曾言："人生中最大的幸福就是一辈子有老师。不管你成为多么了不起的人和取得多么大的成就，没有老师的人是最孤单的。"人生而未知之事多之又多，正所谓："人非生而知之者，孰能无惑？惑而不从师，其为惑也，终不解矣。"① 因此，在人生无止境的求学之路上，多拜师，多请教，无疑是提升锤炼自己的必择之为。

早在先秦时期儒家集大成者就皆以此为求学、为人之道，孔子即为首推典范。早就有闻孔子曾拜七岁孩童为师，此典一直传为佳话，虽然版本诸多，但所表意义如一，韩愈说："圣人无常师，孔子师郯子、苌弘、师襄、老聃。郯子之徒，其贤不及孔子。"孔子常教育自己的弟子说："知之为知之，不知为不知，是知也。"② "是故弟子不必不如师，师不必贤于弟子，闻道有先后，术业有专攻，如是而已。"孔子能"不耻下问"，因而能博采众长，成就如山，影响万代。吉川英治言："除我之外皆师也"，所谓"师者"，其实未必单指课堂里教授学问的老师。在很多领域中人们长叹"后生可畏"。正如古人所讲："焉知来者不如今。"荀子在《劝学》篇中，提出"善假于物"，荀子说："假舆马者，非利是也，而至千里；假舟楫者，非能

---

① 韩愈：《韩愈集》，中国戏剧出版社2002年版，第150页。
② 《论语·为政》。

水也，而绝江河。君子性非异也，善假于物也。"善于凭借外物而提高自己；善于向同行学习，增长智慧，开阔视野，丰富学识，从而使自己提高造诣，完善人格。向身边一切可学之师学习，百利无一害。孔子曰："躬自厚而薄责于人，则远怨矣。""见贤思齐，见不贤而知内省。"明代著名医学家陈实功在《五戒十要》中也指出："年长者恭敬之；有学者师事之；骄傲者逊让之；不及者荐拔之。"这样人就没有怨言了，自己也很快提高品行、增长智慧。孔子之后，许多大家对"三人有师"这一传世名句进行了延伸与发扬，其中有朱熹言："三人同行，其一我也，彼二人者，一善一恶，则我从其善而改其恶焉。是二人者，皆我师也。"刘宝楠借旧提新说：一谓"我并彼为三人，若彼二人以我为善，我则从之；二者以我为不善，我则改之。是彼二人，皆为吾师。书洪范云：三人占，则从二人之言。此之谓也"。一谓"三人行，本无贤愚。其有善有不善者，皆随事所见，择而从之改之。非谓一人善，一人不善也。既从其善，即是我师"。言之凿凿，如上所述之语，句句值得推敲，而其核心之意无外乎讲求人需自觉修养，虚心好学。

事实上，"三人有师"观点的提出，并非仅论述了为学之道，更深层次分析，也表达了一种为人之道，身为师范，从师者为尊。先秦儒家就对为师者作了全面的阐述，对教师地位和作用的认识经历了一个循序渐进的发展过程，为师者在社会中地位举足轻重，因而以身作则，言传身教尤为重要。孔子以其成功的教育实践证明了教师作用之深刻和地位之崇高。他毕生从事教育工作，有弟子3000，著名者72人。他们大多起初出身贫寒，修养不足。颜回"穷居陋巷"，过着"一箪食，一瓢饮"的生活；子路是"卞之野人"，为人粗野；闵子骞冬天没有御寒的衣服，"以芦花衣之"；仲弓为"贱人"之子，家"无置锥之地"；原宪、曾参也过着穷困潦倒的生活。但经孔子"披文学，服礼义"的教育而成为有担当的仁义之士。这不仅对当时政治发生了重大作用，而且对中国文化的形成和传播产生了深远影响。到了孟子，他便开始意识到教师的作用，对教师地位给予了充分肯定。在孟子看来为师则是君子的责任，他把国君和师者并列，"天降下民，作之君，作之师"①。甚至将师者置于君王之上，所谓"是王者师也"。孟子把师者的作用概括为"中也养不中，才也养不才"②，即道德修养高、有才智的教师不断以自己的德行才智培育、影响他人，社会就会有更多的贤才，突出了教师的育才作用。主张"君子引而不发，跃如也。中道而立，能者从之"③。学生掌握技能应重练习，教师不能包办代替。侧面反映了教师在教学过程中只是引路人，而不起决定性作用。荀子则对教师的地位、作用作了全面分析，进一步明确了为师者的地位。他说："天地者，生之本也；先祖者，类之本也；君师者，治之本也。无天地，恶生？无先祖，恶出？无君师，恶治？"④ 把教师与天、地、君、亲并列，称"天地"是生物之本，"先祖"是族类之本，"君师"则是统治人民之本。这样的表述在中国教育史上是第一次，表达了荀子尊师重教的思想。荀子认为教师的作用首先表现在对国家和社会的发展方面。他说："礼者，所以正身也，师者，所以正礼也。无礼何以正身？无师吾安知礼之为是也？"⑤ 礼是用以矫正人的思想行为和维护社会安定的根本，但没有教师，礼的这种作用便无法实现，就会形成"上无君师，下无父子"的"至乱"局面。荀子认为，师者直接关系着国家的兴亡。"国将兴，必贵师而重傅；贵师而重傅，则法度存。国将衰，必贱师而轻傅；贱师而轻傅，则人有快；人有快则法度坏。"⑥ 是否重视师者，直接关系到国家的前途和命运，荀子对这一规律的把握与归纳，在今天是十分具有价值的。

先秦儒学大师在师生关系问题上提出了很多意义深刻、至今仍被世人所用的观点，最为推崇的即为"教学相长"之论与"师爱生、生尊师"之说。教学相长是著名的教学原则，同时反映了教学过程中师与生、教与学的基本关系。师者的教学过程也是学习的过程，学生既行使着学习的本分，又会反

---

① 杨伯峻：《孟子译注》，中华书局2003年版，第31页。
② 杨伯峻：《孟子译注》，中华书局2003年版，第188页。
③ 杨伯峻：《孟子译注》，中华书局2003年版，第320页。
④ 《荀子·礼论》。
⑤ 《荀子·修身》。
⑥ 《荀子·大略》。

过来促进教学。这就形成了师者与学生之间相互学习、相互促进，共同提高的辩证关系。孔子对教与学关系的论述是深刻的。他注意到师生之间的相互切磋琢磨、相互启发以增长知识的关系。"夫子循循然善诱人"①，"不愤不启，不悱不发"②，是孔子对学生点播教导的一面；"起予者商也"，则是学生对孔子启发的一面。这里包含了师生间相互学习的因素，反映了孔子对"教学相长"已有所认识并积极提倡，只是尚未明确表述而已。《学记》明确提出了"教学相长"，"学然后知不足，教然后知困。知不足，然后能自反也；知困，然后能自强也。故曰：教学相长也"。反映的是师生之间相互促进、互相学习的辩证关系。"师爱生、生尊师"之言从古至今乃为师生之道，在中国历代教育家中，孔子堪称热爱学生的楷模。不仅在品德、学业上关心学生进步，对子路、子贡、宰我等都曾有严厉的督促批评，而且在生活上对他们关怀备至；学生"伯牛有疾，子问之，自牖执其手"；原宪家贫，孔子就给予物质生活上的照顾，使他能致力于学习；"颜渊死，子哭之恸"。孔子并多次对此表示惋惜。热爱学生，无私无隐，体现了大教育家的坦荡胸怀，是孔子伟大人格的表征之一。情感之间的沟通是相互的，孔子热爱学生，也赢得了学生对他发自内心的敬爱。诚如孟子所言："以德服人者，中心悦而诚服也，如七十子之服孔子也。"③ 当鲁大夫叔孙武叔故意诽谤孔子时，子贡就说："无以为也！仲尼不可毁也。他人之贤者，丘陵也，犹可逾也；仲尼，日月也，无得而逾焉！"④ 竭力维护老师的声望。孔子死后，弟子们如丧考妣，以丧父之礼待之，服丧三年，子贡守庐却达六年之久。虽然对这种服丧封建礼制我们并不肯定，但它从另一个角度体现了孔门师生间真挚的情感。

"三人有师"说对后世影响深远，许多仁人志士深受先秦儒家思想启发，所以有了后世刘勰拦路拜师沈约，著成《文心雕龙》名垂千古；李时

---

① 杨伯峻：《论语译注》，中华书局1980年版，第90页。
② 杨伯峻：《论语译注》，中华书局1980年版，第68页。
③ 杨伯峻：《孟子译注》，中华书局2003年版，第74页。
④ 杨伯峻：《孟子译注》，中华书局2003年版，第105页。

珍隐名求师治顽疾，所著《本草纲目》万古流芳；北宋杨时仰慕程颐学问，千里迢迢到洛阳拜师，恰逢程颐家中静坐修养，杨时便肃立门外等候，大雪纷飞，待老师醒来，见杨时立于近一尺之深的雪中等候，于是有了后来的"程门立雪"之说；明朝民族英雄史可法，从师于大理少卿左光斗，师因弹劾宦官魏忠贤，被害入狱，史可法冒险相救，誓与老师共生死……正所谓"木有所养，则根本固而枝叶茂，栋梁之才成；水有所养，则泉源壮而流派长，灌溉之利溥"。今日重拾名训，可谓尊师重教，利在当代，功在千秋。

七、环境影响说

中国这个具有 5000 多年悠久历史的文明古国，很早以前就形成了重视伦理教化的优良传统。早在先秦时期，就形成了丰富的中国古代环境理论。而这一时期的儒家则显而易见地成为了诸多学派的领航者，对后世环境学说的理论与实践发展产生了深远影响。

先秦时期的思想家们将对人性的探求主要限定在了人与天的联系之中。孔子作为儒家学派创始人，对于环境在伦理道德教养中的作用给予了突出的关注。《孔子家语·六本》载："与善人居，如入芝兰之室，久而不闻其香，即与之化矣；与不善人居，如入鲍鱼之肆，久而不闻其臭，亦与之化矣。丹之所藏者赤，漆之所藏者黑。是以君子必慎其所处者焉。"这就是说，常和品行高尚的人在一起，就像沐浴在种植芝兰散漫香气的屋子里一样，时间久了便闻不到香味，但其本身已经充满香气了；和品行低劣的人在一起，就像到了卖鲍鱼的地方，时间久了也闻不到腥臭味，这也是融入到环境之中了；藏丹的地方时间久了自然会变红，藏漆的地方时间久了则变成黑，这就是真正的君子必须慎重选择自己所处环境的原因。孔子从人的道德品质的形成以及道德行为的差异中，敏锐地洞察到了环境对人之品行的关键性影响，在这里，人际关系环境与家庭邻里环境表现得尤为重要，如在处理师生、朋友等人群共同体环境中的关系时，孔子提到："性相近也，习相远也。"① "独学而无友，则孤陋而寡闻。""近君子，远小人"，只有同仁德之士交友，才能改过迁善，进修养德。要随时向周围环境中的君子学习，以其为师，"三人行，必有我师焉，择其善者而从之，其不善者而改之"。论及家庭伦理环境对人的影响，孔子主张："里仁为美，择不处仁，焉得知？"② 这里强调的是，与讲道德的人做邻居，能提高自己，而在选择邻居的时候不考虑其是否仁德，是不明智的。在此影响下，后世便有了"孟母三迁"的佳话。这里孔子在说明主观选择问题的同时，也将环境对人的影响凸显出来。

孟子，这位被后人称作儒家"亚圣"之人，在环境问题方面可谓是理论与实践相得益彰的典范。之前提到过"孟母三迁"，西汉时期韩婴的《韩诗外传》中，就有用关于孟母的故事来解释诗义，刘向的《列女传》中，首次出现了"孟母"这个专用名词。东汉女史学家班昭曾作《孟母颂》，西晋女文学家左芬也作《孟母传》，时至今日，南宋时的启蒙课本《三字经》中"昔孟母，择邻处，子不学，断机杼"这一句成为当代越来越多的父母的教子之良方。在关于环境问题方面孟子有其独到的见解。孟子说过："富岁，子弟多赖；凶岁，子弟多暴，非天之降才尔殊也，其所以陷溺其心者然也。"③ 在这里，孟子虽然认为"人生而本善"，但人的品行之所以不同是由于在后天环境中"存养"而成，天下丰足之时成长起来的年轻人之所以多数懒惰，天下大乱之时成长起来的年轻人之所以多数凶暴，是因为他们不能保存和发展自己习性中的好东西，而沾染上了生活环境中污浊之物。孟子还曾用学习语言的效果来阐述环境影响的重要性。"有楚大夫于此，欲其子之齐语也……一齐人傅之，众楚人咻之，虽日挞而求其齐也，不可得矣；引而置之庄岳之间数年，虽日挞而求其楚，亦不可得矣。"④ 孟子认为，如果楚国大夫想要自己的孩子学好齐国的语言，最好是到齐国去学，如果留在楚国学习

---

① 《论语·阳货》。
② 《论语·里仁》。
③ 《孟子·告子上》。
④ 《孟子·滕文公下》。

齐国语言，一人在教，众多楚人干扰，即使老师用鞭子抽打，也很难学好。由此，在孟子看来环境对人成长与发展的影响可见一斑。

在中国古代，对环境问题阐述得最系统、最辩证的当属儒家学派的又一重要代表人物荀子。荀子以性恶论为出发点，展开了他对环境认识的丰富论述。荀子说："人之性恶，其善者，伪也。"① 认为人的本性"生而好利焉"，"生而有疾恶焉"，"生而有耳目之欲，有好声色焉"。因此，天下之所以混而不治，乃人的恶性不断发展而没有经过"化性起伪"的改造。在荀子看来，如果顺从人的本性，任其发展，就必然导致天下混乱不治，"合于犯分乱理而归于暴"。要想天下太平、安定有序，就必须经过"化性起伪"的改造过程。为此，荀子在环境对人的影响以及人对环境选择方面进行了系统、全面、辩证的阐述。首先，荀子看到了环境对人的品行的塑造作用。他说："习俗移志，安久移质。"② "蓬生麻中，不扶而直；白沙在涅，与之俱黑。兰槐之根，是为芷，其渐之滫，君子不近，庶人不服，非其质不美也，所渐者然也。故，君子必择乡，游必就士，所以防邪辟而近中正也。"③ 荀子用于此处之"渐"是指渗透、影响之意，也就是在说明，好的环境对人产生良好的影响，久而久之，就会塑造铸就良好品质，同时良好品质的君子也必须"居必择乡，游必就士"，方可"防邪辟而近中正也"。其次，荀子同时十分重视人的主观能动性，即内因作用。荀子说："积土成焉，风雨兴焉。积水成渊，蛟龙生焉。积善成德，而神明自得，圣心备焉。""肉腐生虫，鱼枯生蠹。怠慢忘身，祸灾乃作。强自取柱，柔自取束。"④ 荀子把人的品行看做是在一定的客观环境影响下，通过自我选择逐步积累的结果。荀子又说道：人"可以为尧、禹，可以为桀、纣，可以为工匠，可以为农贾，在势注错习俗之所积耳"。是说，人们大多成为工匠、农民、商人，很少成为尧、禹，这是为什么？回答是：这是见识浅陋的缘故。"尧、禹者，非生而具者也，夫

① 《荀子·性恶》。
② 《荀子·儒效》。
③ 《荀子·劝学》。
④ 《荀子·劝学》。

起于变故，成乎修修之为，待尽而后备者也。"① 也就是说尧、禹这样的人，并不是天生就具有圣人的品行，而是始于历经各种磨难，长期努力修炼的结果。荀子运用客观环境影响的"渐"与主观选择的"取"两者之间的辩证统一关系的运行来解决的问题，一面肯定了环境影响不可小视，一面强调了主管能动性的重要作用。可以说，荀子在这一方面的论述是比较全面辩证的，对后世影响深远。

与孔子、孟子、荀子为代表的儒家相共存的道、墨、法等诸家学派对于环境问题的理论也提出了很多独到见解。以老子为核心的道家主张清静无为，道法自然，以达到物我两忘的境界，提倡"修行"之高，而非"修养"之道；管子主张"仓禀实则知礼仪，衣食足则知荣辱"，认为社会经济基础是国民道德品质提高的根本保障；墨翟认为："染于苍则苍，染于黄则黄，所入者变，其色亦变。""非独国有所染，士亦有染。其友皆好仁义，淳谨畏令，则家日益，身日安，名日荣，处官得其理矣。"② 也就是说，接触好的师友，受其仁义之品影响，人的品质也会随之优良；晏子使楚之时有一段经典之说："橘生淮南则为橘，生于淮北则为枳，叶徒相似，其实为不同。所以言者何？水土异也。今民生长于齐不盗，入楚则盗，得无楚之水土使民善盗耶？"③ 这段机敏言辞虽为驳斥对方所用，但实则蕴含环境对人品行决定性影响之论。而在先秦诸子百家观点的影响下，后世也有诸多学派应运而生，但在关于环境问题的理论与实践上并无飞跃性的发展。自汉代大儒董仲舒宣扬"天不变，道亦不变"，"罢黜百家，独尊儒术"之后，从唐代的韩愈到宋明的程朱理学，基本上都遵循环境决定论的否定论和教化作用的肯定论。虽然在总体上仍然延续着历史唯心主义思想，但也萌发了许多唯物主义成分。比如东汉思想家教育家王充就在《论衡·率性》中比较详细地论证了他对人性的看法以及环境和教育对人性的影响。他说："十五之子其尤丝也，其有所渐化为善恶，犹蓝丹之染练丝，使之为青赤也。"又说："人之性，善可变为

① 《荀子·荣辱》。
② 《墨子·所染》。
③ 《晏子春秋·内篇杂下》。

恶，恶可变为善，有此类也。蓬生麻间，不扶则直；白沙入缁，不练自黑……夫人之性，犹蓬纱也，在所渐染而善恶变矣。"① 这里是对墨子、荀子思想的补充和发挥。王充还在《论衡·求知》中写道："人才早成，亦有晚成，虽未就师，家问室学。"将"家问室学"的育人方式提到重要地位上来。明末清初的经世致用思想大师王夫之也提出了注重"格物"的思想，颜元则提出了注重实践练习的"习动"、"习移"的教育方法。在这些论点中我们已经可以看到古人所表现出的主客观相辅相成，以及实践养成的朴素唯物主义成分。

先秦儒家关于环境问题的论述丰富而饱满，犹如浩瀚江水，缘古至今，奔流不息；好似淡雅清茶，香气四溢，愈渐愈浓。寻往鉴今，概括来说，先秦儒家大致阐述了榜样、逆境、家庭、学问教化等诸多环境因素的地位与作用。首先，榜样作用所呈现出的环境观，将榜样作为环境的载体和反映，孔子说"见贤思齐"，即人们看见贤者，不自觉就会效仿、学习、跟进。孔子又言："其身正，不令而行，其身不正，虽令不从。""不能正其身如正人何？""政者正也，子帅以正，孰敢不正？""三人行，必有我师焉，择其善者而从之，其不善者而改之。"② 荀子在《劝学》篇中也说："学莫便乎近其人。"类此种种，都饱含丰富而深刻的以榜样为楷模，以身作则示教的环境影响观点。其次，逆境作用。逆境作为环境的重要组成部分，历来被思想家们所看重，儒家两位代表人物孔子、孟子的遭遇也使他们很早就认识到了逆境对人品行发展的影响。孔子曾"厄于陈蔡"，周游列国多次碰壁，遭冷遇，故体会到"岁寒，然后知松柏之后凋也"。孟子提出的关于"苦其心志，劳其筋骨，饿其体肤，空乏其身，行拂乱其所为"的警句已然成为诸多仁人志士克难奋进的座右铭。再次，在家庭环境作用方面，虽然在王充提出"家问室学"之前，先秦儒家学派并没有明确将家庭环境作用做一明确阐述，但后世学者对先秦儒家代表人物在这一方面给予了深刻肯定。反映在《三字经》

① 《论衡·率性》。
② 《礼记·学记》。

中便有"昔孟母，择邻处，子不学，断机杼"的"孟母三迁"之美谈；《说苑》中进一步写道："父母正则子孙孝慈，是以孔子家儿不知骂，曾子家而不之怒。所以然者，生而善教也。"最后想阐述一下以学问教化形式呈现的环境影响观点。马克思曾说：一个人的发展完全取决于和他直接以及间接交往的人的发展程度。这里我们应该理解到，直接交往指的是一起生活的父母师长亲朋好友等，而间接交往应该涉及人所阅读的书籍刊物。先秦儒家思想家很早就十分重视学术环境在人的培养过程当中的重要地位。孔子在教学中不仅教思想、教道德，而且以"六艺"为教学内容，其中就有"乐"这门技艺。孔子言："诗，可以兴，可以观，可以群，可以怨。"并认为"仁者乐山，智者乐水"，在山水风光的观赏中，可以寓教于乐。荀子也对诗教、乐教十分重视，写出了中国古代第一部系统的美学论著作《乐论》，并身体力行，成为先秦思想的集大成者。

先秦儒家伦理文化中，关于环境论的表达尽管还未达到历史唯物主义的水平，其唯物主义成分也只停留在了朴素唯物主义阶段，但在实践中起到了一定程度的积极引导作用，对中国的人文精神的塑造与传承意义深远。

八、家国天下说

中国在世界被称为文明古国、礼仪之邦，这与其悠久的历史、源远流长的思想文化、传统道德密不可分。事实上，每个民族的发展都经历了一段不平凡的历史过程，其所呈现的社会结构与状态无不以这个社会的思想文化与传统道德为指导，一个国家的思想文化与传统道德对本民族的民族意识、民族心理、民族精神、民族素质等都会产生相当程度的影响。而中国，甚至在更多国家，儒家伦理文化就是其社会发展变化的重要思想源泉。

先秦儒家重要伦理观点之一的"家国天下"，其内涵就在于阐发一种家之情怀，国之智慧。以爱家之心爱国，以持国之谨持家，"家国天下"的背后，有忠贞的情感，更有崇高的智慧。心系国家，胸怀天下。这是典型的中国传统爱国方式，将天下与国家紧密结合在一起，这一直是圣哲先贤思考问题的方式。

与世界诸文明古国相比较，中国古代的社会政治结构最重要的一个特点就是以血缘关系为纽带的宗法制度。因为中华民族是在一块广袤的大陆独立发展起来的，这片土地幅员辽阔，资源丰富，为生存在这里的人民提供了优越的生存空间，也是由于此，这里的居民几乎与世隔绝，以聚族而居的生活方式过着"日出而作、日落而息"的安稳生活，这应该是血缘家族的社会组织形式长久留存的渊源。而宗法制度恰恰是氏族社会的血缘关系随着历史变迁演化而成的。据史料分析，中国古代的宗法制度产生于商代后期。据《左转·定公四年》记载，周王室分鲁公"以殷民六族：条氏、徐氏、萧氏、索氏、长勺氏、尾勺氏，使帅其宗氏，辑其分族，将其类丑，以法则周公"。分康叔以"殷民七族：陶氏、施氏、繁氏、锜氏、樊氏、饥氏、终葵氏"；分唐叔以"怀姓九宗"。这里所说的氏、族、宗就是宗族存于世的证明。西周建立后，统治者依照商代宗族制度，建立了更为成体系、分等级的宗法制度。

然而就在宗族制度与宗法制度日趋巩固之时，秦汉时期却出现了转折，地域性的差别已经逐渐替代血源性，宗族不再是完整的血缘经济单位，但聚族而居的现象仍然存在。家族血缘观念仍然是处理人际关系和行为准则的必要依据，因此，忠、孝成为最基本的道德要求，家族伦理自然而然地推衍为社会伦理，"君子之事亲孝，故忠可移于君；事兄悌，故顺可移于长；居家理，故治可移于官"。① 孝亲与忠君有机地联系在一起，以血缘家族关系为基础的孝，与社会关系中的忠和礼的统一，使中国传统伦理道德出现了整体主义的道德价值取向。修身齐家的理想目标也便成为治国、平天下，这就决定了儒家伦理教育不可避免的政治化。儒家伦理教育政治化表现在两个方面：一是教化旨在治国。历代政治家和思想家所倡导的教化，其核心就是以儒家伦理维护统治，防邪治国，御奸理民。二是修身意在应礼。礼本身是一种秩

---

① 《孝经》。

序精神，表达的是整体秩序对个体的意义，因此个体要服从、服务于整体。修身束己不仅仅以自身为方向，更要以维护统治者统治之礼为方向。"礼者，君之大柄也，所以别嫌明微，傧鬼神，考制度，别仁义，所以政治安君也。"① 其功用在于维护尊卑有别，贵贱既分的等级社会。在这样的社会历史境遇中，其所演绎的仍然为宗法制度之下的家族制度政治化，仍然是家天下景象一片，世代沿袭，一姓氏家族统治一个朝代，朝代不灭，家族亦存。即使动荡不安常常侵扰华夏，但构成中国传统社会基石的以血缘纽带联系起来的家族始终稳固如初。如果说有变化，也只是形式的多变，实则一代代旧家族与新家族的更迭。

也就是在先秦诸子时代，"家国天下"思想开始发展。春秋战国时，尽管诸侯割据，然而，周王到底是大家名义上的共主。"普天之下，莫非王土。"任何一个诸侯国，即使强大到足以当霸主，形式上还须尊崇周王的。大家心目中，无论是燕、赵，还是齐、魏，都是周人。所以，除了楚国的屈原，几乎没有多少人对自己所属的诸侯国有爱国主义精神。相反，许多文士说客如商鞅、苏秦、张仪，武将如乐毅、吴起、伍子胥等，都在列国跑来跑去，哪位国君用我，就侍奉哪位君主。就连儒家孔圣人，为了实现理想，也周游列国。古代中国人心里，天下或世界就是四海之内，于是，很早就有了"家国天下"的意识。因此，一旦秦、汉统一海内，大家也就认为是天命所归，予以接受。秦赢政一统天下，之后，凡为皇帝者就都以始皇帝为榜样，以一统天下为己任。再加上儒家鼓吹三纲五常，绝大多数人也把一统天下者视为正统，即使是外族人来一统，反抗一阵子后，最后也能认可。典型的例子是，南宋降将刘整怂恿忽必烈伐宋，"自古帝王，非四海一家，不为正统。圣朝有天下十七八，何置一隅不问，而自弃正统耶"？后来，康熙平定吴三桂的功臣绝大多数是汉臣，镇压太平天国的也是曾国藩、左宗棠等汉人。在这里，民族问题是次要的，维持皇权正统和国家统一才是首要的。中国人之统一意识之强烈，超过其他任何事情，"人死原知万事空，但悲不见九州

① 《礼记·礼运》。

同"。所以，在中国任何分裂的企图，在精神上就没有支柱。中国人"家国天下"的思想，不仅包括华夏血统，对其他民族也一样。并不认为人的贵贱决定于其民族，而是决定于教育。《论语·颜渊》说："四海之内皆兄弟也"。孔子主张"有教无类"，先后收蛮夷之邦的楚国人公孙龙和秦商为弟子，甚至还打算去"九夷"施教。

在对先秦儒家"家国天下"思想研读的同时，我们会有这样一个发现，即"国"、"邦"固然存在，但当时人们对"天下"更为关注，"天下"占有最高的位置。实际上，我们今天弘扬的爱国主义对象或出发点，与其相对应的应是"天下"的概念。在古代历史上，真正的爱国精神就是定位于"以天下为己任"之上的，正如顾炎武所说"亡国不过是改朝换代，而亡天下才是祖国的灾难"。可见，爱"天下"是爱国的根本内涵，这是古代爱国主义的出发点。荀子曾曰："国者，小具也，可以小人有也，可以小道得也，可以小力持也；天下者，大具也，不可以小人有也，不可以小道得也，不可以小力持也。国者，小人可以有之，然而未必不亡也；天下者，至大也，非圣人莫之能有也。"① 荀子认为诸侯小地，一般人就可以拥有了，有小道就可以获取了，用一点小力量就可以获取了，用一点小力量就可以维持了；天下，则是大事情，一般人不能拥有，用小道也不可以获取，用小力量也不可以维持。诸侯小地，一般人可以拥有，但却不一定不灭亡；天下，至大了，非圣人不能拥有。也许在先哲们的意识里，之所以更为关注"天下"，是因为他们身处礼崩乐坏、诸侯逐鹿的乱世，却并没有妨碍把眼界放到一国之外，西周"溥天之下，莫非王土；率土之滨，莫非王臣"② 的诗句也更为深刻地被印证。邦国固然是他们的生养之乡，但天下才真正是他们理想之域。就此，孔子就首先提出了"一匡天下"③ 的要求；孟子接着发出了"定于一"④ 的呼喊；荀子则描绘了"四海之内若一家"⑤ 的一统情景。由此可以看出，先

---

① 《荀子·正论》。
② 《诗经·小雅·北山》。
③ 《论语·宪令》。
④ 《孟子·梁惠王上》。
⑤ 《荀子·王制》。

秦儒家"家国天下"的理念有着丰富而具体的内涵，在疆域方面，持有"天无二日，士无二王"①的观点；在民族关系上，坚持"天下远近若比邻"的思想。与此同时，儒家所提倡的"家国天下"的理想，认为天下是所有天下人的，不是某个人或某些人的；人们相互关爱，彼此平等，都应该各得其所。"不独亲其亲，不独子其子"②，"四海之内，皆兄弟也"③，一直表达着人们对这样理想境界的向往。而儒家倡导在前，诸子百家群起响应于后。墨家提出了"尚同"的主张，要求"一同天下"④；道家黄老学派据此提出了"天下一"的主张，并探讨了如何实现"天下一"的方法与途径⑤；法家则主张"事在四方，要在中央"⑥。

先秦儒家"家国天下"的思想，对当时以至于后世维护社会秩序、维护民族团结、维护统一局面有着功不可没的作用，因而，中华民族无论是历经叛乱和外国势力侵入，还是在和平年代，我们的祖国都能在辽阔的疆土上维护统一局面，光辉灿烂的文化延续不衰。现如今，全世界都看到勤劳勇敢的中华民族屹立于世界民族之林，"家国天下"的普世哲学想必发挥了不可估量的作用，于是后世"先天下之忧而忧，后天下之乐而乐"、"风声雨声读书声，声声入耳；国事家事天下事，事事关心"的名句才如此气壮山河，令世人过耳难忘，铭记于心。

九、群体至上说

先秦儒家伦理文化的一个重要内容就是爱人修己，群体至上。当人们从探讨"人与自然"的关系逐渐过渡到追问"人与社会"的关系的时候，"群己关系"问题自然成为了人们讨论的重点，与此同时，"独善其身，兼济天

---

① 《礼记·坊记》。
② 《礼记·礼运》。
③ 《论语·颜渊》。
④ 《墨子·尚同上》。
⑤ 《帛书·道原》。
⑥ 《韩非子·扬权》。

下"的观点也愈发被中国古代先贤先哲所看重，语焉而详，论焉而精。

儒家早在先秦时期就开始对群己关系作出了自觉地反省和思辨。按照儒家的看法，首先他肯定了人作为主体的内在价值，所谓"人人有贵于己者"①，就是对于这一观点的表述。人是有主体思维、道德意识的人，所以要实现主体意识的能动作用与内在价值的统一，就必须遵循一定的原则，孔子因此提出了由内而外、由己而人及为人由己而不由人的道德修养原则。据此种种，先秦儒家进而提出了"为己"与"成己"的观点，而后由"迩"及"远"，经过一个推己及人的过程，将此观点延伸至"为人"、"成人"之上。"为己"与"为人"，"成己"与"成人"是一一对应的。所谓"为己"、"成己"是指自我的完善，目标在于实现人作为主体的自身内在价值；而"为人"、"成人"是指迎合他人以获得外在肯定，其评价标准存在于他人，个体的行为完全以他人的取向为转移。儒家观点认为，自我的完善并不具有排他性，所谓"己欲立而立人，己欲达而达人"②，所表达的就是一种在个体实现自我价值的同时，也应该尊重并促成别人实现自我的意愿。"成己"、"成人"的关系就在于二者相辅相成，成就自我的同时要"由己及人"，当成就他人的过程中，自我的价值也逐渐被提升、得到发展。

"为己"与"为人"、"成己"与"成人"其实归根结底就是由己而人，自我超越而成就群体的一种认同。孔子曾提出"修己以安人"的观点，其实在今天看来所表达的就是在完善自我的同时，实现群体的安定有序、平稳发展，促成社会整体的价值实现，这即是群体原则。我们是群体中的一员，应当承担相应的群体责任，因而"独善其身"，然后"兼济天下"。在这一点上，儒家所倡导的伦理观点与资本主义的新教伦理有着本质的不同，在资本主义的新教伦理观点看来，个人主义才是促成资本主义经济发展的重要动力。但随着资本主义世界经济喷涌勃发之际，整个资本主义世界也在发生微妙的逆转。金日坤曾说："欧美在成为发达国家之前，个人主义并没有发展

---

① 《孟子·告子上》。
② 《论语·雍也》。

到极端的地步，权利和义务得到调和，集团利益和个人利益处于一种均衡状态。但是随着经济的成熟和教育水平的提高，人们注重自我本体的个人利益越来越超过共同目的和共同利益，出现了个人主义思想严重，一意孤行的局面，从此，发达国家的经济就走上下坡路。"① 而儒家伦理观点则与其有着本质的不同，杜维明曾说："这种伦理和强调个人权利意识的新教伦理不同，它需要的是责任感。它重视的是社会团结，是在一个特殊的团体中对我们合适的位置的寻求。这意味着理解一个人在社会中的职责，以及与此有关的一整套社会惯例和实践。与其说它是一种竞争的模式，倒不如说它是一种和谐的模式。它极为重视个人的自我修养和自我约束，它重视舆论一致的达成，但却不是通过把一种特殊的意志强加于社会各阶层，而是通过一个共同磋商的渐进过程，让团体中的一大部分参与其间。这需要并且诱发了一种合作的精神。"② 换言之，儒家伦理文化中的"群体至上"，其更深刻的意蕴在于一种责任意识，这也就是在中国传统儒家"群体至上"观点影响下的中国人无论是在国家衰落、世态炎凉的时候还是处于生活渐入佳境的时候，都能坚持继续秉持集体主义价值观与"修己安人"的美德，并且中国之所以日益繁盛，坚不可摧的根源所在。难怪在《展望二十一世纪》一书中，汤因比与池田大作一致认为："将来统一世界的大概不是西欧国家，也不是西欧化的国家，而是中国。"③ 先秦儒家在探讨群己关系这一问题上，大多遵循人是社会这一群体的组成部分，每个人只有在群体中才能得以生存和发展，人无群则不立，立则必为群中。就这一观点荀子就曾提出"明分使群"的理论，他说："故百技所成，所以养一人也；而能不能兼技，人不能兼官。离居不相持则穷；群而无分，则争。穷者患也；争者祸也；救患除祸，则莫若明分使群矣。"④ 也就是说，只有"明分使群"，加强人与人之间的合作，人们才能

① 金日坤：《儒家文化圈的伦理秩序与经济——儒教文化与现代化》，中国人民大学出版社1991年版，第8页。
② 岳华：《儒家传统的现代转化——杜维明新儒学论著辑要》，中国广播电视出版社1992年版，第374页。
③ 费勇：《诊断地球——人类命运展望》，花城出版社1997年版，第203—204页。
④ 《荀子·富国》。

更好地生存。荀子在区分人与动物的不同时曾说："力不若牛，走不若马，而牛马为用。何也？曰：人能群，彼不能群也。人何以能群？曰：分。分何以能行？曰：义。故义以分，则和，和则一，一则多力，多力则强，强则胜物。"① 荀子认为，人的力量不如牛，奔跑的速度不如马，但人却能利用牛和马，原因就是因为人能组织起来，而动物不能。人之所以能够组织起来，是依靠等级名分。等级名分之所以能施行是依靠礼义。在礼义的基础上施行等级名分，就能使人与人之间的关系和谐，和谐就能够达到团结一致，团结一致所产生的力量就能战胜世间万物。从这一点看来，荀子更深刻地揭示了群己关系以及"群体至上"的精髓所在。

儒家"群体至上"观点的形成，其思想根基在于"仁者爱人"这一主旨。孔子认为，不爱人者不成其为人，更不能成为仁人。爱人是一个由近及远、推己及人的过程。儒家主张"爱有差等"，由爱自己及自己的亲人推广至爱所有人，方为仁人。孔子将仁理解为"人"，将仁、义、礼联系起来，将仁人与政治联系起来。仁从人从二，一人若要成为仁人，就要先处理好两个人的关系，进而推及到处理好同所有人的关系，孔子的这一思想是有一定道理的。仁者既能使"老者安之，朋友信之，少者怀之"，又能做到"无伐善，无施劳"②，从而使人际关系相互协调，和睦相处，博爱于民，博施于众。但这里儒家所述的"仁爱"与基督教所倡的"博爱"是截然不同的，基督教的博爱源于上帝，人们视上帝为一切，所拥有的即为上帝所赐，是上帝将爱播撒于人间。因此每一个基督徒都要忠于上帝一人，对上帝一人负责，他们不寻求于上帝以外任何人的帮助与合作，相信自己完全有理由完成一切，即使命悬一线，也只有上帝会来援救他，这样的理论也是导致西方个人主义泛滥的重要源头之一。而儒家的仁爱则不同，他的仁爱不源于上帝，而是人作为主体内在的先天德性，亲族血缘关系是它坚实而可靠的基础。儒家实施仁爱的过程，是一个将主体内在德性向外推及扩张的过程，因而比较

① 《荀子·王制》。
② 《论语·公冶长》。

容易形成一个主体性与道德性合一的系统。在中国，"仁者爱人"的思想，不仅是人们处理人与人之间关系的基本原则，也是统治阶层领导管理国家的良方，因而在中国"群体至上"观点经久不衰，源远流长。

先秦儒家之后的历代儒家学者，对先秦儒家的爱人修己，博施济众，兼济天下的伦理道德学说，也有很多的引申和发挥。如在宋明的程朱理学那里，其并不否认个体完善的意义，所谓"治天下有本，身之谓也"①，这里所表述的即是先秦儒家修身为本的思想。不过，理学又把自我理解为一种纯乎道心的主体："必使道心常为一身之主。"②"只是要得道心纯一。"③ 道心是指超验天理的一种内化，以道心约束规定自我，因而主体会在一定程度上成为一种普遍化的我，由于自我的普遍化，理学提出了"无我"之说。所谓"无我"，是指自觉地将自己消融于抽象的"道心纯一"的高境界的"大我"之中。"无我"之说，虽然在一定意义上注意到了个体的社会化以及个体所承担的社会责任，但其在完全意义上摒弃了自我价值，漠视自我个体的存在与价值追求，是不符合当代社会价值理论导向的。事实上，这样的"无我"之说，与"个人主义"是两种应予否定的极端，二者都无法成为社会健全发展的主流思想。

总之，从历史上来看，先秦儒家在肯定"为己"、"成己"的同时，较多地强调了对群体的认同，后世新儒学虽有所延伸，但侧重点无移；道家则更注重个体的自我认同；墨家虽然对群体予以了更多的关注，但将社会认同理解为服从最高意志，很大程度上弱化了独立人格与自我认同，等等。由此，儒家之外的诸学派如墨、法、佛教并没有成为中国历史文化的主流，但对于群己关系问题，其认同群体的取向与儒家的观点有颇多契合之处。先秦儒家"群体至上"理论内容丰富，思想深邃，层多面广，绵延不断，不仅对中国乃至对世界产生了深远的影响，而且向世人展示了中华民族坚不可摧的群体力量，告诉人们人之所以为人和如何为人的道理，也为中国的未来发展提供了不竭动力与思想源泉。

① 《通书·家人睽复无妄》。
② 《朱子语类》卷六十。
③ 《朱子语类》卷七十八。

十、知行合一说

中国思想史上，儒家思想一直占主导地位。中国儒家关于知行问题不仅是认识论领域的问题，更是一个伦理道德的问题。古代哲学家所主张的是，不仅要认识知，尤其应当实践行，只有把知行合一，才可称为上"善"。

"知行合一"一词是明朝思想家王阳明提出来的。知行合一是指客体顺应主体，知是指科学知识，行是指人的实践，知与行的合一，既不是以知来吞并行，认为知便是行，也不是以行来吞并知，认为行便是知。即认识事物的道理与在现实中运用此道理，是密不可分的。中国古代哲学中认识论和实践论的命题，主要是关于道德修养、道德实践方面的。

成德践履，达得兼济天下，穷则独善其身，这是儒家的不易信条。其实早在先秦时期，孔子就把"言行一致"作为道德修养问题来说明。《论语·宪问》中记载："子曰：君子耻其言而过其行。"就是在说明言行不一非君子之所为。同时，孔子在知行问题上，最突出地应该表现在他对知识的态度上。长久以来，学者们多认为孔子的知识论是其思想精华。孔子的知识论主要集中在知识的来源、对待知识的态度，以及对人对事的求实态度这几方面。在关于孔子的著述中系统而明确地论述了知识产生的问题，即："生而知之者上也，学而知之者次也；困而学之，又其次也；困而不学，民斯为下矣。"① 又有："或生而知之，或学而知之，或困而知之，及其知之，一也。"② 很多人在读过上述材料后，认为孔子是唯心主义者，带有明显的先验论色彩，这样的定论是有失偏颇的。仔细研读有关孔子的诸多论著，可以发现，在这里，孔子实际所想表达的思想是："生而知之"是可慕而不可及的，并且"生而知之"者也无处可寻极为少见。因而，现世中不存在"生而知之者"，人们可以通过努力，而做到"学而知之"。孔子曾特别强调："由

---

① 《论语·季世》。
② 《礼记·中庸》。

（仲由）诲女（汝）知之乎？知之为知之，不知为不知，是知也。"① 这是孔子关于知识态度问题的总纲。在对待具体问题上，孔子要求："多闻阙疑，慎言其余"，"多见阙殆，慎行其余"。② 孔子还特别重视观察和向外界学习。从他的"三人行，必有我师焉：择其善者而从之，其不善者而改之"③、"子入太庙，每事问"④ 等句可见其端。同时，孔子在关于认识的标准问题上，不以"众恶"而恶之，不以"众好"而好之。主张"众恶之，必察焉；众好之，必察焉"。⑤"始吾于人也，听其言而信其行；始吾于人也，听其言而观其行。"⑥ 这样，孔子就将"察"与"行"带入了认识过程。总而言之，孔子关于"行知"的论述多少含有唯心主义与先验论的杂质，但其认识论基本倾向于重"学知"，重"力行"。

先秦时期，孔子首次为儒家的德行伦理提出了一个合理可靠的论证，情感原则是它的核心。在孔子之前，"人为什么要过道德生活"这个命题是和具有神色彩的天地关联在一起的。孔子的仁学，以情感为首要原则，以理性和情感的结合为主线，展开了以"道德何以可能和何以必需"为主题的儒家哲学。"道德何以可能、何以必需"问题的解决，最重要的就是要找到一个普遍性的原则。孔子从孝悌这种真切的可感可验的家庭亲情为出发点，将"情感"作为他的仁学体系建立的普遍性原则。孔子认为，人是有情感的生灵，每个人从一出生，就有"三年之爱于其父母"，从生至死，时刻都处于父母、兄弟、朋友等五伦的情感互动之中。情感生活是人们所无法回避的。既然感情是必需的，而且是普遍的，因而德性伦理就完全应该有共同的、不因人因时因地而变的标准。这样孔子的仁学就为"人要过有德性的日常生活"提出了合理论证。但应该强调的是，情感原则是内在的，因而儒家哲学十分注重体验、体证，以身感之，以血验之。孔子为儒家哲学建立的主体性

① 《论语·为政》。
② 《论语·为政》。
③ 《论语·述而》。
④ 《论语·八佾》。
⑤ 《论语·卫灵公》。
⑥ 《论语·公冶长》。

原则，以情感为核心的情感和理性相统一的原则，对后世儒学产生了决定性影响。孟子的"恻隐之性人皆有之"，实际上就是指一种人的内在情怀的普遍性。孟子的"义内在"、"仁义内在"的论述，是对孔子建立的情感原则内在性和普遍性的进一步论证，并对此有了新的扩展。孟子对"情"有了进一步的论证，他在孔子论述情感的内在、普遍性的基础上，认为情感可以为"善"，也就是说，情的本质乃为善，这体现在孟子的性本善的说法中。之前我们提到过，儒家义理的核心是情感和理性，孟子就把理性品格内化在本善之情中，因而孟子在强调道德实践的过程中，理性也是不可或缺的。《中庸》载，"喜、怒、哀、乐之未发，谓之中。发而皆中节，谓之和"。这里其实强调的是情感的内在性和普遍性。"用天命之谓性，率性之谓道"的表述将孔子仁学的核心原则——情感原则充分肯定下来，并作为成人之"道"的出发点。同时强调"发而中节谓之和"，也就是说在成德践履的过程中，理性的调适作用不可忽视，所以才有了"修道之谓教"。《中庸》的思想和孟子的性本善学说，都是在孔子构建的义理框架内进行的，即均基于情感原则，将理性与情感的关系贯穿于其中形成主线。总而言之，在先秦儒家哲学看来，正是因为情感原则，儒学才讲求"以体验之，以情感之"，它才有别于善于思辨的道家智慧，不需要形而上的体系的完美建构；正是因为实践理性原则，儒学才需要修身，才需要道德践履，由此成圣之道是个无止境过程，需要"慎思、明辨、笃行之"，需要不断学习与反省、观察与感悟。

早在《尚书·说命上》，就有"知易行难"的说法，即为："知之非艰，行之惟艰。"此后，先秦儒家的巨儒荀子又提出了"知轻行重"之说，《荀子·儒效》载："见之不若知之，知之不若行之，学至于行之而止矣。行之明也，明之为圣人，圣人也者，本仁义，当是非，齐言行，不失毫厘，无他道焉，已乎言之矣。顾问之而不见，虽博必谬，见之而不知，虽识必妄，知之而不行，虽敦必困。"荀子所言"学至于行之而止矣"，就是在表明行的目的。他指出知的重要，"见之而不知，虽识必妄"，更突出强调"行"，"知之而不行，虽敦必困"。

可以说中国先秦时期的"知行合一"说，并不注重于构建理论体系，而

强调身体力行，以便真切的认识并实践"天道"和"人道"。"知行合一"
要求人们既要认识"天道"、"人道"，又能在生活中实践"天道"、"人道"。
先秦儒家开辟了这样的一条道路，传达给我们的是一种亦温柔亦坚毅的思想
力量和淡定而从容的理念。它鼓励我们对内在情感与理性实践的一种观照与
协调，让我们相信理想有根，并且更加坚定地、正确地去实现理想。

第八章　先秦儒家伦理文化与当代社会

　　1847 年，马克思和恩格斯写作了《共产党宣言》，在宣言中，他们指出徘徊在欧洲大陆的"幽灵"终将成为主宰世界的历史力量，人类将由民族历史走向世界历史。但现在我们面临的现实是冷战结束后，资本主义正以前所未有的强势席卷全球，加之网络的推波助澜以及跨国公司、WTO、世界银行、国际货币基金组织等全球化经济平台，一切民族的价值观念、文化传统和生活方式都经历了所谓的"全球化"的考验，全球资本主义市场正在发展成为康有为所说的"以商灭国"的大时代。在当前世界经济一体化，科技标准化，媒体传播全球化的大趋势下，人类几千年来创造的文化的多样性和丰富性是否有可能得以幸存并得到发展？多元的文化生态是否可以得到保护和保存？每当历史转折关头，人们总习惯于回归自己的文化源头，去寻找新的途径①。

一、先秦儒家伦理文化与和谐社会

　　实现社会和谐，建设美好社会，是人类自始以来孜孜以求的社会理想，也是人类进入阶级社会以来数千年的梦想和愿望。古往今来，无数圣人先哲、仁人志士提出了许多美好构想，勾勒了世界和谐、自由的美好画卷。

---

　　① 乐黛云：《"和实生物，同则不继"与文学研究》，《解放军艺术学院学报》2003 年第 4 期。

"建设和谐社会不仅是现代化的要求，从根本上说，和谐是宇宙万物存在发展的基础。而对和的追求，渗透于政治、经济、社会的一切领域和一切方面，是中国传统文化的最高要求"。① 和谐社会是一个内涵十分丰富的概念，它涉及的是人与人之间的关系、人与社会之间的关系和人与自然之间的关系。先秦儒家思想孕育于春秋战国时期，是为解决社会不和谐、不安定之需要而诞生的。先秦儒家伦理文化中，儒家和谐思想强调通过修身为本促进身心和谐，推崇忠恕仁爱追求人际和谐，重视群己之和达到人与社会的和谐，提倡"天人合一"实现人与自然的和谐。儒家和谐思想在中国有着悠久的历史和深刻的内涵，和文化是中华文化的精髓，是民族生生不息、命脉相传的不竭资源，在今天，儒家和思想对构建社会主义和谐社会具有重要的借鉴意义。

（一）先秦儒家伦理文化中和谐思想的形成和发展

和文化作为中华几千年文明的历史遗产，已沉淀为中华文化底蕴最深厚的一部分，已融合为中华文明的文化基因。"和"文化，见证了中华几千年的历史与文明。最早在我国甲骨文和金文中就有了"和"的概念。"和"的原始意义指声音相和，《说文解字》对"和"的解释是："和，相应也。""和"的理念最早孕育于远古的巫术礼仪之中的乐和礼。《尚书·尧典》曰："诗言志，歌永言，声依永，律和声，八音克谐，无相夺伦，神人以合。"意为诗歌咏唱、乐器演奏都要有条不紊、井然有序，美妙和谐、悦耳动听，讲究音乐演奏的和谐美，并能根据诗歌声律的不同特点及相关联系，强调并达到整体的和谐完美，达到神人以合的理想境界，正所谓"百姓昭明，协和万邦"。

在《诗经》中一个主旋律就是"和"，祭祀诗如《周颂·维天之命》，农事诗《豳风·七月》展现了周人对人神和谐、天人和谐的追求，在宴饮诗如《小雅·鹿鸣》展现人际交往的和谐，在婚恋诗如《关雎》展现出周代伦理文化背景下情感与理性的和谐。对"和"的观念的哲学阐释最早见于

---

① 西田：《儒家思想与和谐社会》，《中国青年报》2005 年 12 月 18 日。

《国语·郑语》周王朝太史史伯在同郑桓公讨论周王朝衰落的问题时，太史史伯提出："和实生物，同则不继。以他平他谓之和，故能丰长而物归之，若以同裨同，尽乃弃矣。"可以说史伯对"和"的阐释，重点突出"和"的作用，以相异和相关的事物相互协调、不同的事物相互作用而得其平衡，就能发展，反过来以相同的事物叠加，其结果只能是"尽乃弃矣"。史伯强调"和"才能产生新生事物。先秦儒家"和"的思想是允许有差异性的存在，不同的东西彼此和谐才能生世间万物，"和"是不同元素的结合，不同、差别是"和"的前提，这样的"和"才能长久，"故能丰长而物归之"。如果"去和取同"，那就会"声一无听，物一无文，味一无果，物一无讲"，以此治国，就会排斥异己、独断专行，这就离灭亡不远了。"和谐"是允许不同的声音存在的，这种阐释，对于我们当今建设和谐社会也是有很大启示的。

以孔子为代表的先秦儒家思想使"和"进一步系统化，并由此上升到哲学高度。"君子和而不同，小人同而不和"，孔子把"不同"作为做人的根本原则，当然这里的不同，并不是指完全不相关，"和"的本意就是要探讨诸多不同因素在不同的关系网络中如何共处，也就是如何协调各种"不同"，达到新的和谐统一，使各个不同事物都能得到新的发展，形成不同的新事物。① 中国先秦文化的最高理想是"万物并育而不相害，道并行而不相悖"。② "万物并育"和"道并行"是"不同"，而"不相害"、"不相悖"则是"和"，孔子主张"礼之用，和为贵。先王之道，斯为美；小大由之。有所不行，知和而和，不以礼节之，亦不行也"。③ "和"就是和谐、安定与协调。礼的作用是"和"，要想"和"就必须由有一定秩序的礼来维持。作为社会政治论的儒学，孔子所关注、思考的核心即是如何建立一个理想的和谐社会，并使之成为现实。"孔子不仅将是否能够奉行'和'的思想作为划分君子、小人的标准，而且将其作为检验是否遵循先王之道的试金石"④，孔子

---

① 参见乐黛云：《"和实生物，同则不继"与文学研究》，《解放军艺术学院学报》2003 年第4 期。

② 《礼记·中庸》。

③ 《论语·学而》。

④ 赵静华：《儒家和谐思想及其在构建和谐社会中的价值维度》，《经济师》2008 年第6 期。

强调的是现世的和谐、社会的和谐，他所提出的"和而不同"在后来的《礼记》可概括为："大道之行也，天下为公。选贤与能，讲信修睦，故人不独亲其亲，不独子其子，使老有所终，壮有所用，幼有所长，矜、寡、孤、独、废、疾者皆有所养。男有分，女有归……是谓大同。"① 这些先贤们描述的理想社会实质上就是以孔子为代表的先秦儒家所追求的讲信修睦、安居乐业、政治清明、祥和有序的和谐社会。

孟子在孔子思想的基础上进一步丰富了儒家"和"的思想。他提出精辟论断"天时不如地利，地利不如人和"。强调"尽心，知性，知天"的"天人合一"论特别突出了"人和"的地位与价值。他提出"以民为本、保民而王、实施仁政、发展生产"。所谓"养生丧死无憾，王道之始也。"在《孟子·梁惠王上》中提出有恒产者有恒心，无恒产者无恒心，"是故明君制民之产，必使仰足以事父母，俯足以畜妻子，乐岁终身饱，凶年免于死亡；然而驱而之善"。孟子进一步发展了儒家关于人与社会和谐统一的思想，他认为统一天下不是靠掠夺性的战争，而是靠人心归向，靠上下一心的"人和"。在性善论基础上，儒家不仅勾画出了理想的和谐社会，而且还进一步论证了如何来构建"和谐社会"，即"齐之以礼"。孟子认为，人们基于仁义道德形成的友爱和谐的人际关系，才能达到融洽和谐的社会状态。孟子主张社会成员要做到重仁义，轻私利，社会才能和谐有序。"老吾老以及人之老；幼吾幼以及人之幼天下可运于掌。"② "仁者爱人，有礼者敬人。爱人者，人恒爱之；敬人者，人恒敬之。"③ 孟子的和谐思想基于人性本善，将仁爱推己及人，使整个社会成员和谐相处，形成整个社会和谐、稳定、有序。

（二）儒家和谐思想的基本内涵、价值与目标

在博大精深的中华传统文化中，"和"的思想一直占有十分突出的位置。"和谐"一词内涵很丰富，其包含人与自然、人与社会、人的自身的全面和谐，中华传统文化视"和"为宇宙万物本然的状态，把"和"作为最大的

---

① 《礼记·礼运》。
② 《孟子·梁惠王上》。
③ 《孟子·离娄下》。

价值，把"和"作为最高的目标，把"和"作为最高的道德境界。和睦夫妻、和合家族、顺和邻里、和谐社会、协和万邦、天人合一、和平天下、和衷共济，是中华民族传统美德的最高境界和最高目标。

修身养性促进身心和谐。就是说人身心的恬静和谐，主张正确处理好名利、利欲关系。孔子说："富与贵，是人之所欲也"，"富而可求也，虽执鞭之士，吾亦为之"。先秦儒家文化认为，身心可以相互促进，修身能够养性。《大学》说："古之欲明明德于天下者，先治其国；欲治其国者，先齐其家；欲齐其家者，先修其身；欲修其身者，先正其心；欲正其心者，先诚其意；欲诚其意者，先致其知；致知在格物。格物而后知致，知致而后意诚，意诚而后心正，心正而后身修，身修而后家齐，家齐而后国治，国治而后平天下。"也就是通过格物、诚意、正心、修身、齐家、治国、平天下的道德修养方式来达到"从心所欲不逾矩"，来实现身心和谐。儒家用修身养性达到身心和谐的统一。孟子提出"我善养吾浩然之气"①、"居天下之广居，立天下之正位，行天下之大道；得志，与民由之；不得志，独行其道。富贵不能淫，贫贱不能移，威武不能屈，此之谓大丈夫。"② 也就是说无论贫富贵贱都要注重人格的完善和人生价值的追求。荀子也提出"治气养心"达到善。儒家文化就是要通过修身养性，培育仁爱之心，把道德规范变成一种道德自律，从而促进社会和谐稳定。

仁爱忠恕以求人际和谐。儒家文化追求人际之和。"和"是儒家思想的精髓，强调人际关系要以仁义道德为基本准则。孔子的"礼之用，和为贵"；孟子的"天时不如地利，地利不如人和"，以"和"为最高价值目标，视和谐为人际关系的理想状态。孔子说："克己复礼为仁，一日克己复礼，天下归仁焉。为仁由己，而由人乎哉？""儒家倡导通过'仁'的德性修养将作为外部约束的'礼'内化为内在的、自觉的道德规范，达到仁者的境界，实现人际关系的和谐融洽。"③ 孔子仁的思想本质是"爱人"，在处理人际关系

---

① 《孟子·公孙丑上》。
② 《孟子·滕文公下》。
③ 赵静华：《儒家和谐思想及其在构建和谐社会中的价值维度》，《经济师》2008年第6期。

上的两个基本原则：忠体现为"己欲立而立人，己欲达而达人。能近取譬，可谓仁之方也矣"；恕体现为"己所不欲，勿施于人"；"君子成人之美，不成人之恶"。"忠恕之道"的核心在于倡导人与人要和睦相处、与人为善、推己及人、团结友爱、求同存异，以达到人际关系的和谐。

群己之和达到人与社会和谐。与道家思想强调的"人与自然和谐"不同，先秦儒家文化强调的是"人与社会的和谐"。儒家群己观的基本特征是"群体本位"。这种观念产生的基础是人类的生存实践。荀子曾说过人"力不若牛，走不若马，而牛马为用，何也？曰：人能群，彼不能群也。"① 人之善群，必赖于礼。在人与社会的关系上，先秦儒家提出"礼之用，和为贵"。儒家在处理人与社会和谐的关系中，认为人是一种"群"的存在，个体总是生活在群体之中，个体存在的价值是通过群体表现出来的，子曰："君子矜而不争，群而不党。"个人的命运与群体息息相关，只有群体才能够保证人类的生存与发展，也只有把个体融入群体之中，才能实现人与社会的和谐统一，以达到天下大治的目的。

家和居安以求政和国治、协和万邦。家齐而后国治，国治而后是天下平。中国传统文化是一种家文化，家庭是社会组织的细胞，儒家的目标，是建立一个和谐有序的理想社会，而家庭作为构成社会的原初基本单位，是整个社会和谐稳定的基础。以家庭为本位的社会，人与人的关系，首先表现为家庭内部成员之间的关系。有识之士普遍认为，社会和谐的基础是家庭的和谐。儒家从仁学的角度，把"亲亲"、"爱有差等"作为仁的基本内容，认为"仁者爱人"有一个由近及远、推己及人的过程。"爱人"首先要从爱自己的亲人开始，这既符合人的天性，又比较容易做到，然后才能推广开来，达到最终爱一切人。在家的和谐上，提倡夫妻和睦，讲求"孝悌"，对长辈祖先的敬仰尊重，父慈子孝，兄弟友爱。

"国和"不仅仅指治理好国家内部，使国家内部达到和谐。同时还应该指协和万邦，民族与民族、国家与国家之间的睦邻友好关系，儒家的理想就

---

① 《荀子·王制》。

是"天下"。中华民族从意识形态方面有着强烈的民族国家观，而未来国家的长治久安和民族和睦，亦有赖于儒家"天下一家"、"四海之内皆兄弟"的思想的弘扬。《小雅·北山》云："普天之下，莫非王土；率土之滨，莫非王臣。""天下一家"的基本精神是天下一体，天下之内，地不分南北，人无分华夷，犹如一个和睦的大家庭。荀子明确提出了"四海一家"的观点。他设计的理想社会是"四海之内若一家。故近者不隐其能，远者不疾其劳，无悠闲隐辟之国，莫不趋使而安乐之。"① 远近列国皆以友好相通，天下一家，共享安定和平。儒家文化通过家齐而后国治，国治而后是天下平。

"天人合一"实现人与自然和谐。"天人合一"在儒家思想体系中占据着重要的地位。《周易·乾·文言》中提出："夫大人者，与天地合其德，与日月合其明，与四时合其序，与鬼神合其吉凶，先天而天弗违，后天而奉天时。""天人合一"思想的首要涵义是，天与人合而为一，人与自然是一个不可分割的统一体。并且应该是和谐的统一体。在这一点上，儒家文化与西方文化截然不同，因为后者过分强调了人与自然的二分与对抗。"万物并育而不相害，道并行而不相悖"。②《论语·阳货》载："天何言哉？四时生焉，百物生焉，天何言哉？"亦表达了苍天在上，静穆无言，四季轮转，万物丛生的一种无言的、终极的生命关怀。孔子提出"知命畏天"、"弋不射宿"的生态思想，人应该"畏天命"、"知天命"而不能违背自然规律，要"节用而爱人"，不浪费自然资源。孟子主张"不违农时，数罟不入洿池，斧斤以时入山林"，荀子也主张"污池渊沼川泽，谨其时禁"。《礼记·月令》按照"天人合一"理念安排一年十二个月的生产活动，具体到每一个月的自然生态情况，列出了一些必须禁止的破坏自然和生态环境的行为，以求最终达到"天人合一"的境界。

全球环境的日趋恶化，已经严重影响到人类的生存和发展；而环境问题，也就成了一个全球性的问题。如何看待与调整人与自然的关系，是构建

---

① 《荀子·王制》。
② 《礼记·中庸》。

社会主义和谐社会的一个重要问题。在如何看待与调整人与自然的关系上，儒家的理论主张和所作所为具有极其重要的参考价值，并且越来越受到世人的重视。

和谐的价值与目标：和为贵、和无寡与大同社会、天下为公。关于和的价值，中国传统文化中有许多精辟论述。《论语·学而》中说："礼之用，和为贵。先王之道，斯为美；小大由之。有所不行，知和而和，不以礼节之，亦不可行也。"荀子认为："和则一，一则多力。"孟子则提出："天时不如地利，地利不如人和。"在中国传统文化，和谐被看作修身养性、治国安民的根本方法。这些思想在今天追求和平发展、社会和谐的世界体系中，仍然具有无法估量的价值。1988 年，75 位诺贝尔奖的获得者在巴黎发表联合宣言，呼吁全世界"21 世纪人类要生存，就必须汲取 2000 多年前孔子的智慧"。《礼记·礼运》里说："大道之行也，天下为公。选贤与能，讲信修睦，故人不独亲其亲，不独子其子，使老有所终，壮有所用，幼有所长，矜、寡、孤、独、废、疾者，皆有所养。男有分，女有归。货恶其弃于地也，不必藏于己；力恶其不出于身也，不必为己。是故谋闭而不兴，盗窃乱贼而不作，故外户而不闭，是谓大同。""大同社会、天下为公"是中国传统文化对人类美好社会本质的最早赋予，代表了中国古代理想社会的最高境界。著名思想家康有为在《大同书》中提到，要建立一个"人人相亲、人人平等、天下为公"的理想社会。

（三）儒家思想在当代构建和谐社会中的作用与价值

构建社会主义和谐社会，是人们梦寐以求的社会形式。弘扬优秀文化传统，寻求民族精髓的理性支撑，儒家思想与和谐社会的建构之间存在着相当程度的内在一致性。注重和谐这一基本价值取向上的内在一致性为儒家思想资源对当代中国和谐社会建设提供现实的借鉴意义。儒家和谐文化是以仁为核心，以礼为载体，采用"中庸"方法来达到社会和谐与安定[①]。

---

① 参见刘兆伟：《论儒家思想与和谐社会》，《沈阳师范大学学报（社会科学版）》2006 年第 1 期。

首先，仁的思想学说与人群和谐。《论语》一书只有 11705 个字，而仁就有 109 字，可见孔子对仁的高度重视。但把仁作为一种学说、一个范畴，则始于孔子。李泽厚说："尽管'仁'字早有，但把它作为思想系统的中心，孔子确为第一人。"① 究竟何谓仁？《论语》一书涉及弟子问仁，孔子从不同角度回答。樊迟问仁，孔子说："仁者，先难而后获，可谓仁矣……夫仁者，己欲立而立人，己欲达而达人。能近取譬，可谓仁之方也已"；② 颜渊问仁。孔子说："克己复礼为仁。一日克己复礼，天下归仁焉"③；樊迟问仁。孔子说："爱人。"④ 子张问仁于孔子。孔子曰："能行五者于天下为仁矣。""请问之。"曰：恭、宽、信、敏、惠。恭则不侮，宽则得众，信则人任焉，敏则有功，惠则足以使人。"⑤ 在不同的场合，孔子对仁作过不同的解释，其基本含义有两个：一个是"仁者爱人"，一个是"克己复礼为仁"。"仁者爱人"是向外的爱人，即亲爱他人以形成良好的人际关系。从孝顺父母、尊敬长辈、爱护晚辈做起，进而治国、平天下，达到"外王"的境地；"克己复礼为仁"是向内的克己，克服个人的欲望，通过个人的内在反省，自觉实现道德的、哲学的自我，达到"内圣"的境地。向内的克己是为了提高个人的内在修养，通过自我反省实现道德自觉，并进而达到"天人合一"、物我一体的最高境界。⑥

仁的内涵十分丰富，其核心是"爱人"。樊迟问仁，孔子说仁者"爱人"⑦。被郭沫若称为"人的发现"的仁学，在《乡党》中曾记载"厩焚。子退朝曰：'伤人乎？'不问马"。这一思想后为孟子继承发扬，孟子提出"仁者爱人"⑧，并且发展为"仁政"学说。总之，爱是仁的内在要求，

① 李泽厚：《孔子再评价》，见《中国古代思想史论》，天津社会科学出版社 2003 年版，第 9 页。
② 《论语·雍也》。
③ 《论语·颜渊》。
④ 《论语·颜渊》。
⑤ 《论语·阳货》。
⑥ 赵骏河：《东方伦理道德》，吉林人民出版社 2004 年版，第 40 页。
⑦ 《论语·颜渊》。
⑧ 《孟子·离娄下》。

"爱人"是"仁者"的外在表现。此外孔子对仁输入了新的意义,他不仅用"爱人"来解释仁,而且提出忠、恕是实行仁的根本途径,"夫仁者,己欲立而立人,己欲达而达人。能近取譬,可谓仁之方也己"①。所谓"忠恕之道",就是推己及人,"己欲立而立人,己欲达而达人","己所不欲,勿施于人"。这对今天和谐人际关系的构建无疑具有启示,我们要推己及人,将心比心,理解他人,互相信任,互相尊敬,共同发展。总之,怀有仁爱之心,持有"己所不欲,勿施于人"和"己欲立而立人,己欲达而达人"的交往原则,能有助于人际关系的和谐。构建社会主义和谐社会需要诸多条件,比如物质的保障、精神的指导、制度的约束、法律的规范、道德的自律、素质的提高等。在诸多条件中,属于文化方面的规约非常重要,正是文化的熏陶,才能给予一定社会中的主体——"人"以善的价值指引,使"人"在处理人与人、人与社会、人与自然等的关系问题上能够自觉地求和。和谐文化是和谐社会的灵魂和隐性结构,是构建和谐社会的底蕴。

其次,礼的思想学说与实现和谐的基本社会行为规范。在《论语·学而》中孔子的学生有若曾说过非常重要的一段话:"礼之用,和为贵。先王之道,斯为美;小大由之。有所不行,知和而和,不以礼节之,亦不可行也。"礼的实施,应当有利于和谐,从前圣明的君主在这方面都做得很好,事无大小都以和为目的,所以社会治理得很成功。在《论语》一书中"礼"字出现了75次。孔子是非常重视礼的。先秦儒家伦理文化把和谐作为最高价值追求,但他们同时又强调和谐是有条件的,为和而和,盲目求和,便不会真正和谐,如果不用礼去约束节制,那么和谐是行不通的。何为礼?简言之,就是规定社会的行为准则、规范和礼仪的总称。礼的关键含义是人伦秩序的范式;礼仪、礼貌的体现;社会等级名分的制度;人性、人情的圭臬。只有人人按照这些正确的行为规范立身行事,社会才能和谐。

———————————

① 《论语·雍也》。

原始的礼指的是祭祀的器物和仪式。远古时代生产力水平低下，为调节人的需求与物资短缺的矛盾，使老幼无失养之忧虑，少者无争斗之祸患，"人生而有欲，欲而不得，则不能无求，求而无度量分界，则不能不争，争则乱，乱则穷。先王恶其乱也，故制礼义以分之。"① 用礼来促进社会的秩序化，孔子大力提倡"克己复礼"，他从仁爱思想出发指出不能对百姓"齐之以刑"，要"道之以德"、"导之以政"，更重要的是"齐之以礼"，让百姓知礼、用礼、守礼，使他们"有耻且格"②，"克己复礼"就是要克制和约束自己不符合群体道德的私欲行为，通过加强修养，使自己的言行符合社会规范的要求。孔子认为有无礼是区分文明与野蛮的重要标志。"夷狄之有君，不如诸夏之亡也"③，荀子认为礼是国家社稷的根本，礼的作用可以使国家"可安"、"可久"，社稷便可"保万世也"④。所以他说："国之命在礼。"⑤"礼之于正国也，犹衡之于轻重也，绳墨之于曲直也，规矩之于方圆也。"⑥正是由于礼对国家治理有如此巨大的作用，所以儒家认为"礼义者，治之始也"⑦。行礼治，辅教化，在治国中行为规范和道德教化是从思想上塑造人的最好办法，礼治的实现以教化为主要途径和手段，而教化又必须通过各种具体的礼来实施。此外，用礼还可以定名分，和上下，《尚节·吕刑》云："维齐非齐。"欲使万物和齐就必须不齐，有差等始可以为治。万物只有各当其位，整体才会和谐。这是从形而上的高度讲层次差别的合理性。孔子曰"君君，臣臣，父父，子子"⑧，孟子的"无礼义。则上下乱"⑨，都含有肯定层次差别的涵义。在礼产生之前，人禽不分，男女无别，长幼无序，上下无义，乱争乱斗，根本谈不上和谐。"礼也者，贵者敬焉，老者孝焉，长者弟

---

① 《荀子·礼论》。
② 《论语·为政》。
③ 《论语·八佾》。
④ 《荀子·荣辱》。
⑤ 《荀子·强国》。
⑥ 《礼记·经解》。
⑦ 《荀子·王制》。
⑧ 《论语·颜渊》。
⑨ 《孟子·尽心下》。

焉，幼者慈焉，贱者惠焉"①，礼的功能就是"讲信修睦，尚辞让，去争夺"②、"教民亲爱"，使群体"致和"③。对于国家，它能"正君臣"、"齐上下"④；对于家庭亲族，它能"和长幼"⑤；使"父子亲，兄弟和"⑥、"夫妇有所"⑦；对于个人，"故君子有礼，则外沼而无怨"⑧。礼可以明道德，正人品行。孔子多次讲，人之立身的根本就是"立于礼"。孔子曰："丘闻之，民之所由生，礼为大。非礼无以节事天地之神也，非礼无以辨君臣上下老幼之位也，非礼无以别男女父子兄弟之亲，婚姻疏数之交也。君子以此之为尊敬然。然后以其所能教百姓，不废其会节。"⑨ 在礼的制定和实施方面，儒家强调以仁为统帅，仁、义、礼、智、信有机结合，新时代社会行为规范的建设既要对传统的礼进行借鉴，取其维系社会正常秩序，促进社会和谐的积极面，同时又要努力消除其消极面的影响。

最后，中庸——通向和谐社会之思想方法。中庸是儒家的伦理道德学说，也是处理事务的基本原则和方法。中庸，亦称中行、中道，据有关专家考证，《易经》中的"尚中和"思想是孔子中庸思想的源头。始为孔子哲学、伦理思想的重要范畴，后来成为儒家的世界观和方法论。它源于上古的尚中思想和尚和思想，经孔子成为儒家思想重要概念，至《礼记·中庸》形成一精统完备的思想体系。它的核心含义，是要求人们在待人处事、治国理政等社会实践中时时处处坚持适度原则，把握分寸，恰到好处，无过无不及，从而实现人格的完善、人与人的协调和整个社会的文明与和谐。是一种包含科学理性和辩证色彩的正确的思想方法。中庸思想绝对不是许多人误解为调和折中之意或"老好主义"的庸俗作风。

---

① 《荀子·大略》。
② 《礼记·礼运》。
③ 《礼记·祭义》。
④ 《礼记·礼运》。
⑤ 《礼记·冠义》。
⑥ 《礼记·经解》。
⑦ 《礼记·礼运》。
⑧ 《礼记·礼器》。
⑨ 《礼记·哀公问》。

中字作为中正、正确、得当之意。正如高亨先生在解释"中则必正，正则必中，中正二名实为一义"①。"庸"字郑玄为《礼记·中庸》作注："以记中和之为用也。庸，用也"，"庸，常也。用中为常道也"。即为对待自然、社会、人生的准则。中庸即为正确得当是人认识和处理问题的根本的要求。和谐标志着事物之间平衡稳定、协调有序的关系，而中庸是强调行事时把握正确之点以便对问题处理得当，和谐状态是人们努力要达到的目标，而中庸是实现和谐的思想方法和手段。儒家讲和谐必讲中庸："喜怒哀乐之未发，谓之中；发而皆中节，谓之和。中也者，天下之大本也；和也者，天下之达道也。"② 程颐在谈到中庸作为修养方法时指出："中之理至矣。独阴不生，独阳不生，偏者为禽兽，为夷狄，中则为人，中则不偏，常则不易。惟中不足以尽之，故曰中庸。"③ 中庸最初被作为一种道德境界提出，但在中华民族伦理道德继承发展的过程中，实质上已成为人们处理事务的基本原则与方法论，是解决问题、处理问题最恰当、最公平、最合理、最正确的思维与方法。④ 中庸是最高的道德修养准则。儒家认为中庸不仅是思想方法问题，也是个道德问题。《论语·雍也》载："中庸之为德也，其至矣乎！民鲜久矣。"即认为中庸是一种极高的道德修养境界。此外孔子还把中庸作为区别君子和小人的标志之一，"君子中庸，小人反中庸。君子之中庸也，君子而时中；小人之中庸也，小人而无忌惮也。"⑤

中庸是恰如其分地把握事物、协调矛盾的正确思想方法。中庸阐明任何事物都有一定的界限，超过或未达到一定界限都要影响事物的质，势必向相反的方向转化，事情就不会有理想的结果。这就要求人们有很强的分寸感，做事恰如其分，不走极端，以保持事物的最佳度，否则就会事与愿违，易败

---

① 高亨：《周易大传今注》，齐鲁书社1979年版，第14页。

② 《礼记·中庸》。

③ 《河南程氏遗书》卷一。

④ 刘兆伟：《论儒家思想与和谐社会》，《沈阳师范大学学报（社会科学版）》2006年第1期。

⑤ 《礼记·中庸》。

难成。中庸所要达到的正确性则提供了这种客观的标准和恰当的方法，使事物的各个部分和各个方面都能达到中的状态，都能在度的规范下健康地运动和发展，从而事物才能实现总体上的和谐。

二、先秦儒家伦理文化与网络世界

随着计算机技术、网络技术和通信技术的发展，网络对人们生活的影响越来越大。据中国互联网络信息中心（CNNIC）发布的统计报告显示，截至2010年6月底，中国网民规模达到了4.2亿，突破了4亿大关，较2009年底增加3600万人，互联网普及率攀升至31.8%；手机网民规模为2.77亿，半年新增手机网民4334万。显而易见，网络唤起了整个社会对未来的想象，然而，这个网络社会只是刚刚开了个头，就出现了一系列意想不到的问题和利害冲突，对整个社会的发展带来了诸多的负面影响。作为一种全新的交流方式和沟通方式，网络世界的出现为人类交往开辟出一个全新的发展方向与活动空间。但是，在网络经济迅速发展、网络势力不断扩张的今天，网络世界的发展却是喜忧参半。诸如网络上瘾、网络暴力、网上色情、电脑黑客、网络信息垃圾、信息欺诈、计算机病毒等所产生的网络失范现象也日益突出，几乎发展到难以控制的地步。虽然通过行政手段对网络世界进行干预，如实行网络实名制等手段，但由于网络世界本身的复杂性，常使得技术防范和法律监控显得捉襟见肘。汤因比曾指出："迄今为止，人的伦理行为的水准一直很低，丝毫没有提高，但是，技术成就的水准却急剧上升，其发展速度比有记录可查的任何时代都要快。结果是技术和伦理的鸿沟空前增大。这不仅是可耻的，也是致命的。"[①] 汤因比与池田大作的对话旨在论述建立伦理与技术相融合的网络新伦理的必要性和紧迫性。面对技术上操作与法律上等"外力"，面对此种困境的捉襟见肘、无能为力，以内省自律、道德控制为核

---

① 汤因比、池田大作：《展望二十一世纪——汤因比与池田大作对话录》，北京国际文化出版公司1985年版，第431—432页。

心的传统儒家伦理文化就显示出较强的优势。在此方面，现代新儒学的代表人物梁漱溟先生认为，西洋文明虽然成就巨大，却不足法。梁先生认为不足法的原因就在于西洋文明"求诸外而不求诸内"，西方人在求诸外即改造自然方面是有成效的，但在求诸内正是孔教儒学之所长。在依靠技术与法律手段不能完全解决网络伦理失范现象时，也许我们反观儒家传统文化能给我们带来新的启示。

（一）网络世界的本质及其特征

所谓网络就是将各个独立的电脑处理节点（或者手机处理节点）通过线路或者无线设备连接而成的信息系统。网络正悄无声息地把整个世界的每一个角落的人和物连接成一个整体，逐渐形成一个"地球村"。网络所形成的虚拟社会正在引起人民的社会生活、思维方式和社会的生产方式各个方面的深刻变革，网际交往是人们内在生活的现实实现，极大地满足了人的信息交流和需求。

网络的本质是人与人之间发生联系，便于相互之间进行各个方面的交流。网际交往是随着网络技术发展而形成的一种人们交流思想、信息、知识和情感的虚拟性的电子空间。网际交往的关系和现实交往的关系不同于网际关系的"虚拟化"、"符号化"、"开放性"、"迅速性"、"共有性"、"自主性"。网络逐渐打破了时空的限制，随时随地地用任何形式进行人们之间的异地信息互动交流。网络是一个开放的系统，在世界的每一个角落，人们之间逐渐形成一种全新的、开放性的互相交流和互动的密切关系。网络的出现无疑为人与人之间的交流和沟通提供了崭新的方式，就网络世界而言，其具有如下特征：

其一是虚拟性。网络虚拟性是与现实社会并在的人类社会存在的一种新形式，是现实社会主体以虚拟存在方式在计算机网络中开展活动、相互作用构成的社会关系体系。其主要特征是空间虚拟性和跨地域性、交互性、结构独特性和管理自律性。网络虚拟社会里人们往往依据自身兴趣、爱好等价值取向交换信息、宣泄情感，并结成相对稳定的虚拟群落。正是具有这种超越空间、超越现实社会等级身份交换信息的功能，网络虚拟社会结构上表现为成员之间没有明显核心。由于网络虚拟社会的开放性、主体的虚拟性、数据传输的快速性、可加密性等特点，较之传统管理方法，主要依靠成员的自治与自律。正如比尔盖茨在《未来之路》中提到的，"在网络世界里没有人知道你是一条狗"。在数字化的"虚拟空间"中主体的人退到了信息终端的背后，人与人之间的交往只是作为一个个的"符号"而存在，变成了一个个的"隐形怪杰"，诸如，性别、年龄、形貌、身份等都能借助虚拟技术得到隐匿或者篡改。网络空间完全是一个"虚拟"的世界。然而，就是这样一个虚拟世界，把人们抛离了以往既存的社会生活秩序的轨道，使他们不得不在虚拟和现实中来回转换，从而使人们陷于一种虚实难辨、模棱两可的尴尬境地。

其二是开放性。开放性是因特网最根本的特性，每台计算机都只是网络的一个节点，它们之间都是平等的。同时，人们无法阻止网上信息的传递，除非把因特网全部摧毁，否则就无法阻止仍然连在网上的计算机之间互相传递信息。网络中有多少个节点，就有多少个维度。互联网的开放性使得跨世界范围内的信息通信变得易如反掌，它拆除了信息交流的藩篱，在这个开放的数字化世界里面，距离已经不是交流的障碍。在世界范围内，人与人的交流已经形成了全新的、开放性的交流方式。网络信息资源自由度和随意性大、操作性强，信息流动是双向的、互动的，网站之间可以通过相应的链接进行即时的信息交换和共享。

其三是共享性。网络已成为全世界最大的信息资源宝库。内容上，网络信息资源包罗万象，覆盖从科研、教育、政策、法制到商业、艺术、娱乐、医疗等不同学科、不同领域、不同地域、不同语言的信息资源；形式上，包括了文本、图像、声音、软件、数据库等，是多媒体、多语种、多类型信息的混合体。网络的共享性与开放性使得人们可以随意在互联网上获取和存放信息，可以说由于没有质量监控和管理机制，这些信息更没有经过严格编辑和整理，泥沙俱下、良莠不齐，各种不良与无用信息大量充斥在网络之中，导致"信息过剩"，要找到有价值与有用信息简直如"大海捞针"，信息量冗杂与过剩给用户选择、利用网络信息带来了障碍，信息泛滥和污染，信息的安全性、知识产权等都受到侵害。此外，由于网络的开放性与共享性，造成人们思考的替代性，网络代替思考，形成网络依赖症，机器代替体力劳动是人类发展史上的一次巨大进步，但网络代替思考却是人类的一大退步，让少数人的思考代替了其他更多人的思考，让少数人的观点代替了其他更多人的观点。没有给你思考的过程。这就像一直抱着游泳圈的人，肯定学不会游泳，一味依赖搜索引擎来代替自己的思考，肯定也只有变笨这一个结局。

马克思曾说："在我们这个时代，每一种事物好像都包含有自己的反面。我们看到，机器具有减少人类劳动和使劳动更有效的神奇力量，然而却引起了饥饿和过度的疲劳。……技术的胜利，似乎是以道德的败坏为代价换来的。随着人类愈益控制自然，个人却似乎愈益成为别人的或自身的卑劣行为的奴隶。甚至科学的纯洁光辉仿佛也只能在愚昧无知的黑暗背景上闪耀。我们的一切发现和进步，似乎结果是使物质力量具有理性生命，而人的生命则化为愚钝的物质力量。现代工业、科学与现代贫困、衰颓之间的这种对抗是显而易见的、不可避免的和毋庸争辩的事实。"① 网络在给人们带来便捷的同时，其带来的困惑和伦理失范也是值得人们警醒的。

（二）网络世界的困惑与伦理失范

网络作为一种高科技成果，给人类带来了巨大的便利，网络在为人类展现了一种美好"数字化生存家园"的同时，当人们沉浸在信息热潮所激发的亢奋中时，网络文化的"病症"也在隐隐地出现和发生，网络的发展也给人类带来了挑战和诸多伦理困惑。网络社会的伦理失范导致了网络信息活动的失范，具体表现为：网络成瘾与人际情感的疏离、信息垃圾泛滥、泛娱乐化倾向、黄色信息蔓延、网上侵权突出、网络犯罪猖獗、文化冲突加剧等。

网络成瘾与人际关系疏离。互联网的飞速发展，网络已经成为人们工作和生活离不开的工具与媒介。网络本身所固有的新颖、快捷、广泛、开放，以及它所带来的互动、平等、自由特点，深受网民的喜爱和迷恋，但网络也是一把"双刃剑"，从某种角度讲，网络极大地拉近了人与人之间的距离。

---

① 《马克思恩格斯全集》，人民出版社 2003 年版，第 4—5 页。

朋友，远隔千里，依然能够通过网络及时地知晓他的近况，送去彼此的问候。然而，经常沉迷在电脑面前，热火朝天地与远在他方素未谋面的人热聊的时候，我们却忽略了身旁的人和事，心与心的距离拉大了，面与面的交流减少了。网络对人们生活的影响，让人与人之间的距离是拉近还是疏远？泰戈尔曾说："世界上最遥远的距离，是用自己冷漠的心对爱你的人掘了一道无法跨越的沟渠。"

在网络时代，正是由于网络具有虚拟性，诱惑很多人沉溺其中，无法自拔。他们在所谓的"虚拟朋友"、"虚拟爱情"、"虚拟伴侣"、"虚拟同居"、"虚拟父母"等"虚拟"的关系中迷失了自我，同时还自以为找到了"精神家园"，并终日沉湎于网络空间、网络游戏中，导致脱离现实社会而沦为网络的奴隶，过分沉迷网络已经严重影响了一些大学生的正常生活，甚至学业失败，身心受害。据调查，浙江某大学 189 名退学学生中，有 85% 的人是因为迷恋网络而无法完成学业。上海某大学退学、试读、转学的 205 名学生中，有 1/3 的学生无法通过考试与无节制地上网有关。某电子科技大学大学生调查显示：因沉迷于网络游戏和网上聊天而退学的学生占总退学学生的98% 以上。

网络沉迷首先表现为道德情感淡漠。在网络社会，如果过分沉溺其中，就有脱离社会现实生活的危险。人们或许更愿意生活在网络社会中的原因在于：人们愿意去寻求虚拟而看似完善的人生，而回避充满缺陷的现实社会中人际交往给他们身心造成的种种压力，但是，过多地沉湎于网络社会，人与人之间的交流变成人与机器之间的交往，那些"真实生活"中的人际关系就很有可能被抛之脑后，人际关系进一步疏远和隔膜，人的情感日益淡漠甚至麻木。于是，人们同家庭成员之间、邻里之间以及同事朋友之间的感情联系开始变得淡化，对他人与社会漠不关心，忘却了现实的道德责任，以致家庭破裂、朋友离散。其次，网络沉迷造成人格扭曲。一方面，网络为人们提供了一个相对自由的"时空"，人们可以不受种族、国家和地域的限制而进行自由交往，各种价值观念云集，可以说鱼龙混杂。"网络上这种多元的道德构成使个体经常处于矛盾的相互冲突的道德选择中，给个体健康的道德人格的形成和发展造成了强大的挤压和扭曲。"① 另一方面，由于网络的虚拟性，物理空间中现实的人之间的交流退居到了信息终端的背后，借助于现代技术可以得到充分的隐匿与篡改，由于在网络上人们可以根据自己的需要任意创造自己喜欢的角色和从事"理直气壮"的撒谎，以至于人们分不清到底哪个是真，哪个是假，从而在很大程度上造成了网络社会人际关系上的信任危机。于是网络社会中会出现伦理悖论："一方面，人们在网络中真实地交流着心声，将现实中许多难以向亲人、甚至最亲密的朋友诉说的隐私，向网络上的陌生人毫无保留地敞开；但是，另一方面，大家在讲真话的同时，却又都清楚对方给自己提供的个人信息或许整个就是编造的，这就不能让交流者确切了解自己所'面对'的是什么人。"② 在这种情境下你要么有一种戒备的心态，要么就有一种自欺欺人或受人欺骗的感觉。而如果有这种感觉，也很难让人在交流中去展现真实的自我。种种猜忌、怀疑、不信任的状态也就会从人们追求真善美的人文理想与现实交往情境的双重分裂中，自然而然地生长出来，长此以往会导致人与人之间的不信任，进而导致信任危机。最后表现为社会互动能力退化。过多地依赖电脑网络，形成网络依赖症，会使人的思维力、表达力、实践能力、社交能力下降。我们都知道人是社会的人，人类几千年的发展过程是相互作用的过程。可是人一旦长期沉溺于电脑世界，人与机器的交往就会逐步取代人与人面对面的交流，人们就会逐渐失去与现实交往的能力，从而导致社会交往适应力下降，孤僻、紧张、健忘、注意力不集中等一系列问题就会纷至沓来，直至影响人类的健康发展。

网络资源共享与网络侵权行为。在网络社会中，资源共享可以使现有资源得到充分利用，资源共享极大地降低了全社会生产成本，有力地缩小了国家与地区之间经济及社会发展程度上的差距，可以推动社会的共同进步。"从有效利用资源、社会共同进步的角度看，资源应该共享，即资源共享是

---

① 黄巧玲：《网络伦理困惑探析》，《洛阳师范学院学报》2002 年第 1 期。
② 周立升、颜炳罡：《儒家文化与当代社会》，山东大学出版社 2002 年版，第 153—154 页。

合乎道德的。但是，资源的生产需要创造性的发挥和投入，资源的传播需要大量的投资用于软硬件产品的生产，所以，网络资源的拥有者，通过资源的销售来收回成本，赚取利润，这也是道德的、合理的。"① 因此，有必要找到一条既能保护知识产权，又能有效地利用网络资源的道路。然而，现实情况却并没有找到一条可以缝合两者裂隙的道路。由于对网络资源的知识产权的界定缺乏可操作性的规范，由此也产生了在处理知识产权与资源共享关系上网络立法的不健全，以及网络犯罪的时空开放性、犯罪手段的智能性，部分胆大妄为者要么突破道德底线，游走在违法犯罪的边缘；要么利用网络独特的隐匿性，隐瞒身份逃脱法网。可以说互联网上知识产权的缺席与滞后，造成了对信息资源的疯狂掠夺和无穷复制。信息共享精神与知识产权的规则发生了根本抵触。除此之外，各种未经许可借用、移植、复制他人的程序及其他信息，实际上也是一种网络偷窃行为。另外，利用网络修改、破坏他人计算机里的信息的行为也时有发生。近年来，利用计算机窃取机密情报、金融诈骗、偷盗、制黄贩黄、侵犯知识产权、编制和传播计算机病毒程序等蓄意破坏网络的违法犯罪活动呈直线上升趋势，这些都是网络社会问题的具体表现。网络病毒、网络黑客故意进行数字破坏和敲诈，他们侵入国防、尖端科学、金融等国家重要领域，窃取情报，盗用钱财，进行网络骚扰，对国家的安全构成巨大威胁，甚至造成巨额的经济损失。近年来，网络犯罪，诸如网络盗窃（如盗取银行卡密码等）、网络诈骗、网络赌博、网络色情（如淫秽视频表演、淫秽电影等）、网络恐怖事件（侵入、攻击、破坏金融等涉及公共安全、公共利益的信息系统）、网络迷信（如利用网络开展各类迷信活动）、网络谣言（如利用网络发布有害言论）、网络洗钱（借助网上银行洗钱）、借助网络贩卖枪支等违禁物品、利用计算机窃行金融诈骗、偷盗、制黄贩黄、侵犯知识产权、编制和传播计算机病毒程序及电脑黑客蓄意破坏网络等的违法犯罪活动呈直线上升趋势，这些窃取机密情报，进行网络犯罪与日常犯罪行为具有不同的特点，它知识含量高，隐蔽性强，破坏面广，已经

---

① 黄巧玲：《网络伦理困惑探析》，《洛阳师范学院学报》2002 年第 1 期。

对网络社会生活造成极大的危害。

信息爆炸、信息污染与信用危机。传统的大众传播中的信息传播者是有着专业知识和受过专门培训的人士，他们遵守媒介职业道德，在一定程度上能较好地发挥"守门人"和"议程设置"的作用。① 但是信息在网络传播过程中具有高度的交互性，一般人可以随意进入媒介，人们不仅可以主动选择信息而且还可以发布信息和意见。这些不同的信息发布者可谓是良莠不齐，大量多余无用的信息、文化冲突性信息、色情暴力信息等的产生几乎是在所难免的。很难对网上信息进行全面的监控，一些别有用心的人和组织利用互联网传播淫秽色情、赌博、暴力、邪教等不良信息和西方资本主义的意识形态，对国家安全和社会稳定造成威胁。

网络媒体的全球连通性使得信息用户可能绕过网络监管人员设置的障碍而直接面对广泛而丰富的信息资源，"隐匿了真实身份的信息使用者此时已经不受传统社会伦理的约束，可以自由地选择自己想要的信息。于是人性中的阴暗欲求、庸俗需求也渐渐显露出来，从而造成信息的滥用，主要表现在对不健康的信息内容的使用上"。② 谈论今天的网络文化，想回避色情和性问题是不可能的。因为实际上，性和色情正是目前互联网上最热门的话题。各种与性有关的站点、新闻组、电子公告板等，在网络上比比皆是，稍不留意，就可能误入其中。最近统计表明，美国6000万网民中至少有20%的人会访问色情网站，其中1%的人达到了沉溺的地步。青少年沉迷网络游戏、色情暴力等不良网络信息泛滥、博客披露他人隐私、网络"恶搞"挑战道德底线这些问题的出现引起了社会各界的广泛关注与担忧。另外，由于网络上人与人的交往演变成符号之间的交往，无法判断之间的信用关系，信用危机便应运而生，首当其冲表现为猖獗的网络剽窃现象。

从根本上说，网络社会一系列负面作用的产生就在于发达的现代科技本身没有自觉地加入相应的伦理道德关怀，把良好的社会伦理道德融入电子

---

① 邓小飞、朱妮：《关于网络伦理失范的思考》，《科技信息（学术研究）》2007年第7期。
② 邓小飞、朱妮：《关于网络伦理失范的思考》，《科技信息（学术研究）》2007年第7期。

化网络空间，才能消除或缓解网络文化种种"病症"的发生，协调好网际间人与人的关系，规范网络人的行为，促进网络社会的正常发展。面对此种困境，以内省自律为核心的道德控制就显示出较强的优势，而儒家文化所倡导的崇尚道德、诚信观念、自律修身、仁爱原则等对网络伦理失范大有裨益。

（三）先秦儒家伦理文化对于网络世界困惑的疏解

依靠科学本身的进步、法治意识的加强、新型道德的确立等，可以对网络社会伦理的失范进行必要的矫正。但是，从目前的实际情况来看，网络社会系统还是一种未完全成熟的全新领域，在这一虚拟化的空间中，人们的社会交往不仅跨越了时空限制，而且也在很大程度上跨越了各种既存法律、规范的制约。而有时候正是由于法律、规范在网络空间的缺失，在一定程度上成为人们在网际交往失范性行为的根源。作为以"求诸内而不求诸外"自律精神为主的儒家伦理文化中包含如诚信原则、忠恕之道、交友之道，以及自修自律等对于我们今天处理网络世界出现的问题，对于加强网民道德建设将大有裨益。

诚信之道与信任危机：在网络上人们可以根据自己的需要随意创造角色而进行"撒谎"，人们可以随意地伪装自己，也可以随意地编造故事，从而造成网际交往中的信任危机。引用蔡绍基的一句话：人与人之间的交往需要时间和各种身体语言来慢慢建立信任。而网络的速度很快，缺少了建立信任所需要的时间，削弱了情感中所需要的重要元素。人与人的交往缺乏情感交流，这就导致在网上与他人进行一般交往时缺乏心与心的真诚沟通，更有甚者利用网络实施信息诈骗，以攫取高额利润。近年来，利用计算机窃取机密情报，进行金融诈骗、偷盗、制黄贩黄、侵犯知识产权、编制和传播计算机病毒程序及电脑黑客蓄意破坏网络等的违法犯罪活动呈直线上升趋势，这些都是网络缺乏诚信带来的社会问题。人在网络交往中的安全感普遍下降、可信度大幅降低，这容易让人产生多疑、防范甚至恐惧心理。长此以往将造成人际交往的障碍，儒家思想倡导的"诚信"原则对于消除种种网络信任危机现象具有一定的启示意义。

　　诚信是儒家伦理中优秀的道德传统。"主忠信，徙义，崇德也。"① "言忠信，行笃敬，虽蛮貊之邦，行矣。"②《论语·学而》篇中讲："道千乘之国，敬事而信，节用而爱人，使民以时"；"弟子，入则孝，出则悌，谨而信，泛爱众，而亲仁。行有馀力，则以学文"。③ 子夏曰："贤贤易色；事父母，能竭其力；事君，能致其身；与朋友交，言而有信。虽曰未学，吾必谓之学矣。"④ 子曰："君子不重，则不威；学则不固。主忠信。无友不如己者。过，则勿惮改。"⑤ 有子曰："信近於义，言可复也。恭近於礼，远耻辱也。因不失其亲，亦可宗也。"⑥；子曰："人而无信，不知其可也。大车无輗，小车无軏，其何以行之哉？"⑦ 孔子谈到自己的志向时，说他希望"老者安之，朋友信之，少者怀之"⑧，"朋友信之"是他的志向之一。子以四教：文，行，忠，信。《论语·子路》载："言必信，行必果，硁硁然小人哉！"孔子弟子曾子说："吾日三省吾身：为人谋而不忠乎？与朋友交而不信乎？传不习乎？"⑨ 忠信均为交友原则，竟一日三省，成为修身的重要内容，其重要性可见一斑。孟子说："不信任贤，则国空虚。"荀子说："夫诚者，君子之守也，而政事之本也；"诚信也是网民行事的准则。诚信作为为人、为政和交友之道，是任何社会和任何国家都不可或缺的，即使在网络这个虚拟世界里隐匿了太多的虚假和欺骗，但隐匿遮蔽不了彼此的心灵、彼此的真情。从自律角度说，假如我们每个网民都能做到讲求诚信、以君子之道严格自律，也许网络欺诈等现象就会不复存在，那么诚实、公正、良好的网络秩序必然能够得以建立，否则一切网上交易、交友、求职等活动都不可能实现，网络世界就会乱成一团，而这势必又会影响到网络社会的正常发展，甚

① 《论语·颜渊》。
② 《论语·卫灵公》。
③ 《论语·学而》。
④ 《论语·学而》。
⑤ 《论语·学而》。
⑥ 《论语·学而》。
⑦ 《论语·为政》。
⑧ 《论语·公冶长》。
⑨ 《论语·学而》。

至导致现实社会中政治、经济诸方面的混乱。因此，就某种程度而言，培养网民诚信的道德修养是创建网络新伦理新文化的关键因素，诚信是"网络世界的存在之基，发展之本"。

修身为本与自律之道："修身为本"是先秦儒家伦理文化中一个极为重要的思想。《大学》载："古之欲明明德于天下者，先治其国；欲治其国者，先齐其家；欲齐其家者，先修其身；欲修其身者，先正其心；欲正其心者，先诚其意；欲诚其意者，先致其知；致知在格物。"充分阐述了"修身"在成就一个人道德理想中的作用和重要性。"修身为本"要求道德主体自觉地加强自身修养，以身作则，做道德表率，是一种"自律性"的道德诉求，它即是要求道德主体要严格要求自己，是一种"不求诸外，反求诸己"的自律精神，修身为本就是要自觉地加强自身修养，并以身作则，在道德上为别人作出表率，以此来规约天下，化成天下。这种"修身为本"的道德自律意识也应该作为协调网际交往，减少网际冲突的手段。由于在网络社会中，人们的交往活动大多是在"符号化"的情况下进行的，网络社会是一个高度开放、自由、约束性极低的社会。由于人们在网上的交往方式具有间接性、交互性，人们可以隐藏真实身份而随意变换为不同的"社会角色"，"主体身份"的不确定性使得传统的有明晰主体身份的道德调节手段很难起到监督作用。"谎言、偷窃的责任者在很大程度上避免了与传统意义的社会直接接触，责任者之外的他人难以有针对性地做出道德反应并采取道德措施。规范的力量往往只能表现为行为者自身的'道德感'，体现在'道德的我'和'行为的我'的对峙中。"[①] 网际交往中的人们隐匿在一个个"符号"背后，符号性使得人们极易忘掉自己的社会角色和社会责任，从而突破道德底线，做一些日常人际交往中不可能做的不道德，甚至违法乱纪、犯罪的事情来，对于一个法制约束还未健全的网络社会，唯一有效的解决办法就是要求网络成员的道德自律和自我约束。"君子有诸己而后求诸人，无诸己而后非诸人。"[②]

---

① 戴泰：《网络伦理：现状与前景》，《华南师范大学学报（社会科学版）》1998年第2期。
② 《礼记·大学》。

我们说道德主体必须以身作则，严于律己，只有从"个体"之德延伸到"整体"之德，才能带动社会道德整体水平的提高。

在修身自律方面，儒家的自修之功有一套具体的方式，这便是"慎独"。慎独出自《大学》："所谓诚其意者：毋自欺也。如恶恶臭，如好好色，此之谓自谦，故君子必慎其独也！小人闲居为不善，无所不至，见君子而后厌然，掩其不善，而著其善。人之视己，如见其肺肝然，则何益矣。此谓诚于中，形于外，故君子必慎其独也。"慎独的意思是指在别人不知道时也不能做坏事。而慎独工夫的实现靠的是自我反省，自我监督，自我约束。它要求我们的行为要始终一致，不因为有无他人监督而改变。所以，对于网络社会来说，就要从"慎独"开始，加强自律，养成习惯，形成自觉，培养遵守网络公共规则意识，在网络社会高歌猛进的时代，儒家的"修身为本"的自律性精神对网民道德建设具有重要的借鉴意义。因此，提高每个网民的道德修养、使之由他律转向自律，才是树立正确的网络伦理意识的根本途径。

忠恕之道与人己关系：忠恕之道可说是贯穿孔子全部伦理道德学说的重要理论支柱，也是孔子伦理道德学说中处理人际关系的重要准则，在西方被誉为"道德金律"，是正确处理人际关系的指南。曾参曾把孔子处理人际关系的思想概括成一句话："夫子之道，忠恕而已矣。"[1] 此言可谓一语中的。何谓忠恕之道？孔子并没有给忠下定义，《论语》中记载了孔子一段话："夫仁者，己欲立而立人，己欲达而达人。能近取譬，可谓仁之方也已。"[2] 一般认为是忠道。关于"恕"道，"子贡问曰：'有一言而可以终身行之者乎？'子曰：'其恕乎！己所不欲，勿施于人'"[3]。就是说，要推己及人，自己不愿意要的，不应强加给别人。《大学》中有更加详细的解释："所恶于上，毋以使下；所恶于下，毋以事上；所恶于前，毋以先后；所恶于后，毋以从前；所恶于右，毋以交于左；所恶于左，毋以交于右。此谓絜矩之道。"推己及人的忠恕之道，儒家又把它叫做"絜矩之道"。所谓"絜矩之道"，

① 《论语·里仁》。
② 《论语·雍也》。
③ 《论语·卫灵公》。

就是以法度、准则度量事物，以自己的感受衡量理解他人，运用一种忠恕的精神来处理在自己上下左右前后跟自己发生联系的一切人际关系。忠与恕是密不可分的，忠为体，指向道德意识；恕为用，指向道德行为，如果没有"尽己之心"的忠道，就不会有"推己及人"的恕道，相反如果没有推己及人的恕道，尽己之心的忠道就会流于观念。

作为网络交际的虚拟体也需要伦理的支撑，忠恕之道也是网络社会人际交往的"金科玉律"。网络社会生存环境的特殊性——数字化生存方式，信息自由生产。每个人都可以是隐匿于电脑终端的"变形怪杰"，在终端之间往返的高速信息，使每个人都可能成为犯罪主体或犯罪客体，这也许是互联网的发明者始料不及的。网络在给人们提供一个新的交流方式和一种新的工作平台，可是同时也"造就"了新的几乎无障碍的犯罪通道，如利用计算机技术进行盗窃、抢劫、诽谤、散布病毒干扰他人系统等违规行为也迅速增长。目前对于网络世界中泛滥的垃圾信息、色情文化、黑客现象等问题，如果我们能以一种修身思想在人己、群己关系上奉行推己及人的忠恕之道，那么网络交际就会变得很纯净。如果我们不希望别人谩骂、羞辱自己，那我们绝不要谩骂羞辱他人；如果我们想要别人尊重自己，那么尊重别人是别人尊重自己的前提；如果不愿别人干扰自己的网络系统，那就不要去扰乱他人的系统；如果我们自己的知识产权、财产安全和隐私权不愿受到侵害，那我们就不要去侵害他人知识产权等。以"己欲立而立人、己欲达而达人"、"己所不欲，勿施于人"、严于律己、宽以待人的忠恕精神约束自己，以将心比心、视人犹己的处世态度设身处地地为网络中其他个体着想，那么在网际交往中，我们就会尽量避免做出那些违背自己良心、损害他人利益的事情，甚至违法的行为也许就会得以杜绝。

以友辅仁与交往原则：网络的出现改变了人们交流的方式，它的出现为人们交往开辟了全新的活动平台，只要进入互联网，就能彼此结缘于虚拟的电子空间。如今网络社会，网上交友已经不是什么新鲜话题了，广大网民通过腾讯QQ、MSN、飞信、人人网等媒介进行交流，据有关统计，截至2011年3月31日，仅QQ即时通信的活跃账户数达到6.743亿，最高同时在线账户数达到 1.372 亿，可以说网络的出现给人们提供了全新的活动平台，然而网上出问题最多的也是网络交友。之所以如此，就在于许多网民不懂得交友之道。在这方面，儒家也为我们提供了许多有益的启示。

儒家十分重视友情，它将朋友视为五伦之一。《论语·学而》开篇即言："有朋自远方来，不亦乐乎？"充分表达了见到远方朋友时的快乐心情。曾子曰："吾日三省吾身：为人谋而不忠乎？与朋友交而不信乎？传不习乎？"① 子夏曰："贤贤易色；事父母，能竭其力；事君，能致其身；与朋友交，言而有信。虽曰未学，吾必谓之学矣。"② 孔子在谈及自己的理想时说："老者安之，朋友信之，少者怀之。"③ 在儒家看来，交友首先是诚信。同时儒家伦理文化也认为交友是影响一个人品德、学问的重要因素，《说苑·杂言》载："孔子曰：与善人居，如入芝兰之室，久而不闻其香，则与之化矣；与恶人居，如入鲍鱼之肆，久而不闻其臭，亦与之化矣。"故与人交往并建立朋友关系时就必须要谨慎。孔子说："主忠信。无友不如己者。"④ 忠信是交友的原则，不如己者是指道德上与己非同类者，不能交往，亦即"道不同，不相为谋"⑤。那么什么样的朋友是可交之友呢？曾子说："君子以文会友，以友辅仁。"⑥ 孔子非常注重朋友的选择，认为"益者三友，损者三友。友直，友谅，友多闻，益矣。友便辟，友善柔，友便佞，损矣"⑦。这是说，交正直的朋友、讲信用的朋友、见识广博的朋友，对自己有益；而交善于逢迎的朋友、惯于谄媚的朋友、能言善道而无见识的朋友，对自己是有损的。孔子这里所说的损和益不是就利害说的，而是就个人道德成长和人格完成而言的。

儒家的交友之道，我们认为也适合今天的网络交友，网络交友只是媒介发生了变化，但是友之为友的本质没有根本性区别，网友之间同样是一种彼

---

① 《论语·学而》。
② 《论语·学而》。
③ 《论语·公冶长》。
④ 《论语·学而》。
⑤ 《论语·卫灵公》。
⑥ 《论语·颜渊》。
⑦ 《论语·季氏》。

此信任、你我相知、德行相投的关系，人们通过网络成为朋友，同样都是为了获得精神的满足、信息量的扩充以及各方面的提升。因而在网络世界中，我们应与在现实社会中一样，要十分慎重地选择朋友，甚至更需要谨慎地与朋友相处。

三、先秦儒家伦理文化与生态环境

迄今为止，人类所取得的经济和社会发展的成果在一定程度上是以牺牲自然环境为代价的。恩格斯在《自然辩证法》中曾告诫：我们不要过分陶醉于我们人类对自然的胜利。对于每一次这样的胜利，自然界都对我们进行了报复。① 事实的确如此，20世纪末，人口膨胀、环境污染、资源短缺、生态失衡等一系列全球性生态问题的出现迫使人类开始深刻反思人与自然的关系问题，重新审视人与自然关系的价值观念和行为方式。人类社会由原始社会与自然统一形态到封建农业朴素和谐形态再到近代工业文明人与自然对立与冲突中，全球化的生态危机促使人们重新思考人与生态环境的和谐统一，人与自然和谐相处，但工业文明所带来的生态环境危机积重难返，"天作孽，犹可恕；自作孽，不可活"。如何从思想意识、行为方式上做到人与自然和谐相处，"周虽旧邦，其命维新"，作为工业化带来的全球化生态危机，或许我们可以从一向注重"天人合一"、"民胞物与"、"宁俭勿奢"、"仁民爱物"的儒家伦理文化中找到人与自然和谐相处之道。

（一）先秦儒家伦理文化中的生态伦理思想

《周易》一书向来被看作中国文化的"活水源头"，其中所蕴含的思想更是包罗万象。而其生态伦理思想更是熠熠闪光，尤其是在中国哲学的核心问题——天人关系上，《周易》更是有其独到的见解，同时它也是我们探讨天人关系的"源头活水"。《周易》中所包含的人与自然的关系是和谐统一的，这与西方的主客体二分截然不同，中国古代先哲们走的是一条人与自然

---

① 《马克思恩格斯选集》第4卷，人民出版社1995年版，第383页。

和谐共在的路子。在处理人与自然关系方面，《周易》将天地乾坤看作是人的父母，人与天地是统一的，天地存，则人存；天地灭，则人灭。《象》曰："至哉坤元，万物滋生，乃顺承天，坤厚载物，德合无疆。"① 万物正是顺从了天意才能在大地上产生。可以说自然是人类产生的根源所在，我们不可能脱离了自然而存在。《周易》中说"夫大人者，与天地合其德，与日月合其明，与四时合其序，与鬼神合其吉凶"。② 圣贤者能与天地共容，上顺天时，下顺民意，一切顺其自然，不超乎万物之常势，人与自然的高度和谐统一，也就是人们常说的天地人同源、同构、同律的生态复合系统。自然界有其自身的发展与变化规律，人只能顺应自然发展的规律，而不能随意破坏自然法则，否则就会遭受自然的报复，由此可能形成灾难性的后果。

孔子的生态观——"知命畏天"生态伦理意识。在论及人与自然的关系时，一般人会认为道家最讲生态伦理资源，但是，孔子虽然少言天道，但不等于说没有论及，更不等于说论及得少就不精彩。在《论语·为政》中孔子曾曰："吾十有五而志于学，三十而立，四十而不惑，五十而知天命，六十而耳顺，七十而从心所欲，不逾矩。"并在《论语·尧曰》中讲到"不知命，无以为君子也"，孔子把"知命畏天"看作是君子必须具备的美德。他认为"天命"是一种客观存在，"知天命"就是要了解和掌握自然规律。在"知天命"的基础上，孔子又提出了"畏天命"的观点，孔子曰："君子有三畏：畏天命，畏大人，畏圣人之言。小人不知天命而不畏也，狎大人，侮圣人之言。"③ 可以说孔子是认真"学《易》"后，才"知天命"的，敬畏天命是孔子生态伦理思想的理论基石。天命是客观存在的不可抗拒的自然规律，人们只有对"天命"产生敬畏之情，才不至于变得肆虐妄为，"知天命"就是要使人与万物的关系处于和谐统一的状态下，否则，我们将"获罪于天，无所祷也"。孔子敬畏天命的思想不但要我们遵循自然规律，而且还将"畏天命"与"君子"人格结合起来，体现了一种"天人合一"的生态

---

① 《周易·坤卦》。
② 《周易·乾·文言》。
③ 《论语·季氏》。

伦理意识。将"畏天命"与否，作为一条划分"君子"、"小人"的分界线，他认为"天"具有完美的道德和"人格"，人与天地参，万事万物自然会各安其位，社会才能安定和谐。

"弋不射宿"的生态资源节用观。孔子从仁学出发，本着惜生、重生的原则，主张"不时不食"，善待动物，反对竭泽而渔、覆巢毁卵这样的行为。他对山中的鸟、水中的鱼都能持一种节用态度，反对乱捕乱杀。《论语·述而》记录说："子钓而不纲，弋不射宿。"即孔子捕鱼用钓竿而不用网，用带生丝的箭射鸟却不射杀巢宿的鸟，这些都表明了孔子的生态资源节用观，资源可续利用，永不枯竭。他说："丘闻之也，刳胎杀夭则麒麟不至郊，竭泽涸渔则蛟龙不合阴阳，覆巢毁卵则凤凰不翔。何则？君子讳伤其类也。夫鸟兽之于不义也尚知辟之，而况乎丘哉！"[1] 这里表明孔子意识到了维护生态平衡的重要性，反对过量捕杀动物、珍爱自然界中的各种生命。孔子说："道千乘之国，敬事而信，节用而爱人，使民以时。"[2] 他说："君子食无求饱，居无求安。"他赞扬自己那位生活简陋却特别好学的弟子颜回说："贤哉，回也！一箪食，一瓢饮，在陋巷，人不堪其忧，回也不改其乐。"[3] 这正是对"君子居之，何陋之有"的最好注脚。

孟子的生态观——"仁民爱物"的生态道德思想。孟子的生态观可以说集中体现在他继承并进一步发展了"仁民爱物"的思想，他提出"君子之于物也，爱之而弗仁；于民也，仁之而弗亲。亲亲而仁民，仁民而爱物"。[4] 换言之，君子对于万物，爱惜它，但谈不上仁爱；对于百姓，仁爱，但谈不上亲爱。亲爱亲人而仁爱百姓，仁爱百姓而爱惜万物，只有当你能够亲爱亲人时，才有可能推己及人地去仁爱百姓；只有当你能够仁爱百姓时，才有可能爱惜万物。这是一种真正地推己及人、由人及物的道德，是仁民而爱物。这里面体现出一个爱的层次性问题，对于民，要仁爱，即"老吾老以及人之

---

① 《史记·孔子世家》。
② 《论语·学而》。
③ 《论语·雍也》。
④ 《孟子·尽心上》。

老，幼吾幼以及人之幼"。然后才能进一步把这一爱心扩展到自然万物，爱物主要体现在"取之有度，用之有节"上。这一思想后来发展成为张载的"民吾同胞，物吾与也"思想。对于自然万物，孟子讲求"适时而动"的生态伦理原则。孟子正是从一般意义上认识到了自然生态的这一重要规律，正所谓"虽有智慧，不如乘势；虽有镃基，不如待时"。① 一方面，人的活动势必会影响到自然物的生长发育，在自然尊重自然规律的情况下，应努力尽人事。另一方面，人的活动又不可以替代自然界自身的规律，他对待自然也是主张爱护和合理利用生物资源的。统治者对人民要实行仁道，行仁道其实它还包括对自然界的所有生命的爱护，对自然生命法则的尊重。"不违农时，谷不可胜用也；数罟不入洿池，鱼鳖不可胜食也；斧斤以时入山林，林木不可胜用也。谷与鱼鳖不可胜食，林木不可胜用，是使民养生送丧无憾也。养生丧死无憾，王道之始也。"② 这充分体现了孟子"取之有度，用之有节"的思想，这与孔子"子钓而不纲，弋不射宿"的观点让自然资源永续利用、可持续发展的观念如出一辙，绝不可竭泽而渔。《礼记·祭义》记载曾子论孝时说："树木以时伐焉，禽兽以时杀焉。夫子曰：'断一树，杀一兽，不以其时，非孝也。'"这里的"夫子"是指孔子。在孔子和曾子看来，乱砍乱伐乱捕杀，就是不孝。上面所引孟子的思想与此是一脉相承的。

　　孟子曾用"牛山之木"为例说明人类要保护环境。齐国的牛山上生长着树木，在阳光雨露的滋润下，树木葱郁。但是，如果不去爱惜它，用牛羊去放牧它，天天用刀斧，那么，过不了多久，牛山也就变成一座秃山。人类在改造自然、捕猎生物、消费资源的时候，要掌握好度，按时耕种庄稼，不违农时，粮食才能丰收；不竭泽而渔，鱼鳖即不可胜食，按计划砍伐树木，木材就可以持续利用，"取之有度，用之有节"自然资源才能永续利用，保护生物资源是满足人们需要，推行王道和仁政的基本措施。孟子的生态伦理观念是提倡树立永葆自然资源，造福于民的生态责任意识，这种生态意识对于

---

① 《孟子·公孙丑上》。
② 《孟子·梁惠王上》。

保护自然环境、保持人与自然生态平衡和促进人类社会可持续性发展，具有十分重要的参考价值。

荀子的生态观念——"天行有常"的生态自然观。荀子作为先秦诸子百家中集大成者，其思想中蕴含了丰富的生态观念，其生态观主要体现在"天行有常"的生态观念。在《荀子·天论》中提出："天行有常，不为尧存，不为桀亡。应之以治，则吉；应之以乱，则凶。强本而节用，则天不能贫；养备而动时，则天不能病；循道而不贰，则天不能祸。故，水旱不能使之饥，寒暑不能使人疾，祆怪未生而凶。受时与治世同，而殃祸与治世异，不可以怨天，其道然也。故，明于天人之分，则可谓至人矣。"荀子强调自然界有其自身运行的客观规律性，自然规律的存在和运行不以人的主观意志而改变。而且在这里荀子提出人类社会出现的各种饥荒、疾病、殃祸都是由于"应之以乱"，打破了人与自然的关系造成的。要想"天行有常"就要树立"天人合一"的生态伦理意识。

同时荀子还提出了"制用天命"的生态伦理观念。"人之命在天，国之命在礼。君人者，隆礼、尊贤，而王；重法、爱民，而霸，好利、多诈，而危；权谋、倾覆、幽险，而亡矣。大天而思之，孰与物蓄而裁之？从天而颂之，孰与制天命而用之？望时而待之，孰与应时而使之？因物而多之，孰与聘能而化之？思物而物之，孰与理而勿失之也？愿与物之所以生，孰与有物之所以成？故，错人而思天，则失万物之情。"① 荀子强调人类"制天命而用之"的能动性，突出人的主体性，用荀子的话说即为："圣人之制也，草木荣华滋硕之时，则斧斤不入山林，不夭其生，不绝其长也。鼋鼍鱼鳖鳅鳣孕别之时，罔罟毒药不入泽，不夭其生，不绝其长也。春耕、夏耘、秋收、冬藏，四者不失时，故五谷不绝，而百姓有余食也。污池、渊沼、川泽，谨其时禁，故鱼鳖优多，而百姓有余用也。斩伐、长养，不失其时，故山林不童，而百姓有余材也。"② 荀子进一步阐释了人们要根据万物生长的自然规律

---

① 《荀子·天论》。
② 《荀子·王制》。

取用自然资源的道理。同时他极力反对人为地破坏自然资源，他说："物之已至者，人祅则可畏也。楛耕，伤稼。耘耨，失岁。政险，失民。田秽，稼恶，籴贵，民饥，道路有死人，夫是之谓人祅；政令不明，举措不时，本事不理，夫是之谓人祅。礼义不修，内外无别，男女淫乱，则父子相疑，上下乖离，寇难并至，夫是之谓人祅。祅是生于乱。三者错，无安国。"①荀子认为人祅（人为的怪事）伤害庄稼、农业歉收、田地荒芜、百姓饥饿、破坏农时等显然与人为地破坏自然资源有直接关系，荀子一再讲天灾不可怕，人为造成的破坏才真正可怕。所以他极力主张"节用御欲，收敛蓄藏以继之也。是于己长虑顾后，几不甚善矣哉？今夫偷生浅知之属，曾此而不知也；粮食大侈，不顾其后，俄则屈安穷矣；是其所以不免于冻饿，操瓢囊，为沟壑中瘠者也"。②荀子"制用天命"的思想，触及到了中国古代社会环境和发展协调的核心问题，其中所包含的"代际公平"和"种际公平"思想，对于今天我们如何保持可持续发展，并保持良好的生态意识仍具有借鉴意义。

（二）先秦儒家生态伦理的现代价值

天人合一：人与自然和谐统一的哲学基础。"天人合一"思想可以说是中国传统文化的根本观念，同时它也是先哲人生中最高的精神境界，也是生态伦理的基本精神与最高境界。张载最先提出来的："儒者则因明致诚，因明致诚，故天人合一，致学而可以成圣，得天而未始遗人。"③无论是道家"人法地，地法天，天法道，道法自然"，还是佛家"一花一世界，一树一菩提"，在本体上都承认"天人合一"。张岱年先生认为："中国的天人合一与西方近代所谓克服自然的思想是迥然有别的。天人合一的思想有助于保持生态的平衡。"④"天人合一"与工业文明流行的把人类与自然界机械二分的思维方式不同，这种思维方式一方面把人与自然作为一个相互依存不可分割的整体，另一方面认为人与自然息息相通，存在着有机联系。将"天人合

① 《荀子·天论》。
② 《荀子·荣辱》。
③ 《正蒙·乾称》。
④ 张岱年：《论中国哲学发展的前景》，《传统文化与现代化》1994 年第 3 期。

一"看作是处理人与自然关系的重要原则，因此奠定了现代生态文明的理论基础。

《易传·文言传》中明确提出："夫大人者，与天地合其德，与日月合其明，与四时合其序，与鬼神合其吉凶，先天而天弗违，后天而奉天时。"从人自身的思想、人与自然的关系来阐述天人合一观点。《易传·系辞上》说，圣人行事的准则是"与天地相似，故不违；知周乎万物而道济天下，故不过；旁行而不流，乐天知命，故不忧；安土敦乎仁，故能爱；范围天地之化而不过，曲成万物而不遗，通乎昼夜之道而知"。其所述"天人协调"的思想堪称中国古代天人关系最为精湛的论述。《论语·阳货》载："天何言哉？四时生焉，百物生焉，天何言哉！"亦表达了苍天在上、静穆无言、四季轮转、万物丛生的一种无言的、终极的生命关怀。孟子和荀子都极力主张人体天道，尊重自然规律，对林木、水产等的伐捕要依时令而行。孟子主张"不违农时，数罟不入洿池，斧斤以时入山林"，荀子也主张"污池渊沼川泽，谨其时禁"。所以说万物以时而生，以时就是尊重万物繁衍的时机，时是生命得以生存延续的重要条件，如果生不逢时，就会缺乏生机，甚至是走向死亡。人不是自然界的主宰者，而是一个与天、地并立为三的"参赞化育"者。《中庸》说："可以赞天地之化育，则可以与天地参矣。"无论是《易传》的"合德天地"，还是孟子和《中庸》作者的"诚"境，荀子"明于天人之分"和"制天命而用之"，以至于宋明道学家的"仁者以天地万物为一体"①，都是对"天人合一"的道德理想境界的描述。冯友兰先生将这种"天人合一"的境界，视为最高的道德境界——"天地境界"，也就是达到这种境界的人可以知天、事天、乐天、同天。"天人合一"的思想虽在不同学派都有其各自的主张，但就天与人之间具有统一性的问题上，彼此之间有着明确的共识，都是以人和自然的和谐作为旨归，而这一点也就深深契合于现代环境伦理的精神。现代工业文明的快速发展，在改善人类的物质文化生活的同时，也导致人与自然关系的失衡，儒家的生态伦理——天人合一思

---

① 程明道：《识仁篇》。

想是儒家生态伦理思想的终极目标。为当今社会的人与自然和谐发展提供了很好的范式。

民胞物与，仁民爱物：人与万物和谐共存，协调发展。"民胞物与"一语出自张载的《西铭》。《西铭》开篇便说："乾称父，坤称母；予兹藐也，乃浑然中处。故天地之塞吾其体，天地之帅吾其性。民，吾同胞；物，吾与也。"某种程度上，这实际是继承发扬了《周易·说卦》的思想："乾，天也，故称乎父；坤，地也，故称乎母。"其将天地象征性地视作人类的父母，这并不是说天地就是人类的衣食父母，而是其站在本体论意义上认为自然界对于人类生存的根本意义。人类在天地当中其实是极其渺小的，人在自然面前应该保持谦卑的态度，不要认为自己无所不用其极，可以随意宰割天地。"民胞物与"的思想，其实就是把大众百姓看成是自己的兄弟、把万物看作是自己的朋友，人们应当善待天地万物。朱熹说："此篇论乾坤一大父母，人物皆己之兄弟一辈，而人当尽事亲之道以事天地。"① 可以说民胞物与的命题就是"天人合一"的现实诉求。人类要以平等意识尊重自然万物的存在。孔子提出："子钓而不纲，弋不射宿。"② 老子曾经指出道才是宇宙的本原："道生一、一生二、二生三、三生万物。"庄子在《齐物论》说："天地与我并生，而万物与我为一。天地万物，物我一也。"孔子主张"泛爱众"、"四海之内皆兄弟"的思想，强调"人不独亲其亲，不独子其子，使老有所终，壮有所用，幼有所长，矜寡孤独废疾者皆有所养"③ 的"大同"。孟子主张"老吾老以及人之老，幼吾幼以及人之幼"，"亲亲而仁民，仁民而爱物"。儒家提倡民胞物与，仁民爱物指要由近及远、推己及人，这充分体现了传统儒家的道德理想主义的品格，这种推己及人的爱是一种意境高远的人生境界。"物吾与也"的思想视天地万物为一体，从本质上讲，是一种生态意识和宇宙意识。它强调自然不是人征服的对象，而是人类的朋友，与人类息息

① 朱熹：《朱子语录》卷十八。
② 《论语·述而》。
③ 《礼记·运记》。

相关，命运相连。① 近代以来的工业化迅猛发展，极大地满足了人类的物质利益需求，但是在满足人类欲望的同时，人与自然失去了亲密的交往，人与自然万物之间发生了巨大的裂痕，物质利益成了目的，而自然却成了人类的工具与手段。人与自然变成了分离与对立的状态，在某种程度上，生态危机实质也就是人类的精神危机。"人只有与宇宙共生、与宇宙同行、与生命沟通，才能达到物质与精神的平衡，这是人与自然和谐相处、共生进化的崇高目标和理想境界。"② 从某种角度来说树立了民胞物与、仁民爱物的思想意识，人与自然万物才能和谐共存，协调发展，这也是我们在当代生态环境危机语境下，从新发现先秦儒家生态伦理文化的价值所在。

勤俭节约："取之有度，用之有节"的准则。先秦儒家生态伦理对大自然索取讲究取之有度，崇尚勤俭节约，反对暴殄天物、铺张浪费。儒家主张慎用资源，不仅强调"取之有度"，此外还要求人们珍惜资源，"用之有节"。

资源的日益枯竭不仅印证了儒家勤俭节约思想的正确性，而且也为我们珍惜和节约资源、取之有度、用之有节提出范本。孔子倡导温、良、恭、俭、让的生活态度，"奢则不逊，俭则固。与其不逊也，宁固"③，林放问礼之本。子曰："大哉问！礼，与齐奢也，宁俭；丧，与其易也，宁戚"，④ 他曾说："道千乘之国，敬事而信，节用而爱人，使民以时。"⑤ 他说："君子食无求饱，居无求安。"他赞扬自己那位生活简陋却特别好学的弟子颜回说："贤哉，回也！一箪食，一瓢饮，在陋巷，人不堪其忧，回也不改其乐。"⑥ 孔子"钓而不纲，弋不射宿"，曾子亦言"树木以时伐焉，禽兽以时杀焉"⑦，孟子继承了孔子"泛爱众，而亲仁"⑧ 的仁爱思想，又提出"仁民而

---

① 钱穆：《中国文化史导论》，商务印书馆1994年版，第78页。
② 刘天杰：《张载的"民胞物与"论及其现代意蕴》，《江西社会科学》2007年第4期。
③ 《论语·述而》。
④ 《论语·八佾》。
⑤ 《论语·学而》。
⑥ 《论语·雍也》。
⑦ 《礼记·祭义》。
⑧ 《论语·学而》。

爱物"的生态伦理学名言,他要求统治者节制物欲,合理利用资源,注意发展生产,"不违农时,谷不可胜食也;数罟不入洿池,鱼鳖不可胜食也;斧斤以时入山林,林木不可胜用也"。① 荀子也提出了"草木荣华滋硕之时,则斧斤不入山林,不夭其生,不绝其长也"② 的资源节约论思想,节约有度,蓄积物资,以利长远,节俭顺应天地的自然规律,而且可以抵制自然所带来的灾害,告诫世人"节用御欲,收敛蓄藏以继之也。是于己长虑顾后,几不甚善矣哉"?③ 倡行节俭,是儒家生态伦理思想的主流和内核。"天地之道,可一言而尽也,其为物不贰,则其生物不测"④,人应节制欲望,以便合理地开发利用自然资源,使自然资源与人类的生产和消费进入良性循环状态。

立法保护:自然资源的可持续发展。我国古代人民很早就注重保护和合理利用自然资源,这种思想在我国从原始社会过渡到文明社会之初即已萌芽。《逸周书·大聚》就记载"禹之禁",而西周时期更是出现了各种管理山林川泽的职官。在儒家古籍中保存了丰富的近于"立法保护"环境资源的思想萌芽,其主要体现在对林业、渔业等资源的合理利用与保护上。儒家经典著作《尚书》、《周礼》、《礼记》等都十分注重生态资源的"立法爱护",可以说有明确条文禁止人们随意砍伐树木、捕鱼捉鳖,目的是使生物有所养,处理好"用"和"养"的关系,先秦时期人们已经充分认识到"养"是"用"的基础,万物有所养才不至于匮乏,取物顺时。《逸周书·文传》说:"山林非时不登斧斤,以成草木之长。"《荀子·王制》说:"草木荣华滋硕之时,则斧斤不入山林,不夭其生,不绝其长也。"孟子主张"斧斤以时入山林",荀子主张"污池、渊沼、川泽,谨其时禁,故鱼鳖优多,而百姓有余用也"。⑤《逸周书·文传》记载:"川泽非时不入网罟,以成鱼鳖之长。"《周礼·泽虞》载:"掌国泽之政令,为之厉禁。"《尚书·周书》曰:"春三月,山林不登斧,以成草木之长。夏三月,川泽不入网罟,以成鱼鳖

① 《孟子·梁惠王上》。
② 《荀子·王制》。
③ 《荀子·荣辱》。
④ 《中庸》。
⑤ 《荀子·王制》。

之长。"《吕氏春秋·义赏》上说："竭泽而渔，岂不获得？而明年无鱼；焚薮而田，岂不获得？而明年无兽。"尊重自然规律，对林木水产的捕伐要依时令而行，《礼记·月令》中对于春夏之际乱砍滥伐、捕杀孕兽有严格的律令，以时就是尊重万物繁衍的时机，时是生命得以生存延续的重要条件。先秦时代"时禁"，不但基于对"天时"的把握，也是基于对生物生长规律的把握，或者说，它是建立在对生物与自然环境统一的认识之上的；它的本质就是要求人们的经济活动要遵循生态规律。先秦时代保护自然资源的一系列措施，与现代保护自然资源的办法也是一致或相通的。应该承认，这些思想和理论是我们勤劳而智慧的祖先留给我们最珍贵的遗产之一，至今对现代人仍有借鉴意义[1]。

（三）先秦儒家伦理文化中的生态意识对当今环境保护的启示

现代人类的生存危机实质上是人与自然关系的危机，"现代人类生存危机的根源在于价值观念上的失误，而一种价值观念通常代表了一种文化的根本精神，所以价值观念上的反省和重构也就是要进行文化上的反省和批判"[2]。我国历史上出现的大量生态问题，是没有充分认识和尊重自然规律的体现。有专家严肃指出："中国用 20 年的时间取得了西方发达国家 100 年的发展成果，而西方发达国家 100 年分阶段出现的环境问题也在中国 20 年里集中显现。"1978 年以后，中国经济增长迅猛，但走的是"高投入、高消耗、高排放、低效率"的传统工业化模式，龙头产业几乎全是高耗能高污染产业，如矿产、纺织、冶金、造纸、钢铁、化工、石化、建材等。我们的单位 GDP 能耗比发达国家平均高 40%，产生的污染是他们的几十倍，劳动效率却只有几十分之一。到 2020 年，我们国内的 45 种主要矿产资源将仅剩 6 种，70% 的石油需要进口。我们有 1/4 人口饮用不合格的水，1/3 的城市人口呼吸着严重污染的空气，17% 的土地已彻底荒漠化，30% 的土地被酸雨污染。中国已签署和批准了 50 多项国际环境公约，但我们的化学需氧量排放

---

① 李根蟠：《先秦时代保护和合理利用自然资源的理论》，《古今农业》1999 年第 1 期。
② 刘天杰：《张载的"民胞物与"论及其现代意蕴》，《江西社会科学》2007 年第 4 期。

世界第一，二氧化硫排放量世界第一，二氧化碳排放量世界第二。在国际贸易方面，欧美已开始对我们设置绿色贸易壁垒，仅最近欧盟对机电产品的两项环保指令，就使我们机电出口每年损失 317 亿美元，占出口欧盟机电产品的 71%。① 5—10 年内，基础资源枯竭与环境成本加大将严重制约中国经济增长。作为在世界上负责任的大国，我们必须以对当代及后人负责任的态度，切实以科学发展观为指导，在促进经济社会发展的同时，严格按客观规律办事，合理、有节制地开发、利用自然，与自然界建立一种和谐相处、同步发展的关系。在生态环境不断遭到破坏、资源日益枯竭的今天。如何正确认识和处理人与自然间的关系，走可持续发展道路，达到资源永续利用，推进生态文明建设，无疑儒家文化中生态伦理思想给我们提供了有力参照。

天道有常——坚持按照自然规律办事。儒家认为，大自然有其自身的秩序和规律，不以人的意志为转移；《周易·乾·文言》载："夫大人者，与天地合其德，与日月合其明，与四时合其序，与鬼神合其吉凶，先天而天弗违，后天而奉天时。"孔子提出："天何言哉！四时行焉，百物生焉，天何言哉！"人类应当顺应天常，与天地合其道，与四时合其序，按照客观规律行事。孟子也曾提出"牛山之木"的故事。荀子也曾言："天行有常。不为尧存，不为桀亡。应之以治，则吉；应之以乱，则凶。"② 强调自然界有其客观规律，只有按照四时节气组织农业生产，才能实现国泰民安。恩格斯曾经尖锐地指出："我们不要过分陶醉于我们人类对自然界的胜利。对于每一次这样的胜利，自然界都对我们进行了报复。"③ 历史证明，儒家生态伦理顺应天常的思想是正确的，凡是违背自然规律必然遭到自然无情的惩罚。人类试图征服自然的每一次尝试，自然界都对我们进行报复，最后都以失败而告终。

天道有常，人类只有充分尊重自然规律，才能达到"万物并育而不相害，道并行而不相悖"的境地，反观人类自身，和自然万物共居在地球上，都是地球大家庭的成员，何尝不是大自然所生的同胞子女，但是今天，人类

① 以上数据来源于潘岳：《和谐社会与环境友好型社会》，《环境经济》2006 年第 8 期。
② 《荀子·天论》。
③ 《马克思恩格斯选集》第 4 卷，人民出版社 1995 年版，第 383 页。

为了自身利益，破坏了人类与其他自然物共生的环境，形成和自然万物"相煎何太急"的局势。一部西方文明史就是一部人与自然的对抗史。对抗加剧了人和自然关系的紧张态势，导致了环境恶化，人类生存危机相应而生。所以在利用自然、发展经济、从事建设的时候，都要尊重自然规律，在顺应自然的基础上促进人与自然相互协调、共同进化发展。

与天地参——强化生态文明保护意识。众所周知，现代生态伦理认为，人类只不过是自然界这个活的有机整体中的一部分，人类应当与自然和谐相处。生态环境保护是一项全民族的事业，建设现代生态文明必须普及和提高全民族的生态伦理意识，形成保护环境的文化氛围，实现人与自然协调发展。

"天作孽，犹可恕；自作孽，不可活。"① 中国古代先贤的这句话，警示人们要对自己的行为负责，不可任意妄为，否则"多行不义必自毙"，落入"不可活"的境地。环境恶化引发了人类生存危机，但反思危机产生的原因，虽有"天作孽"方面的原因，然而更多的是"自作孽"成分，无论是森林锐减、资源枯竭、沙漠扩张、物种灭绝，还是人口爆炸、温室效应、臭氧层破坏等，都是由于人类自身行为的失范所致。

先秦儒家各学者如孔子、孟子、荀子都极力宣传生态伦理意识，历史证明，儒家顺应天常、仁民爱物的思想是正确无疑的，自然规律具有客观必然性，无论古代和现代，人类都必须遵循自然规律，违反自然规律最终会自食其果，我们不仅要认识自然规律，同时更要好好保护我们赖以生存的环境。随着人口的急剧增加，人类所面临的生态环境问题也日益突出。人们越来越清楚地认识到，自然资源是有限的，并非取之不尽、用之不竭。人类要想在这个地球上长久生存下去，一方面必须主动给予大自然人文关怀，珍惜资源、节约资源；另一方面要尽可能发挥人类智慧，利用现代科技，最大限度地提高资源利用率，开发可再生资源，发展循环经济。唯有如此，才能实现人类社会的永续发展，实现人与自然的和谐共处。

---

① 《尚书·太甲》。

取用有节——倡导节用生态资源。取之有度，用之有节，儒家伦理文化主张慎用自然资源，对大自然索取有度，而且要求人们珍惜资源，崇尚节俭，反对暴殄天物，用之有节。可以说"取用有节、物尽其用"是儒家生态伦理思想的精神内核，也是我们现代社会解决资源短缺、有效保护利用资源合理而有效的对策和途径。唐代贤相陆贽曾建议慎用资源，他说："地力之生物有大数，人力之成物有大限，取之有度，用之有节，则常足；取之无度，用之无节，则常不足。生物之丰败由天，用物之多少由人。是以圣王立程，量入为出。虽遇灾难，下无穷困。"① 孔子提出"节用而爱人，使民以时"②，目的是反对人们滥用资源，通过重物节物，维系人类可持续发展。孟子提出"数罟不入洿池，鱼鳖不可胜食也；斧斤以时入山林，林木不可胜用也"，③ 对自然界的所有生命的爱护，提倡资源可持续利用。荀子的"山林泽梁，以时禁发"④ 都体现了我国古代儒家尊重生态环境、重视自然资源、取物有度的思想。我国古代儒家生态伦理在获取大自然恩赐的同时不仅能做到尊重规律"取物以顺时"，而且能够做到取之有度，力争达到自然和人类能够永续发展，这对我们今天建设生态文明有着重要启示意义。地球上的自然资源无论是可再生的还是不可再生的，都是有限的，人类要想在未来的世纪里与大自然和睦共处、共生共荣，就必须积极主动地对大自然投以伦理关爱。

---

① （宋）司马光：《资治通鉴·唐纪五十》卷二百三十四，中华书局1997年版，第786页。
② 《论语·学而》。
③ 《孟子·梁惠王上》。
④ 《荀子·王制》。

附录：中华传统儒家伦理文化在海外

儒学是发源于中国的思想文化体系，是中华传统文化的渊源，以孔子为首的儒家伦理文化在几千年的岁月传承中不仅对中华民族的共同文化与共同心理的形成产生了巨大的作用，而且它早已超越了地域界限和历史时空，走向世界各地并且备受海内外各国人们的尊奉，迄今为止已经成为世界文化的一部分。儒学流传到海外后，不仅对海外华人，而且对华人居住地的居民甚至那里的整个国家都有很大影响，使这些地区和国家的人们深刻地了解了伟大中华民族宏富的民族文化底蕴，对这些地区和国家的经济、政治和文化的发展起到了积极作用。

一、孔子学院在国外的广泛建立

自 400 多年前意大利传教士将记录孔子言行的《论语》译成拉丁文带回欧洲起，孔子的学说便传到了西方。如今，以孔子学说为代表的儒家文化"不只是对中国的影响深远，而且越出了国界，传播到东南亚、欧洲及世界其他国家，对这些国家经济、政治和文化的发展起到了积极的作用，甚至成为许多国家传统思想的一个因素"。① 孔子学说已走向五大洲，成为东、西方世界学术界关注的热点，世界各国纷纷建立孔子学院，一时间全球范围内对

---

① 易杰雄：《世界十大思想家·孔子篇》，安徽人民出版社 2000 年版，第 4 页。

儒学的关注也出现了新的局面。孔子学院的广泛建立，正是孔子"四海之内皆兄弟"、"和而不同"、"君子以文会友，以友辅仁"等思想的现实实践。

孔子学院（Confucius Institute），即孔子学堂，它并非一般意义上的大学，而是中外合作建立的非营利性的推广汉语和传播中国文化与国学的教育和文化交流的社会公益机构，一般都下设在国外的大学和研究院之类的教育机构里。它由"汉办"承办（为推广汉语文化，中国政府在 1987 年成立了"国家对外汉语教学领导小组"，简称为"汉办"），秉承了孔子"和为贵"、"和而不同"的理念，致力于适应世界各国（地区）人民对汉语学习的需要，增进世界各国（地区）人民对中国语言文化的了解，推动中国文化与世界各国文化的交流与融合，以建设一个多元文化共同发展的、持久和平、共同繁荣的和谐世界为宗旨。其中，孔子学院最重要的一项工作就是给世界各地的汉语学习者提供规范、权威的现代汉语教材；提供最正规、最主要的汉语教学渠道，如：开展汉语教学；培训汉语教师，提供汉语教学资源；开展汉语考试和汉语教师资格认证；提供中国教育、文化等信息咨询；开展中外语言文化交流活动等。那么，选择孔子作为汉语教学品牌，是因为孔子是中国传统文化的代表人物，在中国古代思想文化的发展中，他是一个继往开来的人物，不仅对以往的文化进行了一次系统的总结，而且又开创了文化发展的新局面，成为为中国文化的发展提供重要思想基础的哲人，同时选择他作为品牌也是中国传统文化复兴的重要体现。

孔子学院在海外各国广泛地建立，自 2004 年 11 月 21 日，全球第一所"孔子学院"在韩国首尔挂牌成立起，已有 300 余家孔子学院遍布全球多个国家和地区（其中美国和欧洲最多）。据统计，截至 2010 年 10 月各国已建立 322 所孔子学院，分布在 91 个国家（地区），其中亚洲 30 国（地区）81 所，非洲 16 国 21 所，欧洲 31 国 105 所，美洲 12 国 103 所，大洋洲 2 国 12 所。可以说孔子学院分布在世界的每一个角落。有人预测，未来中国向世界出口的最有影响力的产品不是有形的商品，而是中国文化及国学。孔子学院之所以取得如此辉煌的成果是与其传承中华民族优秀的传统文化分不开的，同时也与国家领导人的高度重视密切相关，在许多孔子学院的授牌挂牌仪式中都有国家相关领导人参加，这在很大程度上促进了孔子学院的发展。

为了进一步增进世界人民对中国文化的了解，实现孔子学院的办学宗旨，中国于 2008 年 12 月 17 日在山西太原举行了第一家电视孔子学院——黄河电视台电视孔子学院试播仪式，并于 2008 年 12 月 18 日开始向美洲试播。黄河电视孔子学院是经国家广电总局和孔子学院总部批准成立的，由中国黄河电视台主办，通过美国斯科拉（SCOLA）卫星教育电视网，全天 24 小时播出。节目进入美国 400 多所大学、7000 多所中学和 50 多家城市有线电视网，受众人数约有 1500 万。电视孔子学院以其生动形象、受众喜爱、易于普及、传播及时快速等优势，进行普及性和实用型的汉语国际推广。除电视孔子学院外，综合性刊物《孔子学院》于 2009 年 3 月正式向全球出版发行。《孔子学院》是由国家新闻出版总署批准（CN11－5658/C），中国教育部主管、国家汉办暨孔子学院总部主办的英汉对照，国内外公开发行的综合类文化期刊。它秉承促进孔子学院的健康发展，增进与世界各国的文化交流与友好合作的办刊理念，开办了《总部信息》、《专题报道》、《学术界面》等 14 个栏目，为各国读者提供鲜活的总部活动、汉语教学、中国当代文化信息，加强孔子学院总部与全球孔子学院和广大汉语学习者信息沟通与交流。无论是孔子学院还是电视孔子学院亦或期刊《孔子学院》，它们都已成为推广汉语、传播中国文化的平台。①

二、中华传统儒家伦理文化在亚洲

（一）中华传统儒家伦理文化对现代韩国的影响

自 20 世纪 80 年代起，东亚日本和"四小龙"——韩国、新加坡、中国台湾、中国香港在经济发展上取得了显著成就，甚至在某些方面超过了欧美先进国家，这些迹象引起了西方学者的广泛关注，他们纷纷探究隐藏在这一

---

① 说明：以上介绍孔子学院的相关资料均来自国家汉办/孔子学院总部官方网站，http://www.hanban.edu.cn/。

经济奇迹背后的奥秘，经过多年的探讨研究，学者们一致认为在东亚与东南亚的长期历史发展中形成了一个以儒家文化思想为核心的"儒学文化圈"。虽然我们通常说同样属于"儒学文化圈"的中、韩、日三国传统文化的主流是儒学，但就其儒学文化的影响而论，韩国最为深刻。

近年来，韩国作为亚洲"四小龙"之一，正以其迅猛的经济发展引起了人们的注意，韩国走上经济高速发展的现代化道路，虽然韩国在现代化的过程中，所参照的系统是欧美的价值观和经济模式，但是儒学这一韩国的主导文化在韩国导入西方价值观和经济模式背后，作为潜在的、根深蒂固的力量深深地影响着韩国人的意识和行动。有韩国学者称，儒教不仅仅改变了人的思想和性格，而且使社会构造、习惯、制度也发生了很大的变动，儒教至今仍深深扎根于韩国社会的基底。可见，儒家文化思想在韩国有广泛深入的影响已是不争的事实，它作为一种意识形态长期以来潜移默化地影响着韩国的政治制度，并通过人们的价值观念、行为方式等影响着韩国社会的整个政治、经济、文化生活。

儒家思想中所强调的群体观念和团队精神对韩国社会的稳定产生了一定的积极影响。儒家思想注重"天时不如地利，地利不如人和"的群体意识和团队精神，认为人类社会靠的是有社会组织的群体力量，认为个人的命运与群体息息相关，整体高于个人，个人应倡导"苟利国家，不求富贵；苟利社稷，则不顾其身"的整体主义原则。同时儒家认为个人总是生活在群体之中，是家族、国家乃至天下的成员，群体利益受到损坏，个人的生活也就失去了保障。儒家把这种群体观念概括为"五伦"说，即"父子有亲，君臣有义，夫妇有别，长幼有序，朋友有信"，并发展为公私之辨。① 公即群体利益，私即个人利益，强调公而忘私。正是在这样的思想指导下，韩国社会才得以营造出融洽的人际关系与和谐的文化氛围。可见，儒家思想中的群体观念和团队精神对创造稳定的社会环境具有不可磨灭的作用。

儒家思想中所主张的中央集权、等级和服从等政治理念在现代韩国社会

---

① 张立文、李甦平：《中外儒学比较研究》，东方出版社1998年版，第188页。

的经济活动中发挥了一定作用。儒家主张"不在其位，不谋其政"和"思不越位"的等级观，主张严格的君君、臣臣、父父、子子的等级制度，主张"三纲五常"、"忠孝一致"，强调对君主和国家的绝对忠诚，对家族先辈的绝对服从，崇尚权威和集权的国家观和权威观，正是深受这些传统儒家文化观念的影响，所以韩国国家权威在维护社会稳定的基础上，避免或克服了急剧变革过程中引起的社会失序现象和发展性危机，加强了对分散的经济与政治资源的宏观控制，增强了社会的凝聚力，调整了各利益集团的冲突，促进了社会整合，加速了经济发展。

儒家文化重视教育的传统深入人心，为韩国现代化提供了智力支持。韩国人民从古至今都深受儒学"万般皆下品，唯有读书高"的思想影响，极其重视对子女的教育。至今韩国社会仍普遍存在着不甘人后、千方百计培养子女，使他们通过学习竞争来取得社会成就和地位的意识。韩国私学教育的盛行就充分说明了这个问题。现在韩国高等教育中私立大学占绝大多数，国立大学只有首尔大学一所，其余几百所都是私立大学。韩国在教育方面的投资甚高，在世界范围内也是屈指可数的。由于韩国政府以及整个社会对教育的重视，韩国早已消除文盲，全民文化素质大大提高，为其经济的发展提供了不竭动力。韩国政府重视教育，但更加重视儒家传统文化的教育。在韩国，小学、中学和大学普遍开设儒家文化课，80％的韩国人都受过儒学的思想熏陶。儒家文化的代表人物——孔子是韩国家喻户晓的圣人，被韩国人尊称为"大成至圣文宣王"。韩国每年春、秋仲月的上丁日，都要在首都首尔成均馆文庙大成殿和全国 231 所学校按照古代仪式，同时举行盛大的祭孔庆典"释奠大祭"。祭奠当天，学校挤满儒生和普通百姓。在隆重的鼓掌声中，主祭官、分献官身着古代服饰，跪在供奉着孔子、孟子等先圣牌位的大成殿前，先后举行"奠币礼"、"出献礼"、"亚献礼"。他们进入大成殿时，都向殿内的孔子牌位下跪磕头；登台时也必须左足迈上一步后，右足跟上并拢，左足再向前跨，以表对孔子的慕敬。① 可见，儒家文化已深入人心，这种把儒家

---

① 刘忠孝：《中华传统儒家人文化研究》，黑龙江人民出版社 2008 年版，第 64 页。

传统文化纳入教育体系的举措，对造就良好的社会道德风貌，意义深远。

儒家思想中刚健有为、自强不息的进取精神和注重伦理道德教育的价值观念，为韩国现代化提供了精神保障。儒家认为大自然是阴阳气化的过程，阴阳相互作用，生生不息，永无止境，呈现出一种刚健不息的态势。而人类作为大自然的主体（组成）部分，也应该具有刚健不息的精神。因此，儒家思想重视现世的幸福，主张在现实生活中"刚健有为、自强不息"。深受儒家思想影响的韩国，早已把这种刚健不息的思想作为自身的传统文化精神，也是在这一精神的鼓舞下，韩国不仅创造了光辉的民族文化而且在短时间内实现了现代化和工业化。不但如此，儒家还注重伦理道德教育，可以说它是一个以教化伦理道德为核心的学派。同样，这对韩国的影响也是十分深远的。汉城大学教授金学圭说："自古以来，韩国在政治、经济、文化等各方面所受孔教的影响很大，尤其社会伦理方面之影响，一直到现在还特别显著。韩国人当中，信基督教、佛教等异端宗教的人颇多，可是在韩国社会里面通行的伦理道德，基本上皆遵用孔教伦理，换句话说，现在韩国人的生活习惯与对人关系等，无论其宗教如何，大都是来自儒教的。所以从现代的社会生活情形来看，世界上儒教的伦理保存的最多的国家，敢说是韩国。"① 可见，这些精神与价值观念已成为韩国现代化进程中激励民众建功立业的感召力和鞭策力。

儒家伦理文化对韩国的影响不仅仅体现在政治、经济、文化等方面，更加体现在韩国民众的日常生活细节中。如从韩国人的名字中就能体现出极为浓重的儒学色彩。众所周知，儒学以孔子为宗，而孔子曾长期在洙水讲学，所以，韩国人常以"洙"字指代孔子学术，他们的名字中，"洙"字是出现频率最高的字之一，如敬洙、贤洙、赞洙、益洙等，表达了他们尊敬和光大孔学的愿望。儒家倡导仁、礼、德、义，韩国人也常常将它用在自己的名字中，如秉、礼、成义、秉义、兑仁、根得等。儒家典籍《大学》、《中庸》在韩国影响很大，因而也就反映在名字中，如《大学》有"大学之道在明

---

① 转引自张立文、李甦平：《中外儒学比较研究》，东方出版社1998年版，第191页。

明德"之语，故多有以"明德"为名的；《中庸》提倡"执中"，故多有以"得中"、"在中"为名的。女性的名字更为明显，最常用的字有"贞"、"淑"、"孝"、"顺"、"慧"等，如仁淑、惠淑、景顺、孝贞等，由此可以窥见韩国女性的道德趋向。① 类似于这些对生活细节的影响的实例很多，不胜枚举。这就足以充分说明儒家思想已融入韩国人的血液中，成为韩国国家发展和人生成长的精神能源。

（二）中华传统儒家伦理文化对现代新加坡的影响

当代新加坡"如凤凰从灰烬中再生一样"崛起于东南亚，并以其经济的高速发展和精神文明建设的成就被誉为东亚现代文明的典范。作为亚洲"四小龙"之一，新加坡虽然是四者之中面积最小、人口最少的国家，但它却是一个多民族、多宗教的国家。在众多民族当中，华人占全国人口的绝大多数，可以说，新加坡是一个以华人为主体的多元种族国家。华人不仅是新加坡的拓荒者、开发者和最早的建设者，而且也带去了中国的传统文化。在新加坡华人文化中，影响最大的是儒家文化。儒家文化是新加坡取得成功的必不可少的因素之一，儒家思想在新加坡现代化中发挥了积极重要的作用。

1965 年，新加坡成立了独立的共和国。独立后的新加坡根据本身的社会发展和生存的需要，全面展开了现代社会文明建设，从而出现了朝野共同倡兴儒学的时代。体现最为明显的就是被外界称之为"文化再升运动"的儒学复兴运动，即在新加坡政府积极提倡儒家文化的基础上，大力开展"华语运动"以及在学校推行儒家伦理文化教育。

首先，大力开展"华语运动"。1979 年 9 月，推广华语运动在李光耀总理主持和华人社团的鼎力支持下全面展开，这次语言推广运动的主题是"多用华语，少用方言"，故简称为"华语运动"。其目的是使"普通华语"取代方言，成为新加坡华人的共同语言。新加坡所推行的华语运动，采取的是"公众运动"的方式，目的是扩大和增强此次运动的参与性与监督性，便于唤起民众，共同努力达到预定的发展目标。新加坡的华语运动，可谓是"语

① 参见何成轩、李甦平：《儒学与现代社会》，沈阳出版社 2001 年版，第 337 页。

言地位策划"的重要实践，它不仅使人民在思想和情感上接受了华语的社会地位，而且对新加坡人民、社会和新加坡社会语言面貌都产生了巨大影响，更为重要的是为新加坡政府进一步推广儒家伦理运动打下了良好的思想和语言基础。通过新加坡政府开展的"华语运动"，我们可以从中感受到李光耀及其政府的良苦用心，其目的不但在于通过推广华语以维系华族的认同感，同时也有通过华语以寻求民族的文化根源和建立民族自尊自信的长远考虑。

其次，大力开展学校的儒家伦理教育。1982年2月，李光耀总理提议，吴庆瑞宣布在中学"宗教知识"课中增设"儒家伦理"等科目。同年，吴庆瑞博士率团亲赴美国，同那里的华裔学者商讨推行儒家伦理教育问题。此后又先后邀请余英时、杜维明、唐德刚、许倬云等8位著名儒学专家到新加坡，为儒家伦理课程开设拟定大纲。通过两年的努力，编写出第一套《儒家伦理教材》，并于1985年正式出版，供全国各中学采用。"新加坡推行儒家伦理教育的目标是：培养学生具有儒家伦理的价值观念，成为有理想有道德的人；使学生认识华族固有的道德与文化，认识自己的根源；培养学生积极正确的人生观，使学生将来能过有意义的生活；帮助学生确立良好的人际关系。"① 总之，经过种种努力，新加坡终于成为世界上第一个把儒家伦理编写成课本并在中学进行教学的国家。

自新加坡成立以来，在李光耀政府的领导下，通过诸多努力，无论在文化建设还是政治、经济等方面新加坡都取得了非同寻常的成就，为世人瞩目，故新加坡被许多人认为是儒学复兴的地方，是"儒家资本主义"的典型代表和东亚现代社会文明的典范。可见，儒家伦理文化在新加坡现代化中发挥了积极重要的作用，那么，儒家伦理文化对新加坡的影响主要表现在哪几个方面呢？

儒家文化促进了新加坡共同民族意识的建立，为新加坡现代化建设提供了和谐安定的社会环境。民族意识是一个国家得以建立发展的必备条件，是人们对自己国家的一种共同的体认，这种体认上升到最优先的地位便会形成

---

① 姜林祥：《儒学在国外的传播与影响》，齐鲁书社2004年版，第178页。

极为强大的凝聚力和向心力。新加坡是一个多元种族、多元宗教、多元文化共存的国家，在这里，东西文化、新旧观念交织碰撞，使得新加坡政府在建立现代民族国家时遇到了民族认同、文化整合、社会控制等问题。那么，在这样一个人种、信仰、价值观念都多样化的历史文化背景下，新加坡政府认为，首先应该培植公民的国家意识，使人民产生归属感和认同感。在这种情况下，新加坡政府把儒家文化所倡导的忠君爱国、以整体利益为重的国家观、修身、齐家、治国、平天下的个人修养模式，以及求同存异、"和而不同"的文化观等思想贯彻到每一个人的行动中，并建立一个融合各民族共同利益的价值观。所以在《共同价值观白皮书》中，新加坡政府提出了思想道德教育的五大价值观："1. 国家至上，社会为先；2. 家庭为根，社会为本；3. 关怀扶持，同舟共济；4. 求同存异，协商共识；5. 各族和谐，宗教宽容"。这五大共同价值观，主张把社会和国家的利益放在个人利益之上，同时也必须尊重个人的利益；在困难面前应当求同存异，协商解决，避免相互间发生矛盾冲突；重视家庭在社会发展中的地位，主张对不同种族和不同宗教要能够宽容，建立一个民族多元、宗教多元，但社会统一的共同国家意识。

清正廉洁、为政以德的贤能政府，为新加坡现代化建设提供了政治保障。新加坡政府的廉洁勤政、务实高效是举世公认的。李光耀说："新加坡的生存靠政治稳定，靠高级官员们的廉洁和效率。"① 廉政出于儒家思想教育，而效率则出于内圣外王的儒式政治，因而新加坡政府为了维护国家的生存发展，保持群众的支持爱戴，多年来一直推崇儒家举贤才及民本思想，倡导党政廉洁和精英治国。他们吸收优秀分子，而且要求官员必须正身、廉洁和勤政，确保了国家机构的高效运转。"新加坡还制定了严格的肃贪法律条款，不仅在内阁设审计署、贪污调查局和中央举报局，专门调查公务员的营私舞弊行为，还设立了对公务员进行经常性考核监督的专门机构，及时了解公众对公务员的意见。严明的制度保证了新加坡廉政建设的卓有成效，而儒

---

① 张永和：《李光耀传》，花城出版社1993年版，第444—445页。

家重德行的观念又塑造了新加坡领导人首先以德服人的领导风格。"① 这样新加坡在儒学思想的指导下，政府廉洁、清正，人民安居乐业，从而为现代化建设提供了政治保障。

儒家倡导的勤劳、忠实和自制节俭的美德，造就了一大批现代新"儒商"，促进了新加坡现代化经济的发展。据有关资料统计，新加坡有成就的华侨企业家几乎都是儒商，他们是遵循儒家勤奋、节俭和好学的教导，奋斗不息，事业有成的。这些华人企业家有三个美德，第一种是勤奋：华人企业家们漂洋过海来到新加坡发展事业并取得光辉业绩，靠的就是刻苦耐劳、奋发图强的精神，孔子的"发愤忘食"和孟子的"动心忍性，曾益其所不能"的精神在他们身上都能得以体现。第二种美德是忠实：一个企业家的成功既要依靠专业技术知识，还要依靠以儒家伦理忠实的道德作为人际交往的价值观。企业内部雇主与雇员之间，外部企业与企业之间，忠实至关重要。忠实的品格包括两层含义：一是信，即讲信用、信誉，这是做生意的基本美德。二是忠，即忠诚、忠实，也就是忠于事业，忠于团体的敬业精神和知恩图报的良心。这种优秀品质，使得人际关系和谐融洽。第三种美德是自制节俭：儒家强调以道德规范约束自己的行为，要求"慎独"。许多有成就的华人企业家以这种自我克制、自我约束的品格要求自己，抵制各种诱惑，把时间和精力放在发展事业上。同时节俭也是这些现代新"儒商"特别注意的美德，他们反对恣意挥霍，奢侈腐化，为自身的事业的发展提供雄厚的资金储备和经济实力，从而促进了新加坡现代化经济的发展。

（三）中华传统儒家伦理文化对现代日本的影响

儒学在日本的传播和发展已有 1000 多年的历史，在这 1000 多年的传播、发展过程中，儒学对日本的政治制度、思想文化、伦理道德、教育制度、社会生活乃至风俗习惯都产生了深刻的影响，已经构成了日本民族传统文化的有机组成部分。但第二次世界大战后，通过民主改革，日本成为了资产阶级民主主义国家。日本人接受了西方的民主思想、价值观念、伦

---

① 姜林祥：《儒学在国外的传播与影响》，齐鲁书社 2004 年版，第 193 页。

理道德原则和生活方式，其自我意识也发生了变化，许多日本人认为，在近现代对人类贡献最大的是西欧文明。所以，在现代日本已经不存在作为意识形态体系的儒学了，而对于儒学的学习和研究仅仅只是局限于人文科学领域，成为中国思想史或日本思想史著述的内容。但尽管如此，也并不意味着儒学在日本现代生活中已完全丧失了影响力。儒学的一部分价值观、伦理观已积淀为日本人的民族心理，并在战后高速经济发展中发挥着推动作用。美国学者赖肖尔在其名著《日本人》中说："当代的日本人，显然已不再是德川时代他们的祖先那种意义上的'孔教门徒'了。但是，他们身上仍然渗透着孔教的伦理道德观念。孔教或许比任何其他传统宗教或哲学对他们的影响都更大。""今天，几乎没有一个人认为自己是'孔教徒'了，但从某种意义上来说，几乎所有的日本人都是'孔教徒'。"[①] 这种说法基本正确地表现了儒学价值观、伦理观在日本现代生活所具有的影响力的实态。

以儒学中"和为贵"、"忠诚"等伦理观念为基础来维系的"团体精神主义"是战后日本经济高速发展的奥秘之一。团体精神主义亦称"团体本位主义"、"团体归属主义"、"忠诚团体意识"。日本人重视集体，而不大强调个人的作用。在日本人看来，个人应属于某一团体中不可分割的一部分，这个团体要给予其成员归属感和安全感，同时也要求其成员对所属团体具有忠诚和献身精神，正是这种共同命运和共同利益使得团体成员、部门上下紧密地联系在一起。日本人的这种团体精神主义，是以儒学中的"恩"、"诚"、"和"、"信"等伦理观念为基础来维系的，与以家族为中心、重情义的儒家伦理精神是一脉相承的。可见，儒家的一部分价值观、伦理观仍然适应高度现代化的日本独特的社会结构。

儒家伦理文化重视孝，其中《孝经》是专门论述孝的一部重要典籍，是一部中国古代关于孝的系统理论专著。"孝德在中国影响之深，可以说无与伦比、在日本孝德也有很大的影响。日本关西大学综合图书馆里有许多名教

---

① ［美］埃德温·赖肖尔：《日本人》，上海译文出版社1980年版，第233页。

授、名学者的文库。其中有玄武洞文库，是一个孝子企业家的藏书。他所收集的《孝经》各种版本达483种，570册，是全日本最全的，可能也是全世界最全的。"① 据林秀一博士的《日本孝经年谱》考证，推古天皇十二年即公元604年的十七条宪法中引用了《孝经》的话。而且日本学者还根据中国的《二十四孝》，编写了日本的《二十四不孝》。可见，中华传统儒家伦理文化中的孝德对日本的深远影响。

三、中华传统儒家伦理文化在欧洲

（一）儒学初传欧洲

中国和欧洲很早就有交往。但是，两国之间的交往在很长时间内都主要表现在物质层面上。据文献记载，中国出产的精美的丝织品，早在公元2世纪上半期由希腊商人贩运至欧洲。因此，这条连接东西往来的商路被后人称为"丝绸之路"。中国以"丝绸之路"为通道，将精美的丝绸、瓷器、漆器等中国精美产品展示在欧洲人的面前。尽管如此，但欧洲人对中国的了解非常局限，他们很少全方位地接触中国文化，更何况处于中国文化结构深层的思想文化。即使像马可·波罗那样有过长期在中国生活经历的西方人，也没有进入中国文化的精神层面。"《马可·波罗游记》虽然全面记述了中国的现状，但也只是物质文明方面的，对中国的传统文化和学术思想却无一语道及。虽然如此，《马可·波罗游记》的历史价值是不可抹杀的，它开启了西方认识东方的先河，扩展了欧洲人的精神视野，为而后的中国思想文化的传入做了很好的铺垫。"② 中国传统文化（包括儒学），是在我国明清之际传入欧洲的，这主要应归功于来华的传教士，为了传播天主教，来华传教士需要通晓中国的语言、文字，进而了解中华传统文化、信仰以及风俗，因而不得不加强对中国文化的学习和儒家经典的翻译、注释和研究，于是中国的传统

---

① 周桂钿：《中国儒学讲稿》，中华书局2008年版，第99页。
② 姜林祥：《儒学在国外的传播与影响》，齐鲁书社2004年版，第206页。

文化在欧洲各国得以广泛传播,欧洲国家也掀起了研究儒学热的浪潮。他们在传教的同时,还成为了中国传统文化的传播者和研究者。其中,最著名的传教士便是意大利人利玛窦。他深通中国经籍,是在中国本土第一个对儒家经典"四书"进行翻译的人。他所著的《利玛窦中国札记》不仅标志着儒学真正地传入了西方,而且该书引起了当时欧洲的宗教界、学术界对儒学极大的关注。① 在此之后,葡萄牙人曾德昭撰写的《大中国志》、意大利人卫匡国所著的《中国上古史》、比利时人柏应理出版的《中国哲学家孔子》、意大利人殷铎泽的《孔子传》、法国人白晋写的《康熙皇帝》等,都涉及了中国传统儒家文化或是对儒家经典著作的译介。正是由于西方传教士在传授西方基督文明的同时,广泛地涉猎中国传统文化的精髓,因此从明朝中期开始,中学开始源源不断地传入西方。此时中国的传统文化也正好适应了当时欧洲社会的要求,正像欧洲新兴资产阶级所看到的那样,因为中国"没有世袭贵族及教会特权,由天赐的皇权通过官僚机构来统治"②,这使得中国传统文化,特别是儒家学说思想,成为欧洲资产阶级革命的思想武器,是新兴的资产阶级反对旧贵族特权的利器,因此,中国传统文化特别是儒家经典学说对促进欧洲近代文明与社会发展起了极大的推动作用,同时也说明这些来华的耶稣会士对中学西传作出了重要的贡献。中国传统文化及思想广泛传入欧洲,并迅速传播开来,还有一个不可忽视的重要团体,那就是中国近代留学生。众所周知,19世纪末20世纪初的近代中国,在洋务运动的倡导下,曾先后多次向西方国家派遣留学生(又称游学生),除一部分派送到美国外,其中大部分学生被派遣到英国、法国、德国等国家,虽然清政府大量向西方国家派遣留学生的主要目的是学习西方先进的科学技术,以达到富国强兵的目的,但是,所派人员均是深受中国传统儒家思想教育的知识分子或学生,他们的到来,必定会在欧洲的思想界留下一抹痕迹。近代中国的留学生在汲取西方科技、文化、生活习惯的同时,客观上也

---

① 参见张成权、詹向红:《儒学在欧洲(1500—1840)》,安徽大学出版社2010年版,第131页。

② [英]赫德逊:《欧洲与中国》,中华书局2004年版,第268页。

把中国的传统文化以及儒家经典传播到欧洲各国，所以，在近代中国，西学东渐的同时，中国传统文化，特别是儒家思想文化也深刻地影响了欧洲社会的发展。

（二）儒学在现代欧洲

20 世纪两次世界大战暴露了西方文化的巨大危机，促使西方人对自身的文化进行深刻反思，试图从东方文化中汲取智慧，获得启示，谋求出路。特别是第二次世界大战，它改变了西方在世界政治中的中心地位，欧洲中心主义已经度过了它的极盛时代。而此时，"儒家文化圈"在各国相继崛起，其背后所蕴含的儒家文化因素备受关注。中国近 30 年飞速发展的成就，再度向世人昭示了中华文化的价值，使"欧洲文化中心论"受到了挑战。随着世界文化日益呈现出多元化趋势，重人文、讲中道、谋和谐的中国文化逐渐受到西方各国的重视，因此现代欧洲人发现一些亚洲国家和地区在取得民族独立后，其经济也得到了迅猛发展，究其原因，正是由于其背后有儒家传统文化背景作支撑。并且他们还发现，西方现代化的发展模式，带给人们的并不都是幸福，许多社会弊端正在威胁着人们的生活环境。西方充裕的物质生活也不得不从东方获得精神层面的补给。因此，第二次世界大战后的新认识导致了欧洲各国对中国传统儒家文化研究的新变化，特别是对儒家文化的重视和尊重。现笔者以法国为典型来探究中华传统儒学在现代欧洲的发展历程。

法国素有"欧洲汉学中心"之称，甚至将汉学作为一门"对中国进行科学研究"的专业学科。在西方有一句口头禅："学汉学，到法国。"可见，法国对汉学研究的重视程度与发展水平。早在 18 世纪 40 年代，法国皇家学院就开设了汉语教学，这是汉学确立的标志。1814 年 12 月 11 日，法兰西研究院通过了一项决议，正式把中文列入法国最高研究院的课目，命名为"中满语言文学"。此后，西方国家纷纷效仿法国，也将汉学研究引入了大学殿堂。需要指出的是儒学的研究在汉学这门学科的缔造过程中具有举足轻重的作用。这一时期，法国儒学的研究在欧洲居于重要地位。当时著名的汉学家有沙畹、葛兰言、马伯乐、顾塞芬等。其中，顾塞芬是中国文化的极大爱好者，他翻译了大量中国古籍：《四书》（1895）、《诗经》（1896）、《书经》（1897）、《礼记》（1899）、《春秋左传》（1914）、《仪礼》（1916）。①顾塞芬通常以法语和拉丁语双语对汉语进行译释，他的翻译是可靠的，至今仍有很强的实用价值。

20世纪后半叶，特别是新中国成立后，法国汉学研究迎来了新的契机。迄今为止，法国建立了比较齐全的汉学研究机构，主要有：法兰西研究院、高级研究学院、东亚语言所、敦煌小组等，而且巴黎的一些中学也正式将中文列入外文课程。20世纪七八十年代以后，随着中国的改革开放，法国汉学界以及公众对中国文化更加感兴趣，同时通过大学课程、学术团体活动以及电视广播等媒介对汉学的推广，儒学也获得了日益广泛的传播，并为此出现了一批专门从事儒学研究的法国汉学家。其代表人物主要有杰克·盖涅、汪德迈、谢和耐、程艾兰等。这些著名的汉学家都为儒学在法国的传播、研究和发展作出了突出的贡献。

现代欧洲各国关注、研究儒学是全球化的必然趋势。"全球化增加了人们对于文化认同的渴望。我们的世界越变得全球化，我们也就越是热切地要去寻根"②，正是由于经济的全球化赋予文化一种无形的力量，中华传统文化，特别是儒家思想学说在当今的国际关系中具有强大的"软实力"，文化的"软实力"就是一个国家维护和实现本国利益的决策能力和行动能力，其力量源泉来自于该国在国际社会的文化认同感，进而产生的亲和力、吸引力和影响力。欧洲各国学者将目光更多地转移到研究儒家经典的历史意义和现实价值上，符合时代发展潮流。

四、中华传统儒家伦理文化在美洲

中华传统儒家伦理文化在美洲的传播及发展主要体现在对美国的影响，

---

① 姜林祥：《儒学在国外的传播与影响》，齐鲁书社2004年版，第321页。
② 哈佛燕京学社编：《儒家传统与启蒙心态》，江苏教育出版社2005年版，第13页。

因此在这一部分，笔者主要以美国为例来研究中华传统儒家伦理文化在美洲的发展与影响。

儒家伦理文化不仅对"儒学文化圈"内的国家具有强大的影响力，而且对大洋彼岸的美国也产生了深远的影响。儒学传入美国和传入欧洲的方式一样，都是以传教士和留学生为媒介。但是在时间上却比欧洲晚了两个世纪，尽管在传播时间上不占优势，但由于美国是后起的资本主义国家，出于自身的战略利益考虑，再加上美国特有的实用主义传统，所以，美国的汉学研究不同于欧洲的汉学研究，而且有关中国儒学的研究呈后来居上之势。20世纪60年代后，中美关系发生了重大变化，美国的儒学研究也获得了长足的发展，尤其是随着中国经济的崛起和对外开放政策的进一步深化，中美政治、经济、文化等领域的交流日趋频繁，使得美国的儒学研究呈现出前所未有的活跃局面。

20世纪60年代后，以研究中心为主体，推动美国的汉学研究向纵深发展。60年代初，美国为适应全球战略的需要，加紧研究中国问题，在美国垄断财团资本大力资助下纷纷设立中国学研究机构。如设立哈佛大学东亚研究中心、匹兹堡大学东亚研究中心、密执安大学东亚研究中心、普林斯顿大学亚洲研究机构等，到60年代末，在美国设有亚洲或中国研究机构的大学增加了近50多所。随着美国许多大学成立亚洲和中国研究中心，研究中国传统儒学的趋势日益活跃。"以研究中心为主体，推动美国汉学研究，是60年代后当代美国中国问题研究的一大特色"。①

华裔学者和非华裔学者两大群体联手共同研究中国儒学，研究队伍空前壮大。当代美国儒学研究可区分为华裔学者和非华裔学者两大研究群体。前者的代表人物有陈荣捷、余英时、成中英、杜维明、张颢、林毓生、傅伟勋等；后者的代表人物如狄百瑞（William Theodore de Bary）、列文森（Joseph R. Levenson）、墨子刻（Thomas Metzger）、南乐山（Rebert C. Neville）、郝大

---

① 何寅等：《国外汉学史》，上海外语教育出版社2002年版，第378页。

维（David L. Hall）等。① 华裔学者大多既受中国传统思想文化的熏陶，又深受西方文化知识系统教育以及拥有严密的西方哲学思维方式，从而中西贯通，利于儒学在美传播及发展。非华裔学者，虽然极少有像华裔学者那样拥有得天独厚的文化背景和特殊的研究优势，但他们往往不受中国文化模式的束缚和干扰，以西学的精神素养，纯粹从一个学者的角度审视儒学，从而给当代儒学研究注入新鲜的血液。

近年来，在美儒学研究中出现新的态势，研究领域逐渐拓宽，研究成果颇为丰硕。自 20 世纪 70 年代后，以研究中国哲学为基础的新儒学运动呈现出极为活跃的态势。美国对中华传统儒学的研究不仅仅局限于学术领域，它已经跨越学术界扩展到了军事、政治、经济、体育等领域。除此之外，与儒学相关的比较研究在美国方兴未艾，如儒家文明与西方文明、儒家哲学与西方哲学以及儒学与道教、佛教、基督教的比较研究等。儒学在美国的发展不仅仅体现在研究领域和范围的拓宽，更体现在研究的深度。可以说在美国儒学发展的深度和广度令中国人惊讶，当今的美国不仅涌现出一大批热衷于儒学研究的学者，而且还形成观点不同的儒学派别，如波士顿儒学、夏威夷儒学等。波士顿儒学是在美国波士顿形成的儒家研究学派，2000 年出版的《波士顿儒学》一书，正式宣告了这一学派的确立。波士顿神学院院长南乐山（Robert Neville）和副院长约翰·白诗朗（John Berthrony）致力于研究、通力合作，把波士顿大学神学院建构为在美国发展儒家伦理学说的新平台。并且他们对儒家学说的研究颇显成熟，已经形成独到的见解，以南乐山为代表的波士顿儒学认为孔子、孟子、荀子、朱熹和王阳明像亚里士多德、柏拉图、圣奥古斯汀以及怀特海等一样，都是国际哲学讨论的重要内容。波士顿儒学的另一位代表人物杜维明组织和主持的哈佛儒学研讨会已经有 20 多年的历史，他注重孟学，沿着思孟、陆王、牟宗三的系统，强调心性修养的重要性，着力于人文精神的重建。夏威夷儒学的贡献更为突出，他们对中国传统文化，特别是对儒家文化进行"解构"，以达到"重建"和"创新"的目

---

① 姜林祥：《儒学在国外的传播与影响》，齐鲁书社 2004 年版，第 357 页。

的，使之现代化、全球化。通过在美国形成的儒学派别，可以认识到当今美国儒学研究已经进入到一个辉煌时期。

儒学是发源于中国的思想文化体系，但随着经济的全球化，儒学早已走向世界，已经成为世界文化体系中的重要组成部分。从时间维度上说，儒学跨越了 2000 多年，在中国历史上形成了多元融合型儒学。从空间维度上说，儒学不仅是中国的，也是世界各国的共同文化遗产。除了中国儒学，还有日本儒学、韩国儒学、新加坡儒学、法国儒学、美国儒学，这些都证明了一点，中华传统文化，特别是儒学在海外的传播和发展取得了重大的进步，同时也产生了深远的影响。

参 考 文 献

[1] 张岱年、方克立主编：《中国文化概论》，北京师范大学出版社 2004 年版。

[2] 张岱年：《中国伦理思想研究》，上海人民出版社 1989 年版。

[3] 冯友兰：《中国哲学史》，华东师范大学出版社 2000 年版。

[4] 李泽厚：《中国古代思想史论》，天津社会科学出版社 2003 年版。

[5] 蔡元培：《中国伦理学史》，商务印书馆 1999 年版。

[6] 梁漱溟：《中国文化要义》，上海人民出版社 2005 年版。

[7] 牟宗三：《中国哲学的特质》，上海古籍出版社 1997 年版。

[8] 罗国杰：《伦理学》，人民出版社 2007 年版。

[9] 杨伯峻译注：《论语译注》，中华书局 2002 年版。

[10] 杨伯峻译注：《孟子译注》（上、下），中华书局 2003 年版。

[11] 王先谦：《荀子集解》，中华书局 1988 年版。

[12] 王影：《荀子伦理思想研究》，黑龙江人民出版社 2006 年版。

[13] 陈来：《古代宗教与伦理——儒家思想的根源》，三联书店 1996 年版。

[14] 谢祥皓、刘宗贤：《中国儒学》，四川人民出版社 1993 年版。

[15] 徐克谦：《先秦儒学及其现代阐释》，南京师范大学出版社 1999 年版。

[16] 张锡生：《中华传统道德修养概论》，南京大学出版社 1998 年版。

[17] 刘忠孝：《中华传统儒家人文化研究》，黑龙江人民出版社 2008 年版。

[18] 朱熹：《四书集注》，北京古籍出版社 2000 年版。

[19] 肖群忠：《孝与中国文化》，人民出版社 2001 年版。

[20] 蒋伯潜：《诸子通考》，浙江古籍出版社 1985 年版。

[21] 《十三经注疏·论语注疏》，上海古籍出版社 1997 年版。

[22] 《四库全书·论语集注大全》，上海古籍出版社 1987 年版。

[23] 《周礼·仪礼·礼记》，岳麓书社 1989 年版。

[24] 刘宝楠：《论语正义》，中华书局 1982 年版。

[25] 杨伯峻：《春秋左传注（桓公六年）》，中华书局 1987 年版。

[26] 刘宏章、乔清举校注：《论语·孟子》，华夏出版社 2008 年版。

[27] 王常则译注：《孟子》，山西古籍出版社 2003 年版。

[28] 许凌云、许强：《中国儒学通论》，广东教育出版社 2002 年版。

[29] 黄钊：《儒家德育学说论纲》，武汉大学出版社 2006 年版。

[30] 刘和忠：《孔子道德教育思想研究》，高等教育出版社 2003 年版。

[31] 于建福：《孔子的中庸教育哲学》，中央编译出版社 2004 年版。

[32] 苏振芳：《道德教育论》，社会科学文献出版社 2006 年版。

[33] 陈立夫：《四书中的常理及故事》，中国友谊出版公司 2001 年版。

[34] 金惠敏：《后儒学转向》，河南大学出版社 2008 年版。

[35] 庞发现：《中华优秀传统人文化》，黑龙江人民出版社 2009 年版。

[36] 徐复观：《中国人性论史》，台湾商务印书馆 1999 年版。

[37] 钱穆：《先秦诸子系年》，中华书局 1985 年版。

[38] 董仲舒：《春秋繁露》，上海古籍出版社 1989 年版。

[39] 张世英：《天人之际——中西哲学的困惑与选择》，人民出版社 1995
年版。

[40] 蒙培元：《人与自然：中国哲学生态观》，人民出版社 2004 年版。

[41] 蒋南华等译：《荀子全译》，贵州人民出版社 1995 年版。

[42] 郑燮：《郑板桥文集》，巴蜀书社 1997 年版。

[43] 田广林：《中国传统文化概论》，高等教育出版社 2000 年版。

[44] 何寅等：《国外汉学史》，上海外语教育出版社 2002 年版。

[45] 姜林祥：《儒学在国外的传播与影响》，齐鲁书社 2004 年版。

[46] 张成权、詹向红：《儒学在欧洲（1500—1840）》，安徽大学出版社
2010 年版。

[47] ［美］埃德温·赖肖尔：《日本人》，上海译文出版社 1980 年版。

[48] 周桂钿：《中国儒学讲稿》，中华书局 2008 年版。

［49］ 张永和：《李光耀传》，花城出版社 1993 年版。

［50］ 杨清荣：《经济全球化下的儒家伦理》，中国社会科学出版社 2007 年版。

［51］ 何成轩、李甦平：《儒学与现代社会》，沈阳出版社 2001 年版。

［52］ 张立文、李甦平：《中外儒学比较研究》，东方出版社 1998 年版。

［53］ 易杰雄：《世界十大思想家——孔子篇》，安徽人民出版社 2000 年版。

［54］ 于丹：《〈论语〉心得》，中华书局 2007 年版。

［55］ 张锡勤：《中国传统道德举要》，黑龙江大学出版社 1996 年版。

［56］ 朱伯昆：《先秦伦理学概论》，北京大学出版社 1984 年版。

［57］ 匡亚明：《孔子评传》，齐鲁书社 1985 年版。

［58］ ［英］赫德逊：《欧洲与中国》，中华书局 2004 年版。

［59］ 哈佛燕京学社：《儒家传统与启蒙心态》，江苏教育出版社 2005 年版。

［60］ 郑秋月：《略论荀子"礼"的多维内蕴》，《学术交流》2006 年第 1 期。

［61］ 吴圣正：《孔子"仁学"思想的三个层次》，《山东师范大学学报（人文社会科学版)》2008 年第 2 期。

［62］ 王世进：《孔子"礼仁"思想剖析》，《社会科学评论》2006 年第 1 期。

［63］ 胥仕元：《孔子、孟子、荀子之"礼"论》，《学习与探索》2008 年第 6 期。

［64］ 刘宗贤：《孟、荀对孔子仁——礼学的发展及得失》，《东岳论丛》2009 年第 1 期。

［65］ 梁涛：《孟子的"仁义内在"说》，《燕山大学学报（哲学社会科学版)》2001 年第 4 期。

［66］ 张奇伟：《仁义礼智四位一体——论孟子伦理思想体系》，《吉林大学学报》（社会科学版）2001 年第 3 期。

［67］ 冯浩菲：《孟子对孔子仁学的捍卫与发展》，《理论学刊》2005 年第 12 期。

[68] 张奇伟：《荀子伦理思想简论》，《中国哲学史》2002 年第 2 期。

[69] 朱锋华：《论荀子的道德教化及其主要实现方式》，《求索》2006 年第 3 期。

[70] 刘玉明：《荀子道德修养》，《东岳论丛》1992 年第 1 期。

[71] 郑杰文、魏承祥：《荀子对孔学的继承和发展》，《管子学刊》1999 年第 1 期。

[72] 李霞：《荀子教育思想及其现实意义新探》，《管子学刊》2004 年第 4 期。

[73] 张莉：《先秦儒家学派道德修养的知行观》，《郑州煤炭管理干部学院学报》2001 年第 3 期。

[74] 陈荣庆：《荀子与孟子思想的交集》，《宜春学院学报》2009 年第 2 期。

[75] 郑洁、徐仲伟：《先秦儒家道德教育思想及其现实价值》，《重庆工学院学报》2007 年第 1 期。

[76] 刘慧晏：《荀子三论》，《齐鲁学刊》1991 年第 3 期。

[77] 辛丽丽：《试析孔子"为仁由己"的主志思想》，《社会科学论坛》2006 年第 6 期。

[78] 艾国：《〈论语〉的道德修养方法及其启示》，《思想理论教育导刊》2009 年第 5 期。

[79] 贺成立、高丽波：《孔子立志思想及其当代价值》，《东北师大学报》2008 年第 5 期。

[80] 孔令彬、文白梅：《论〈红楼梦〉人物的绰号艺术》，《南都学坛》2004 年第 6 期。

[81] 徐万山：《浅议中庸思想的内在和谐理念及其现实意义》，《理论与当代》2010 年第 1 期。

[82] 沈道海：《孟子道德教育思想的现代借鉴价值》，《理论导刊》2010 年第 4 期。

[83] 刘英为、耿帮才：《浅析中庸思想》，《南方论刊》2007 年第 10 期。

［84］　沈道海：《孔子的道德教育思想及其启示》，《教育探索》2008 年第12 期。

［85］　马跃如、王文胜：《孟子教育思想及其内在逻辑》，《现代大学教育》2010 年第 1 期。

［86］　蒲星光：《儒家文化道德对韩国的深远影响》，《东北亚论坛》2005 年第 11 期。

后　记

　　完成《先秦儒家伦理文化研究》这本书的编写，笔者仿佛做了一回时光的旅行者、历史的观光客，从遥远的先秦开始，在儒家文化典籍的字里行间含英咀华，这是一次找寻中华民族集体记忆珍宝之旅，是一次拾取闪光思想、充盈精神世界之旅。虽然，落笔时，常常为一句话，甚至一个词反复推敲，但当这本书付梓的时候，我们还是难免有"画眉深浅入时无"的忐忑与期待。

　　我们有幸躬逢太平盛世，国运昌盛、社会和谐、经济繁荣、文化绚丽，国家在构建新世纪文化精神时，越来越重视对中华传统文化的挖掘和弘扬。在刚刚结束的党的十七届六中全会上，胡锦涛总书记提出了"建设社会主义文化强国这一长期战略目标"，并提出推动文化大发展大繁荣，必须坚持以马克思主义为指导，坚持社会主义先进文化前进方向，坚持以人为本，坚持把社会效益放在首位，坚持改革开放。这"五个坚持"，指明了文化改革发展的根本指导思想、根本性质、根本目的、根本要求和根本动力，同时也为我们这些中华传统文化学习研究人员指明了努力的方向。"和谐"理念是本书编写的宗旨之一，愿此书能为建立"和谐社会"、"和谐世界"提供一些有益的理论借鉴，我们将备感欣慰。特别是在泛文化的今天，让年轻朋友们感受到中华传统文化的魅力，进而指导他们的言行和人生航向，是本书的价值所在。

　　在创作过程中，我们不局限于时空的园囿，力图展现儒家文化的发展脉络；我们不局限于孔、孟、荀的经典章句，大胆提出并论证了"人文化"的概念及其完整体系。先秦儒家伦理文化正是"人文化"的生命根基所在。也许，理论尚不成熟，还有成长的空间，但我们愿意为研究者们做好"逢山开路，遇水搭桥"的先期工作。希望更多的研究者关注先秦儒家伦理文化；希望通过这些文辞章句，能和众多儒学研究者们增进交流；也希望见到更多的真知灼见，与我们一起分享；更希望和学友们站在更高的平台上研习儒家伦理文化的博大内涵。

本书由刘忠孝教授（哈尔滨师范大学）、陈桂芝教授（黑龙江科技学院）、马倩博士（齐齐哈尔医学院）任主编，刘翰德教授（黑龙江中医药大学）任主审，各章撰写分工如下：

导论：宋佳东（哈尔滨师范大学）、刘忠孝；第一章：薛文礼（黑龙江科技学院）、蒋丽（哈尔滨华夏计算机职业技术学院）；第二章：裴丽（黑龙江中医药大学）、马倩；第三章：孙相娜（黑龙江中医药大学）、王惟（哈尔滨师范大学）；第四章：鲍荣娟（佳木斯大学）、陈巍巍（哈尔滨师范大学）；第五章：郭志鹏（哈尔滨师范大学）、王莫楠（哈尔滨商业大学广厦学院）、宋扬（哈尔滨师范大学）；第六章：潘晶、冯丽丽（哈尔滨师范大学）；第七章：李烨（哈尔滨师范大学）、杨洋（哈尔滨体育学院）；第八章：车志远（黑龙江中医药大学）、丁锐（黑龙江外国语学院）；附录：董秀玲、万宁宁（哈尔滨师范大学）。

在编写过程中，得到了全国著名伦理学家、黑龙江省伦理学会副会长、黑龙江大学博士生导师张锡勤教授的关怀和指导，黑龙江省伦理学会副会长刘翰德教授为本书作序，对锡勤教授和翰德教授表示深深的谢意。同时，借鉴和参考了相关研究者的有益成果，也得到了人民出版社领导和责任编辑的大力支持和帮助，在此，深致谢忱！由于编者水平有限，书中难免有不妥之处，敬请同行专家和读者批评指正。

刘忠孝

2011 年 12 月于哈尔滨